西门子

申英霞 主编

孟宏杰 石惠文 贺 静 副主编

编程入门与实战

图解·视频·案例

化学工业出版社

·北京·

内 容 简 介

本书结合作者多年的教学、实践和应用开发经验，以西门子S7-1200/1500 PLC的应用为主线，遵循由浅入深、由易到难的原则，结合实例全面介绍了西门子S7-1200/1500 PLC的硬件、编程语言、编程软件的使用、用户程序结构、程序设计方法、通信等知识。书中综合传感器、变频器、伺服、步进、触摸屏、组态的应用，通过图例和编程实例，详细介绍了西门子S7-1200/1500 PLC及博途软件编程与综合应用的方法、技巧，便于读者全面学习和快速掌握西门子S7-1200/1500 PLC的编程与应用技能。对于复杂的例程配套有视频讲解，读者可以扫描二维码详细观看学习，犹如老师亲临指导。

本书适合工控领域技术人员、电气自动化的编程和调试工程师使用，也可作为大专院校相关专业的教材。

图书在版编目（CIP）数据

西门子S7-1200/1500 PLC编程入门与实战：图解·视频·案例/申英霞主编. —北京：化学工业出版社，2022.5（2023.10重印）
ISBN 978-7-122-40927-0

Ⅰ.①西… Ⅱ.①申… Ⅲ.① PLC 技术 - 程序设计 Ⅳ.① TM571.6

中国版本图书馆 CIP 数据核字（2022）第 040246 号

责任编辑：刘丽宏　　　　　　　　　　　文字编辑：毛亚囡
责任校对：杜杏然　　　　　　　　　　　装帧设计：刘丽华

出版发行：化学工业出版社（北京市东城区青年湖南街13号　邮政编码100011）
印　　装：天津图文方嘉印刷有限公司
787mm×1092mm　1/16　印张18¾　字数447千字　2023年10月北京第1版第2次印刷

购书咨询：010-64518888　　　　　　　　　售后服务：010-64518899
网　　址：http://www.cip.com.cn
凡购买本书，如有缺损质量问题，本社销售中心负责调换。

定　　价：89.00元

前言

　　PLC 技术自问世以来便在工业控制领域发挥了十分重要的作用，随着自动化、信息化和远程化的发展，工业控制系统也变得越来越复杂。西门子 S7-1200/1500 PLC 以其工程集成度高、使用灵活、功能强大、实现简单等特点，在工业控制领域具有广阔的应用前景。为了帮助技术人员全面学习和快速掌握 S7-1200/1500 应用的基本技能，编写了本书。

　　本书兼顾西门子 PLC 初学者以及具有一定 PLC 基础的读者的学习需要，立足应用，突出西门子 S7-1200/1500 PLC 与博途软件在电气控制中的编程与应用，既能帮助初学者入门，又能通过书中的案例引导，解决实际应用中相对复杂的 PLC 通信、组态应用等问题。

　　全书结合作者多年的教学、实践和应用开发经验，以西门子 S7-1200/1500 PLC 的应用为主线，综合传感器、变频器、伺服、步进、触摸屏、组态的应用，通过图例和编程实例，详细介绍了西门子 S7-1200/1500 PLC 及博途软件编程与综合应用的方法、技巧。

　　全书内容具有如下特点：

　　1. 内容循序渐进，覆盖面广：内容编排上遵循由浅入深、由易到难的原则，结合实例全面介绍了西门子 S7-1200/1500 PLC 的硬件、编程语言、编程软件的使用、用户程序结构、程序设计方法、通信等知识。

　　2. 案例引导，配套视频：综合传感器、变频器、伺服、步进、触摸屏、组态的应用，编程应用案例都有详细的软硬件配置清单及接线图和程序，操作性强的案例还配有视频演示，便于读者学习。

　　本书由申英霞任主编，由孟宏杰、石惠文、贺静任副主编，参加编写的人员还有王新蒙、胡伟、张伯虎、赵书芬、曹祥、王桂英、曹振华、张书敏、孔凡桂、张振文等。在此，衷心感谢为本书编写和出版提供大量帮助的有关老师和专家。

　　由于水平有限，书中不足之处在所难免，恳请广大读者批评指正（欢迎关注下方微信公众号交流）。

编者

目录

04 第4章　西门子 S7-1200/1500 PLC 编程语言与指令系统

05 第5章　人机交互界面触摸屏及仿真、应用

06 第6章　西门子 S7-1200/1500 PLC 的通信功能

第7章 西门子 S7-1200/1500 PLC 在 PID 闭环控制中的应用

第8章 西门子 S7-1200/1500 PLC 在运动控制中的应用

第9章 西门子 S7-1200/1500 PLC 综合应用实例

附录 西门子 S7-1200/1500 的故障诊断

参考文献

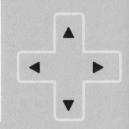

Chapter

第1章

西门子 S7-1200/1500 PLC 的硬件组成

1.1 西门子 S7-1200 PLC 的硬件结构

S7-1200 PLC 控制器使用灵活、功能强大，可用于控制各种各样的设备以满足自动化需求。S7-1200 PLC 设计紧凑、组态灵活且具有功能强大的指令集，这些优势的组合使它成为控制各种应用的完美解决方案。

S7-1200 PLC 是小型 PLC，主要由 CPU 模块、信号板、信号模块、通信模块和编程软件组成，各种模块安装在标准的 DIN 导轨上，如图 1-1 所示。S7-1200 PLC 的硬件组成具有高度的灵活性，用户可以根据自身需求确定 PLC 的结构，系统扩展十分方便。

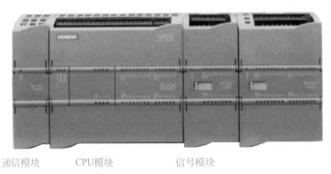

　通信模块　　　　CPU模块　　　　信号模块

图 1-1　S7-1200 PLC 的硬件模块

（1）CPU 模块　S7-1200 PLC 的 CPU 模块将微处理器、电源、数字量输入 / 输出电路、模拟量输入 / 输出电路、PROFINET 以太网接口、高速运动控制功能组合到一个设计紧凑的外壳中。每块 CPU 内可以安装一块信号板，安装以后不会改变 CPU 的外形和体积。微处理器不断地采集输入信号、执行用户程序、刷新系统的输出，存储器用来储存程序和数据。

S7-1200 PLC 集成的 PROFINET 接口用于与编程计算机、HMI（人机界面）、其他 PLC 或其他设备通信。此外，还通过开放的以太网协议支持与第三方设备的通信。

（2）信号模块　输入（Input）模块和输出（Output）模块简称 I/O 模块，数字量输入模块和数字量输出模块简称 DI 模块和 DQ 模块，模拟量输入模块和模拟量输出模块简称为 AI 模块和 AQ 模块，它们统称信号模块，简称 SM。

信号模块安装在 CPU 模块的右面，扩展能力最强的 CPU 可以扩展 8 个信号模块，以增加数字量和模拟量输入、输出点。

信号模块是系统联系外部现场设备和 CPU 的桥梁。输入模块用来接收和采集输入信号。数字量输入模块用来接收按钮、选择开关、数字拨码开关、限位开关、接近开关、光电开关、压力继电器等提供的数字量输入信号。模拟量输入模块用来接收电位器、测速发电机和各种变送器提供的连续变化的模拟量电流、电压信号，或者直接接收热电阻、热电偶提供的温度信号。数字量输出模块用来控制接触器、电磁阀、电磁铁、指示灯、数字显示装置等输出设备。模拟量输出模块用来控制电动调节阀、变频器等执行器。CPU 模块内部的工作电压一般是 DC5V，而 PLC 的外部输入 / 输出信号电压一般较高，例如 DC24V 或 AC220V。从外部引入的尖峰电压和干扰噪声可能损坏 CPU 中的元器件，或使 PLC 不能正常工作。在信号模块中，用光电耦合器、光敏晶闸管、小型继电器等器件来隔离 PLC 的内部电路和外部的输入、输出电路。信号模块除了传递信号外，还有电平转换与隔离的作用。

（3）通信模块　通信模块安装在 CPU 模块的左边，最大可以添加 3 块通信模块，可以使用点对点通信模块、PROFIBUS 模块、工业远程通信模块、AS-i 接口模块和 IO-Link 模块。

（4）精简系列面板　第二代精简系列面板主要与 S7-1200 PLC 配套，64K 色高分辨率宽屏显示器的尺寸为 4.3in❶、7in、9in、12in，支持垂直安装，用 TIA 博途中的 WinCC 组态。它们有一个 RS422/RS485 接口或一个 RJ45 以太网接口，还有一个 USB2.0 接口。USB 接口可连接键盘、鼠标或条形码扫描仪，可用优盘实现数据记录。

1.1.1　CPU 模块

S7-1200 PLC 可以使用梯形图（LAD）、函数块（FDB）和结构化控制语言（SCL）这三种编程语言。在下载完用户程序后，CPU 将包含监控应用中的设备所需的逻辑。CPU 根据用户程序逻辑监视输入与更改输出，用户程序逻辑可以包含布尔逻辑、计数、定时、复杂数学运算以及与其他智能设备的通信。为了与编程设备通信，S7-1200 PLC 提供了一个内置 PROFINET 端口。借助 PROFINET 网络，CPU 可以与 HMI 面板或其他 CPU 通信。

CPU 模块如图 1-2 所示。

不同的 CPU 型号提供了各种各样的特征（见表 1-1）和功能，这些特征和功能可帮助用户针对不同的应用创建有效的解决方案。

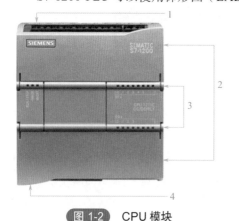

图 1-2　CPU 模块

1—电源接口；2—保护盖下面是可拆卸用户接线连接器；3—板载 I/O 的状态指示灯；4—CPU 的底部是 PROFINET 连接器

---

❶ 1in=0.0254m。

表1-1　不同CPU型号的特征

特征	CPU 1211C	CPU 1212C	CPU 1214C
物理尺寸 /mm	90×100×75	90×100×75	110×100×75
用户存储器 • 工作存储器 • 装载存储器 • 保持存储器	• 25KB • 1MB • 2KB	• 25KB • 1MB • 2KB	• 50KB • 2MB • 2KB
本地板载 I/O • 数字量 • 模拟量	• 6 点输入 　4 点输出 • 2 路输入	• 8 点输入 　6 点输出 • 2 路输入	• 14 点输入 　10 点输出 • 2 路输入
过程映像大小 • 输入 • 输出	• 1024 个字节 • 1024 个字节	• 1024 个字节 • 1024 个字节	• 1024 个字节 • 1024 个字节
位存储器（M）	4096 个字节	4096 个字节	8192 个字节
信号模块扩展	无	2	8
信号板	1	1	1
通信模块	3	3	3
高速计数器 • 单相 • 正交相位	3 • 3 个，100kHz • 3 个，80kHz	4 • 3 个，100kHz 　1 个，30kHz • 3 个，80kHz 　1 个，20kHz	6 • 3 个，100kHz 　3 个，30kHz • 3 个，80kHz 　3 个，20kHz
脉冲输出	2	2	2
存储卡（选件）	有	有	有
实时时钟保持时间	通常为 10 天 /40℃时最少 6 天		
实数数学运算执行速度	18 μs/ 指令		
布尔运算执行速度	0.1 μs/ 指令		

S7-1211C DC/DC/DC 外部接线图如图 1-3 所示。

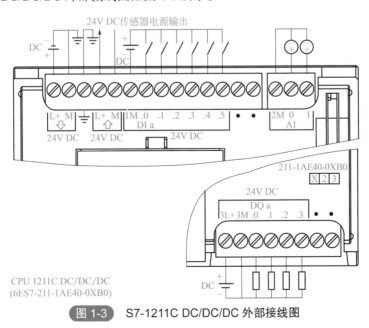

CPU 1211C DC/DC/DC
(6ES7-211-1AE40-0XB0)

图 1-3　S7-1211C DC/DC/DC 外部接线图

1.1.2 信号板

通过信号板（SB， Signal Board）可以给 CPU 增加 I/O。可以添加一个具有数字量或模拟量 I/O 的 SB。SB 连接在 CPU 的前端，如图 1-4 所示。信号板的特点如表 1-2 所示。

图 1-4 所示 SB 具有 4 个数字量 I/O（2×DC 输入和 2×DC 输出）和 1 路模拟量输出。

1.1.3 信号模块

可以使用信号模块给 CPU 增加附加功能。信号模块连接在 CPU 右侧，如图 1-5 所示。信号模块与信号板特点如表 1-2 所示。

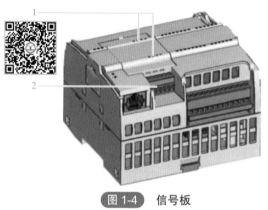

图 1-4　信号板

1—SB 上的状态 LED；2—可拆卸用户接线连接器

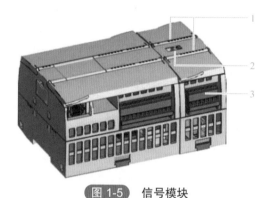

图 1-5　信号模块

1—信号模块的 I/O 状态 LED；2—总线连接器；
3—可拆卸用户接线连接器

表1-2　信号模块与信号板

模块		仅输入	仅输出	输入 / 输出组合
信号模块 (SM)	数字量	8×DC 输入	8×DC 输出 8× 继电器输出	8×DC 输入 /8×DC 输出 8×DC 输入 /8× 继电器输出
		16×DC 输入	16×DC 输出 16× 继电器输出	16×DC 输入 /16×DC 输出 16×DC 输入 /16× 继电器输出
	模拟量	4× 模拟量输入 8× 模拟量输入	2× 模拟量输出 4× 模拟量输出	4× 模拟量输入 /2× 模拟量输出
信号板 (SB)	数字量	—	—	2×DC 输入 /2×DC 输出
	模拟量	—	1× 模拟量输出	—

通信模块（CM）
• RS485
• RS232

S7-1200 PLC 提供了各种信号模块和信号板用于扩展 CPU 的能力，如图 1-6 所示。还可以安装附加的通信模块以支持其他通信协议。

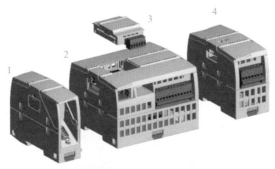

图 1-6　PLC 扩展模块

1—通信模块（CM）；2—CPU；3—信号板（SB）；4—信号模块（SM）

1.2　西门子 S7-1500 PLC 的硬件结构

西门子 S7-1500 PLC 是对西门子 S7-300 和 S7-400 PLC 进行进一步开发的自动化系统。通过集成大量的新性能特性，S7-1500 PLC 自动化系统具有卓越的用户可操作性和极高的性能。具有的新性能特性包括：

● 提高了系统性能。

● 集成了运动控制功能。

● PROFINET IO IRT。

● 集成了面向机器的操作和诊断指示灯。

● 通过保留一些成熟可靠的功能，实现 STEP 7 语言的创新。

S7-1500 PLC 的硬件模块如图 1-7 所示。有两个系统电源的机架如图 1-8 所示。

S7-1500 PLC 自动化系统安装在安装导轨上，最多可以包含 32 个模块。这些模块将通过 U 形连接器互相连接。

图 1-7　S7-1500 PLC 的硬件模块

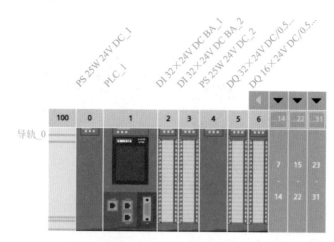

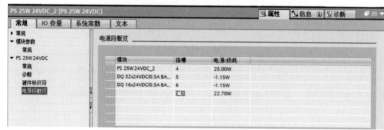

图 1-8　有两个系统电源的机架

1.2.1　CPU 模块

输入模块采集的外部信号，经过 CPU 的运算和逻辑处理后，通过输出模块传递给执行机构，从而完成自动化控制任务。西门子 S7-1500 PLC 控制器的 CPU 包含了 CPU 1511 ～ CPU 1518 的不同型号。CPU 性能按照序号由低到高逐渐增强。性能指标主要根据 CPU 的内存空间、计算速度、通信资源和编程资源等进行区别。S7-1500 PLC 的 CPU 模块具有快速的响应时间，位指令执行时间最短可达 1ns。

CPU 按功能划分主要有以下几种类型：

（1）普通型　实现计算、逻辑处理、定时、通信等 CPU 的基本功能。如 CPU 1513、CPU 1516 等。

（2）紧凑型　CPU 模块上集成 I/O，还可以组态高度计数等功能。

（3）故障安全型　CPU 经过 TüV 组织的安全认证。如 CPU 1515F、CPU 1516F 等。在发生故障时确保控制系统切换到安全的模式。故障安全型 CPU 会对用户程序编码进行可靠性校验。故障安全控制系统要求系统具有完整性，除要求 CPU 具有故障安全功能外，还要求输入、输出模块以及 PROFIBUS/PROFINET 通信都具有故障安全功能。

从 CPU 的型号可以看出其集成通信接口的个数和类型，如 CPU 1511-1 PN，表示 CPU 1511 集成了一个 PN（PROFINET）通信接口，在硬件配置时显示为带有两个 RJ45 接口的交换机；又如 CPU 1516-3 PN/DP 表示 CPU 1516 集成一个 DP（PROFIBUS-DP，仅支持主站）接口、两个 PN 接口（一个 PN 接口支持 PROFINET IO；另一个 PN 接口支持 PROFINET 基本功能，例如 S7、TCP 等协议，但是不支持 PROFINET IO）。

西门子 S7-1500 PLC 的 CPU 不支持 MPI 接口，因为通过集成的 PN 接口即可进行编程调试。与计算机连接时也不需要额外的适配器，使用 PC 上的以太网接口即可直接连接 CPU。此外 PN 接口还支持 PLC 与 PLC、PLC 与 HMI 之间的通信，已完全覆盖 MPI 接口的功能。同样 PROFIBUS-DP 接口也被 PROFINET 接口逐渐替代。相比 PROFIBUS，PROFINET 接口可以连接更多的 I/O 站点，具有通信数据量大、速度更快、站点的更新时间可手动调节等优势。一个 PN 接口既可以作为 IO 控制器，又可以作为 IO 设备。在 CPU 1516 及以上的 PLC 中还集成 DP 接口，这主要是考虑到设备集成、兼容和改造等实际需求。

表 1-3 列出了 CPU 的基本特性。

表1-3 CPU的基本特性

订货号	6ES7511-1AK00-0AB0	6ES7513-1AL00-0AB0	6ES7516-3AN00-0AB0
简介	CPU 1511–1 PN	CPU 1513–1 PN	CPU 1516–3 PN/DP
电源，允许范围	20.4 ～ 28.8V DC	20.4 ～ 28.8V DC	20.4 ～ 28.8V DC
块数量	2000	2000	6000
数据工作存储器	1MB	1.5MB	5MB
代码工作存储器	150KB	300KB	1MB
接口	1×PROFINET	1×PROFINET	2×PROFINET 1×PROFI BUS
PROFINET 端口数	2	2	3
支持的 Web Server	√	√	√
支持等时同步操作	√	√	√

1.2.2 信号模块

S7-1500 PLC 的信号模块支持通道级诊断，采用统一的前连接器，具有预接线功能。它们既可以用于中央机架进行集中式处理，也可以通过 ET 200MP 进行分布式处理。模块的设计紧凑，用 DIN 导轨安装，中央机架最多可以安装 32 个模块。

信号模块有集成的短接片，简化了接线操作。全新的盖板设计，双卡位可以最大化扩展电缆存放空间。自带电路接线图，接线方便。模拟量 8 通道转换时间低至 125μs，模拟量输入模块具有自动线性化特性，适用于温度测量和限值监测。

数字量输入 / 输出模块基本属性如表 1-4 所示。数字量输出模块基本属性如表 1-5、表 1-6 所示。模拟量输入模块、输出模块基本属性如表 1-7、表 1-8 所示。

表1-4 数字量输入/输出模块基本属性

订货号	6ES7521-1BH00-0AB0	6ES7521-1BL00-0AB0	6ES7521-1BH50-0AA0	6ES7521-1FH00-0AA0
简介	DI 16×24V DC HF	DI 32×24V DC HF	DI 16×24V DC SRC BA	DI 16×230V AC BA
输入数量	16	32	16	16

7

续表

订货号	6ES7521-1BH00-0AB0	6ES7521-1BL00-0AB0	6ES7521-1BH50-0AA0	6ES7521-1FH00-0AA0
通道间的电气隔离	—	√	—	√
电势组数	1	2	1	4
额定输入电压	24V DC	24V DC	24V DC	120/230V AC
诊断错误中断	√	√	—	—
硬件中断	√	√	—	—
支持等时同步操作	√	√	—	—
输入延时	0.05 ～ 20ms	0.05 ～ 20ms	3ms	25ms

表1-5　数字量输出模块基本属性（一）

订货号	6ES7522-1BH00-0AB0	6ES7522-1BL00-0AB0	6ES7522-1BF00-0AB0
简介	DQ 16×24V DC/0.5A ST	DQ 32×24V DC/0.5A ST	DQ 8×24V DC/2A HF
输出数量	16	32	8
类型	晶体管	晶体管	晶体管
通道间的电气隔离	√	√	√
电势组数	2	4	2
额定输出电压	24VDC	24VDC	24VDC
额定输出电流	0.5 A	0.5 A	2 A
诊断错误中断	√	√	√
支持等时同步操作	√	√	—

表1-6　数字量输出模块基本属性（二）

订货号	6ES7522-5HF00-0AB0	6ES7522-5FF00-0AB0
简介	DQ 8×230V AC/5A ST	DQ 8×230V AC/2A ST
输出数量	8	8
类型	继电器	Triac
通道间的电气隔离	√	√
电势组数	16	8
继电器线圈电源电压	24V DC	—
额定输出电压	230V AC	230V AC
额定输出电流	5A	2A
诊断错误中断	√	—
支持等时同步操作	—	—

表1-7　模拟量输入模块基本属性

订货号	6ES7531-7KF00-0AB0	6ES7531-7NF10-0AB0
简介	AI 8×U/I/RTD/TC ST	AI 8×U/I HS
输入数量	8	8
解决方法	16位（包含符号位）	16位（包含符号位）
测量方式	电压 电流 电阻 热敏电阻 热电偶	电压 电流
通道间的电气隔离	—	—
额定电源电压	24V DC	24V DC
输入间的最大电势差（U_{CM}）	10V DC	10V DC
诊断错误中断	√，上/下限	√，上/下限
硬件中断	√	√
支持等时同步操作	—	√
转换时间（各个通道）	9/23/27/107ms	125μs（每个模块，与激活的通道数无关）

表1-8　模拟量输出模块基本属性

订货号	6ES7532-5HD00-0AB0	6ES7532-5HF00-0AB0
简介	AQ4×U/IST	AQ 8×U/I HS
输出数量	4	8
解决方法	16位（包含符号位）	16位（包含符号位）
输出类型	电压 电流	电压 电流
通道间的电气隔离	—	—
额定电源电压	24V DC	24V DC
诊断错误中断	√	√
支持等时同步操作	—	√

1.2.3　系统电源

系统电源用于系统供电，通过背板总线向西门子 S7-1500 PLC 及分布式 I/O ET 200MP 供电，所以必须安装在背板上。系统电源不能与机架分离安装，必须在 TIA 博途软件中进行配置。

系统电源模块基本属性如表 1-9 所示。

表1-9　系统电源模块基本属性

订货号	6ES7505-0KA00-0AB0	6ES7505-0RA00-0AB0	6ES7507-0RA00-0AB0
简介	PS 25W 24V DC	PS 60W 24/48/60V DC	PS 60W 120/230V AC/DC
额定输入电压	24V DC	24V DC, 48V DC, 60V DC	120V AC, 230V AC 120V DC, 230V DC
输出功率	25W	60W	60W
与背板总线电气隔离	√	√	√
诊断错误中断	√	√	√

1.2.4　负载电源

负载电源 PM 用于负载供电，通常 AC120/230V 输入，DC24V 输出，通过外部接线为模块（PS、CPU、IM、I/O、CP）、传感器和执行器提供 DC24V 工作电源。负载电源 PM 不能通过背板总线向西门子 S7-1500 PLC 及分布式 I/O ET 200MP 供电，所以可以不安装在机架上，因此可以不在 TIA 博途软件中配置。

负载电源模块基本属性如表 1-10 所示。

表1-10　负载电源模块基本属性

订货号	6EP1332-4BA00	6EP1333-4BA00
简介	PM 70W 120/230V AC	PM 190W 120/230V AC
额定输入电压	120/230V AC，具有自动切换功能	120/230V AC，具有自动切换功能
输出电压	24V DC	24V DC
额定输出电流	3A	8A
功耗	84W	213W

1.2.5　工艺模块

工艺模块用于高速计数和测量，以及快速信号预处理。

（1）高速计数模块　高速计数模块具有硬件级的信号处理功能，可以对各种传感器进行快速计数、测量和位置记录。该模块支持增量式编码器和 SSI 绝对值编码器，支持集中式和分布式操作。

TM Count 2×24V 和 TM PosInput2 模块的供电电压为 DC24V，可连接两个增量式编码器或位置式编码器，计数范围为 32 位。它们的计数频率分别为 200kHz 和 1MHz，4 倍频时分别为 800kHz 和 4MHz。它们分别集成了 6 个和 4 个 DI 点，用于门控制、同步、捕捉和自由设定；还集成了 4 个 DQ 点，用于比较值转换和自由设定。它们具有频率、周期和速度测量功能，以及绝对位置和相对位置检测功能，还具有同步、比较值、硬件中断、诊断中断、输入滤波器、等时模式等功能。

（2）时间戳模块　TM Timer DIDQ 16×24V 时间戳模块可以读取离散输入信号的上升沿

和下降沿，并标以高精度的时间戳信息。离散量输出可以基于精确的时间控制。离散量输入信号支持时间戳检测、计数、过采样等功能。离散量输出信号支持过采样、时间控制切换和脉冲宽度调制等功能。该模块可用于电子凸轮控制、长度检测、脉冲宽度调制和计数等多种应用，有 16 个数字量输入和输出点，输入和输出点的个数可组态。输入频率最大 50kHz，计数频率最大 200kHz。该模块支持等时模块，有硬件中断和诊断中断、模块级诊断功能。

工艺模块基本属性如表 1-11 所示。

表1-11　工艺模块基本属性

订货号	6ES7550-1AA0-0AB0	6ES7551-1AB00-0AB0
简介	TM Count 2×24V	TM PosInput 2
受支持的编码器	信号增量编码器，24V 非对称，带有 / 不带方向信号的脉冲编码器，向上 / 向下脉冲编码器	RS422 的信号增量编码器（5V 差分信号），带有 / 不带方向信号的脉冲编码器，向上 / 向下脉冲编码器，绝对值编码器（SSI）
最大计数频率	200kHz 800kHz，具有四倍频脉冲	1MHz 4MHz，具有四倍频脉冲
集成 DI	每个计数器通道 3 个 DI，用于： 启动； 停止； 捕获； 同步	每个计数器通道 2 个 DI，用于： 启动； 停止； 捕获； 同步
集成 DQ	2 个 DQ，用于比较器和限值	2 个 DQ，用于比较器和限值
计数功能	比较器 可调整的计数范围 增量式位置检测	比较器 可调整的计数范围 增量式和绝对式位置检测
测量功能	频率 周期 速度	频率 周期 速度
诊断错误中断	√	√
硬件中断	√	√
支持等时同步操作	√	√

1.2.6　通信模块

（1）点对点通信模块　点对点通信模块可以连接数据读卡器或特殊传感器，可以集中使用，也可以在分布式 ET 200MP I/O 系统中使用。可以使用 3964（R）、Modbus RTU（仅高性能型）或 USS 协议，以及基于自由口的 ASCII 协议。它有 CM PtP RS422/485 基本型和高性能型、CM PtP RS232 基本型和高性能型这 4 种模块。基本型的通信速率为 19.2kbps，最大报文长度 1KB，高性能型为 115.2kbps 和 4KB。RS422/485 接口的屏蔽电缆最大长度 1200m，RS-232 接口为 15m。

（2）PROFIBUS 模块　PROFIBUS 模块 CM 1542-5 可以作为 PROFIBUS-DP 主站和从站，有 PG/OP 通信功能，可使用 S7 通信协议，两种订货号的模块分别可以连接 32 个和 125 个从站。CPU 集成的 DP 接口只能作为 DP 主站。传输速率为 9.6kbps ～ 12Mbps。

（3）PROFINET 模块　PROFINET 模块 CP1542-1 是可以连接 128 个 IO 设备的 IO 控制器，有实时通信（RT）、等时实时通信（IRT）、MRP（介质冗余）、NTP（网络时间协议）和诊断功能，可以作为 Web 服务器。该模块支持通过 SNMP（简单网络管理协议）版本 V1 进行数据查询。设备更换无需可交换存储介质。该模块支持开放式通信、S7 通信、ISO 传输、TCP、ISO-on-TCP、UDP 协议和基于 UDP 连接组播等。传输速率为 10/100Mb/s。

（4）以太网模块　CP 1513-1 是带有安全功能的以太网模块，在安全方面支持基于防火墙的访问保护、VPN、FTPS Server/Client 和 SNMP V1、V3。该模块支持 IPv6 和 IPv4、FTPS Server/Client、FETCH/WRITE 访问（CP 作为服务器）、Email 和网络分割，支持 Web 服务器访问、S7 通信和开放式用户通信。传输速率为 10/100/1000Mb/s。

（5）ET 200MP 的接口模块　ET 200MP 的接口模块进行分布式 I/O 扩展，ET 200MP 与 S7-1500 的中央机架使用相同的 I/O 模块。模块采用螺钉压线方式，高速背板通信，支持 PROFINET 或 PROFIBUS，使用 DC24V 电源电压，有硬件中断和诊断中断功能。

IM155-5 DP 标准型 PROFIBUS 接口模块支持 12 个 I/O 模块。IM155-5 PN 标准型和高性能型 PROFINET 接口支持 30 个 I/O 模块、等时同步模式、IRT（同步实时）、MRP（介质冗余）和有限化启动；支持开放式 IE 通信，最短周期 250μs；有硬件中断和诊断中断功能。标准型和高性能型模块分别有 2 个和 4 个 IO 控制器，高性能型支持 PROFINET 系统冗余。

通信模块基本属性如表 1-12、表 1-13 所示。

表 1-12　进行点对点链接的通信模块基本属性

订货号	6ES7540-1AD00-0AA0	6ES7540-1AB00-0AA0	6ES7541-1AD00-0AB0	6ES7541-1AB00-0AB0
简介	CM PtP RS232 BA	CM PtP RS422/485 BA	CM PtP RS232 HF	CM PtP RS422/485 HF
接口	RS232	RS422/485	RS232	RS422/485
数据传输速率	300 ～ 19200bps	300 ～ 19200bps	300 ～ 115200bps	300 ～ 115200bps
最大帧长度	1KB	1KB	4KB	4KB
诊断错误中断	√	√	√	√
硬件中断	—	—	—	—
支持等时同步操作	—	—	—	—
所支持的协议	Freeport 协议 3964 (R)	Freeport 协议 3964 (R)	Freeport 协议 3964(R) Modbus RTU 主站 Modbus RTU 从站	Freeport 协议 3964 (R) Modbus RTU 主站 Modbus RTU 从站

表1-13　用于PROFIBUS和PROFINET的通信模块基本属性

订货号	6EGK542-5DX00-0XE0	6EGK543-1AX00-0XE0
简介	CM 1542-5	CP 1543-1
总线系统	PROFIBUS	PROFINET
接口	RS485	RJ45
数据传输速率	9600bps ～ 12Mbps	10/100/1000Mbps
功能和支持的协议	DPV1 主站 / 从站，S7 通信，PG/OP 通信，开放式用户通信	具有 SEND/RECEIVE 和 FETCH/WRITE 接口的 ISO 和 TCP/IP，UDP，TCP，带 / 不带 RFC 1006 的 S7 通信，IP 组播，Web 诊断，FDP 客户端 / 服务器，SNMP，DHCP, 电子邮件
诊断错误中断	√	√
硬件中断	—	—
支持等时同步操作	—	—

1.3　西门子 S7-1200/1500 PLC 的工作原理及过程

　　每个扫描周期都包括写入输出、读取输入、执行用户程序指令以及执行系统维护或后台处理，如图 1-9 所示。该周期称为扫描周期或扫描。在默认条件下，所有数字和模拟 I/O 点都通过内部存储区（即过程映像）与扫描周期进行同步更新。过程映像包含 CPU、信号板和信号模块上的物理输入和输出的过程。CPU 仅在用户程序执行前读取物理输入，并将输入值存储在过程映像输入区。这样可确保这些值在整个用户指令执行过程中保持一致。

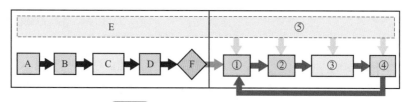

图 1-9　每个扫描周期均执行的任务

　　CPU 执行用户指令逻辑，并更新过程映像输出区中的输出值，而不是写入实际的物理输出。执行完用户程序后，CPU 将所生成的输出从过程映像输出区写入物理输出。

（1）STARTUP 模式

❶ 清除输入（或 "I"）存储器。

❷ B 使用上一个值或替换值对输出执行初始化。

❸ 执行启动 OB。

❹ 将物理输入的状态复制到 I 存储器。

❺ 启用将输出（或 "Q"）存储器的值写入物理输出。

（2）RUN 模式

❶ 将 Q 存储器写入物理输出。

② 将物理输入的状态复制到 I 存储器。

③ 执行程序循环 OB。

④ 执行自检诊断 E 将所有中断事件存储到要在 RUN 模式下处理的队列中。

⑤ 在扫描周期的任何阶段处理中断和通信。

1.4 西门子 S7-1200/1500 PLC 的工作模式

CPU 有三种工作模式：STOP 模式、STARTUP 模式和 RUN 模式。CPU 前面的状态 LED 指示当前工作模式。在 STOP 模式下，CPU 不执行任何程序，而用户可以下载项目。在 STARTUP 模式下，CPU 会执行任何启动逻辑（如果存在）。在 STARTUP 模式下不处理任何中断事件。在 RUN 模式下，重复执行扫描周期。在程序循环阶段的任何时刻都可能发生和处理中断事件。

1.5 存储区、寻址和数据类型

CPU 提供了以下用于存储用户程序、数据和组态的存储区：

① 装载存储器用于非易失性地存储用户程序、数据和组态。项目被下载到 CPU 后，首先存储在装载存储区中。该存储区位于存储卡（如存在）或 CPU 中。该非易失性存储区能够在断电后继续保持。存储卡支持的存储空间比 CPU 内置的存储空间更大。

② 工作存储器是易失性存储器，用于在执行用户程序时存储用户项目的某些内容。CPU 会将一些项目内容从装载存储器复制到工作存储器中。该易失性存储区将在断电后丢失，而在恢复供电时由 CPU 恢复。

③ 保持性存储器用于非易失性地存储限量的工作存储器值。保持性存储区用于在断电时存储所选用户存储单元的值。发生掉电时，CPU 留出了足够的缓冲时间来保存几个有限的指定单元的值。这些保持性值会随后在上电时恢复。

可选的 SIMATIC 存储卡可用作存储用户程序的替代存储器，或用于传送程序。如果使用存储卡，CPU 将运行存储卡中的程序而不是自身存储器中的程序。

1.6 西门子 S7-1200/1500 PLC 的用户程序的执行

CPU 支持以下类型的代码块，使用它们可以创建有效的用户程序结构：

① 组织块（OB）是通常包含主程序逻辑的代码块。OB 对 CPU 中的特定事件做出响应，并可中断用户程序的执行。用于循环执行用户程序的默认组织块（OB1）为用户程序提供基本结构，是唯一一个用户必需的代码块。其他 OB 执行特定的功能，如处理启动任务、处理中断

和错误或以特定的时间间隔执行特定程序代码。

❷ 功能块（FB）是从另一个代码块（OB、FB 或 FC）进行调用时执行的子程序。调用块将参数传递到 FB，并标识可存储特定调用数据或该 FB 实例的特定数据块（DB）。更改背景 DB 块可实现使用一个通用 FB 控制一组设备的运行。例如，借助包含每个泵或阀门的特定运行参数的不同背景 DB，一个 FB 可控制多个泵或阀。背景 DB 会保存该 FB 在不同调用或连续调用之间的值，以便能支持异步通信。

❸ 功能（FC）是从另一个代码块（OB、FB 或 FC）进行调用时执行的子程序。FC 不具有相关的背景 DB。调用块将参数传递给 FC。如果用户程序的其他元素需要使用 FC 的输出值，则必须将这些值写入存储器地址或全局 DB 中。用户程序、数据及组态的大小受 CPU 中可用装载存储器和工作存储器的限制。对所支持的块数量没有限制；唯一的限制就是存储器大小。

第 1 章
第 2 章
第 3 章
第 4 章
第 5 章
第 6 章
第 7 章
第 8 章
第 9 章
附 录

Chapter
第2章 博途软件及应用

博途软件（TIA Portal）是全集成自动化软件。它是西门子工业自动化集团研发的新一代全集成自动化软件，软件功能强大，几乎适应于所有自动化任务。

博途软件（TIA Portal）效率极高，可以在机械或工厂的整个生命周期（涵盖规划与设计、组态与编程，直至调试、运行和升级等各个阶段）为用户提供全方位支持。SIMATIC 软件具备优秀的集成能力和统一接口，在整个组态设计过程中，均可以实现优异的数据一致性。

为了方便读者学习，博图软件的功能、组成、安装与使用方法等内容可以通过扫描二维码下载学习。

2.1 博途软件的功能

2.2 博途软件的组成

2.3 博途软件的安装要求

2.4 博途软件的安装步骤

2.5 博途软件的使用方法

博途软件及应用

硬件组态

博途软件的使用

西门子 S7-1200/1500 PLC 编程基础

3.1 操作系统

操作系统包含在每一个 CPU 中，管理所有与特定控制任务无关的 CPU 的功能和序列。主要任务有处理暖启动、更新输入和输出过程映像、调用用户程序、检测中断和调用中断 OB、检测和处理错误、管理存储器。操作系统是 CPU 的组件，交付时已安装在其中。

3.2 用户程序

3.2.1 用户程序全部功能

用户程序包含处理特定自动化任务所需要的全部功能。用户程序任务包括：

● 使用启动 OB 检查（暖）启动的要求，例如，限位开关是否处在正确位置或安全继电器是否激活。

● 处理过程数据，例如，链接二进制信号，读入并评估模拟值，定义输出的二进制信号以及输出模拟值。

● 响应中断，例如，模拟扩展模块的限值过冲时的诊断错误中断。

● 正常程序执行中的错误处理。

用户编写用户程序，并将其装载到 CPU 中。

3.2.2 用户程序中的块

（1）线性编程与结构化编程　线性编程：小型自动化任务可以在程序循环 OB 中进行线性化编程，但是这种编程方式仅适用于简单程序中。图 3-1 所示为一个线性程序示意图："Main1"程序循环 OB 包含整个用户程序。

结构化编程：将复杂自动化任务分割成与过程工艺功能相对应或可重复使用的更小的子任务，将更易于对这些复杂任务进行处理和管理。这些子任务在用户程序中以块来表示。因此，每个块是用户程序的独立部分。

图 3-2 所示为一个结构化程序示意图："Main1"程序循环 OB 依次调用一些子程序，它们执行所定义的子任务。块的嵌套深度取决于所用的 CPU。

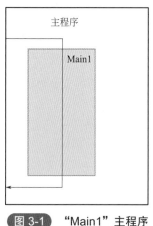

图 3-1　"Main1"主程序

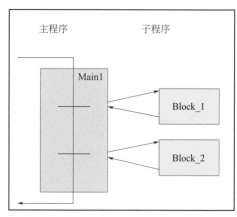

图 3-2　"Main1"主程序调用子程序

（2）块类型

❶ 组织块（OB）：组织块定义用户程序的结构，构成了操作系统和用户程序之间的接口。组织块由操作系统调用，可以控制如下操作：自动化系统的启动特性、循环程序控制、中断驱动的程序执行、错误处理。

可以对组织块进行编程并同时确定 CPU 的特性。根据使用的 CPU，提供有不同的组织块。

创建组织块：在项目树中单击程序块中的"添加新块"选项，在弹出的"添加新块"对话框中选择组织块中的"Program cycle"程序循环，给定块名称，选择语言、设定块编号，单击"确定"按钮完成组织块的创建，如图 3-3 所示。

图 3-3　创建组织块

❷ 函数（FC）：是不带存储器的代码块。由于没有可以存储块参数值的数据存储器，调用函数时，必须给所有形参分配实参。函数可以使用全局数据块永久性存储数据。函数包含一个程序，在其他代码块调用该函数时将执行此程序。例如，可以将函数用于下列目的：

a. 将函数值返回给调用块，例如，数学函数执行工艺功能，通过位逻辑运算进行单个的控制。

b. 可以在程序中的不同位置多次调用一个函数。因此，函数块简化了对多重复发生的函数的编程。

创建函数：在项目树中单击程序块中的"添加新块"选项，在弹出的"添加新块"对话框中选择"函数"，给定块名称，选择语言、设定块编号，单击"确定"按钮完成函数块的创建，如图 3-4 所示。

图 3-4 创建函数

❸ 函数块（FB）：函数块是一种代码块，它将输入、输出和输入 / 输出参数永久地存储在背景数据块中，从而在执行块之后，这些值依旧有效。所以函数块也称为"有存储器"的块。函数块也可以使用临时变量。临时变量并不存储在背景数据块中，而用于一个循环。函数块包含总是在其他代码块调用该函数块时执行的子程序。可以在程序中的不同位置多次调用同一个函数块。因此，函数块简化了对重复发生的函数的编程。函数块的调用称为实例。函数块的每一个实例都需要一个背景数据块；其中包含函数块中所声明的形参的实例特定值。函数块可以将实例特定的数据存储在自己的背景数据块中，也可以存储在调用快的背景数据块中。

S7-1200 和 S7-1500 PLC 提供两种不同的背景数据块访问选项，可在调用函数块时分配给函数块：可优化访问的数据块，无固定定义的存储器结构；可标准访问的数据块，具有固定的存储器结构。

函数块的创建如图 3-5 所示。

图 3-5　创建函数块

❹ 数据块（DB）：用于保存程序执行期间写入的值。与代码块相比，数据块仅包含变量声明，不包含任何程序段或指令。变量声明定义数据块的机构。

数据块有两种类型：

全局数据块：全局数据块不能分配给代码块。可以从任何代码块访问全局数据块的值。全局数据块仅包含静态变量。全局数据块的结构可以任意定义。在数据块的声明表中，可以声明在全局数据块中要使用的数据元素。

背景数据块：背景数据块可直接分配给函数块（FB）。背景数据块的结构不能任意定义，其取决于函数块的接口声明。该背景数据块只包含在该处已声明的那些块参数和变量。但可以在背景数据块中定义实例特定的值，例如，声明变量的起始值。

要创建数据块，请按以下步骤操作：

● 双击"添加新块"（Add New Block）命令。

将打开"添加新块"（Add New Block）对话框。

● 单击"数据块（DB）"按钮。

● 选择数据块类型。用户有以下选择：

要创建全局数据块，请选择列表条目"全局 DB"（Global DB）。

要创建一个 ARRAY 数据块，则需在列表中选择条目"ARRAY DB"。

要创建背景数据块，请从列表中选择要为其分配背景数据块的目标函数块。该列表只包含先前为 CPU 创建的函数块。要创建基于 PLC 数据类型的数据块，从列表中选择 PLC 数据类型。该列表只包含先前为 CPU 创建的 PLC 数据类型。

要创建基于系统数据类型的数据块，从列表中选择系统数据类型。该列表仅包含已插入到 CPU 程序块中的那些系统数据类型。

● 输入数据块名称。

● 输入新数据块的属性。

● 如果选择一个 ARRAR DB 作为数据块类型，则需输入数据类型 ARRAR 和 ARRAR 的上限，可以在所创建块的属性窗口中随时更改 ARRAR 的上限，但后续无法更改 ARRAR 数据类型。

● 如果选择包含有监视的块作为"类型"（Type），则可为监控函数指定一个 ProDiag 函数块。

● 要输入新数据块的其他属性，单击"其它信息"（Additional Information），将显示具有更多输入域的内容。

● 输入所需的所有属性。

● 若块在创建后并未打开，则选中"添加新对象并打开"（Add New And Open）复选框。

● 单击"确定"（OK）按钮，确认输入。

3.2.3 用户程序中的块调用

（1）块调用的函数 要执行用户程序中的块，必须通过其他块对它们进行调用。图 3-6 所示为用户程序中块调用的顺序。

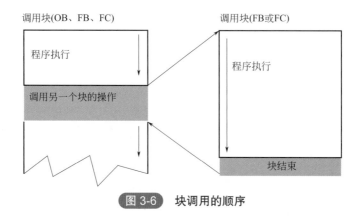

图 3-6 块调用的顺序

（2）调用层级 块调用的顺序和嵌套称为调用层级。图 3-7 所示为在一个执行周期内的块调用顺序和嵌套深度示例。

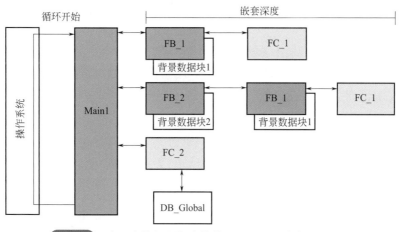

图 3-7 在一个执行周期内的块调用顺序和嵌套深度示例

块的嵌套深度取决于所用的 CPU。

（3）块调用时的参数传递

❶ 块参数的使用规则：块参数是调用块为被调用块提供将使用的值。这些值将作为块参数进行引用。输入参数为被调用块提供需处理的值，该块将通过输出参数返回结果。因此，块参数可作为调用块和被调用块之间的接口。

如果仅需要查询或读取值，则可使用输入参数；如果要设置或写入这些值，则需使用输出参数。如果要读写块参数，则需要将这些块参数创建为 In/Out 参数。

在块内使用参数时，应遵循以下规则：

● Input 参数只能读取。

● Out 参数只可写入。

● In/Out 参数可读取和写入。

❷ 形参和实参：被调用块接口中定义的块参数，称为形参。在调用过程中，将作为参数的占位符传递给该块。调用块时，传递给块的参数称为实参。实参和形参的数据类型必须相同，或可以根据数据类型转换规则进行转换。

❸ 函数的参数分配：函数（FC）没有可以存储块参数值的数据存储器。因此，调用函数时，必须给所有形参分配实参。

● 输入参数（Input）：每一个周期内只读取一次输入参数，即在块调用之前读取。因此，规则就是在块中写入一个输入参数并不会对实参造成影响，而只写入形参。

● 输出参数（Output）：每一个周期内只读取一次输出参数，即在块调用之后读取。因此，规则就是不在块中读取输出参数。应注意，如果仍需读取输出参数，将只会读取该形参的值。无法读取该块中实参的值。

如果在函数中没有写入该函数的输出参数，那么将使用为特定数据类型预定义的值。例如，BOOL 类型的预定义值为"false"。但结构化的输出参数不会预先赋值。为了防止对预定义的值或未定义的值进行其他意外处理，则需在进行块编程时注意以下事项：

a. 对于块中的所有程序路径，应确保将值写入输出参数。为此，应注意跳转命令可能会跳过设置输出的指令序列。

b. 置位和复位命令取决于逻辑运算的结果。如果输出参数值通过这些命令和 RL0=0 来确定，则不会生成值。

c. 可以的话，请为函数的输出参数分配一个默认值。

● 输入 / 输出参数（InOut）：在块调用之前读取输入 / 输出参数并在块调用之后写入。如果在块中读取或写入参数，那么只能访问形参。

具有结构化数据类型的输入 / 输出参数不属于以上情况。结构化的数据类型中可包含多种数据元素，如 ARRAY 或 STRUCT。这些元素将通过 POINTER 传递到被调用块。因此，在块中读取或写入结构化输入 / 输出参数时，将始终访问实参。函数的输入 / 输出参数不会写入该函数中，而是将之前的输出值或输入值用作函数值。因此，需要注意上述有关输出参数的信息，这样才可对旧值处理得当。

● 本地临时数据（Temp）：本地临时数据只在一个循环中有效。本地临时数据的处理方式取决于块类型。

● 标准访问：下列规则适用于可标准访问的代码块以及设置可持久性"在 IDB 中设置"（Set In IDB）的所有变量：如果正在使用本地临时数据，则必须确保在使用前对值进行初始化。否则，这些值将是随机数。WSTRING 数据类型的 STRING 临时数据除外，它们会自动预先分配最大长度 254 个字符和实际长度 0。

● 优化访问：以下规则适用于可优化访问的代码块。如果函数中未写入临时变量，则将使用指定数据类型的预定义值。例如，BOOL 数据的预定义值为"false"。对于 PLC 数据类型的元素，将预先赋值 PLC 数据类型（UDT）声明中所指定的默认值。对于 ARRAY 元素，即使用于 PLC 数据类型中，也将预先赋值数值"0"。STRING 和 WSTRING 会自动预先分配最大长度 254 个字符和实际长度 0。

● 函数值（Return）：通常，函数会计算函数值。可以通过输出参数 RET_VAL 将此函数值返回给调用块。为此，必须在函数的接口中声明输出参数 RET_VAL。RET_VAL 始终是函数的首个输出参数。参数 RET_VAL 可以是除 ARRAY 和 STRUCT 以及 TIMER 和 COUNTER 参数类型之外的所有数据类型。

在 SCL 编程语言中，函数可以在表达式中直接调用。然后，根据计算出的函数值得出表达式结果。因此，SCL 中函数值不能为数据类 ANY。

3.2.4 操作数的使用和寻址

（1）操作数的基本知识　编程指令时，必须指定指令应该处理的数据值。这些值称为操作数。操作数可以通过绝对地址和符号名加以识别。可以在 PLC 变量表或块的变量声明中定义名称与地址。例如，可以使用下列元素作为操作数：
● PLC 变量；
● 常量；
● 背景数据块中的变量；
● 全局数据块中的变量。

（2）变量　变量是可以在程序中更改的数值的占位符。数值的格式已定义。使用变量使程序变得更灵活。例如，对于每次块调用，可以为在块接口中声明的变量分配不同的值。因此可以重复使用已编程的块，用于实现多种用途。变量由以下元素组成：
● 名称；
● 数据类型；
● 绝对地址。

其中具有一般访问权的 PLC 变量和 DB 变量都有绝对地址。可优化访问的块中的 DB 变量无绝对地址。
● Value（可选）。

可以为程序定义具有不同范围的变量：
● 在 CPU 的所有区域中都适用的 PLC 变量。
● 全局数据块中的 DB 变量。可以在整个 CPU 范围内被各类块使用。
● 背景数据块中的 DB 变量。这些背景数据块主要用于声明它们的块中。

23

表 3-1 显示的是变量类型之间的区别。

表3-1 变量类型之间的区别

变量	PLC 变量	背景 DB 中的变量	全局 DB 中的变量
应用范围	• 在整个 CPU 中有效 • CPU 中的所有块均可使用 • 该名称在 CPU 中唯一	• 主要用于定义它们的块中 • 该名称在背景 DB 中唯一	• CPU 中的所有块均可使用 • 该名称在全局 DB 中唯一
可用的字符	• 字母、数字、特殊字符 • 不可使用引号 • 不可使用保留关键字	• 字母、数字、特殊字符 • 不可使用保留关键字	• 字母、数字、特殊字符 • 不可使用保留关键字
使用	• I/O 信号（I、IB、IW、ID、Q、QB、QW、QD） • 位存储器（M、MB、MW、MD）	• 块参数（输入、输出和输入/输出参数） • 块的静态数据	• 静态数据
定义位置	PLC 变量表	块接口	全局 DB 声明表

（3）常量 常量是具有固定值的数据，其值在程序运行期间不能更改。常量在程序执行期间可由各种程序元素读取，但不能被覆盖。存在常量值指定的表示法，具体取决于数据类型和数据格式，分为有类型和无类型的表示法。在无类型的表示法中，仅输入常量值即可，无须输入数据类型。对于无类型的常量，只有在首次算术运算和逻辑运算中使用后，才会获得数据类型。在有类型的表示法中，除指定常量值外还指定数据类型。

可以选择声明常量符号名，从而使程序中名称下的常量值可用。这使得在更改常量值时，程序更具有可读性，且更易于维护。

符号常量由以下元素组成：

● 名称。

● 数据类型。

符号常量始终有数据类型，无类型表示法不适用于符号常量。

● 常量值。

可以选择指定数据类型值范围内的任意值作为常量值。可以定义具有不同适用范围的常量：

● 全局常量适用于 CPU 的所有区域。

● 局部常量仅在块内适用。

表 3-2 显示常量类型之间的区别。

表3-2 常量类型之间的区别

常量	全局常量	局部常量
适用范围	• 在整个 CPU 中有效 • 该名称在 CPU 中唯一	• 仅在声明它们的块中有效 • 该名称在块中唯一
允许的字符	• 常量名称允许使用的字符包括字母、数字和特殊字符	• 常量名称允许使用的字符包括字母、数字和特殊字符

续表

常量	全局常量	局部常量
定义位置	PLC 变量表的"常量"（Constants）选项卡	块接口
表示法	括在引号中，例如："Glob_Const"	带有数字符号前缀，例如：#Loc_Const

（4）寻址操作数

❶ 寻址全局变量。要对全局 PLC 变量进行寻址，可以使用绝对地址或符号名称。使用符号名称进行寻址时，则需输入 PLC 变量表中的变量名称。全局变量的符号名称自动用引号括起来，如图 3-8 所示。

寻址	说明
%Q1.0	绝对地址：输出 1.0
%I16.4	绝对地址：输入 16.4
%IW4	绝对地址：输入字 4
"Motor"	符号地址"Motor"
"Value"	符号地址"Value"
"Structured_Tag"	基于 PLC 数据类型的变量符号地址
"Structured_Tag".Component	结构化变量的元素符号地址。

图 3-8　符号名称与绝对地址的寻址

可以使用 PLC 变量的符号名称，对基于 PLC 数据类型的结构化变量进行寻址。也可以使用句点分隔各元素的名称。使用绝对地址寻址时，则需输入 PLC 变量表中的变量地址。对于每个操作数范围，绝对地址使用以零开头的数值地址，地址标识符 % 被自动设置为全局变量绝对地址的前缀，如图 3-8 所示。

❷ 数据块中的变量寻址。全局数据块中的变量可以按符号名称或绝对地址进行寻址。对于符号名称的寻址，可以使用数据块的名称和变量名，并用圆点分隔。数据块的名称用引号括起来。对于绝对地址的寻址，可以使用数据块的编号和数据块变量的绝对地址，并用圆点分隔。地址标识符 % 被自动设置为绝对地址的前缀。

ARRAY 数据块是一种特殊类型的全局数据块。这些数据块包含一个任意数据类型的 ARRAY。例如，可以是 PLC 数据类型（UDT）的 ARRAY。可通过关键字"THIS"寻址 ARRAY 数据块中的元素。然后再在方括号中指定下标。下标可以是一个常量，也可以是一个变量。变量类型的下标最大可支持长度为 32 位的整数。寻址 ARRAY 数据块的扩展选项位于"指令"（Instructions）任务卡的"移动"（Move）区域中。例如，可以通过这些指令对数据块名称进行间接寻址。

表 3-3 所示为数据块中变量可能的绝对地址。

表3-3　数据块中变量可能的绝对地址

数据类型	绝对地址	示例	说明
BOOL	%DBn.DBXx.y	%DB1.DBX1.0	DB1 中的数据位 1.0
BYTE, CHAR, SINT, USINT	%DBn.DBBy	%DB1.DBB1	DB1 中的数据位 1

续表

数据类型	绝对地址	示例	说明
WORD，INT，UINT	%DBn. DBWy	%DB1.DBW1	DB1 中的数据字 1
DWORD，DINT，UDINT，REAL，TIME	%DBn.DBDy	%DB1.DBD1	DB1 中的数据双字 1

❸ 间接寻址操作数。间接寻址提供寻址在运行之前不计算地址的操作数的选项。使用间接寻址，可以多次执行程序部分，且在每次运行期间可以使用不同的操作数。

所有的编程语言都提供以下间接寻址选项：

● 通过指针间接寻址。

● ARRAY 元素的间接索引。

● 通过 DB_ANY 数据类型间接寻址数据块。

a. 对于间接寻址，要求特定的数据格式，应包含地址，还可以包含操作数的范围和数据类型。该数据格式称为指针。可以使用以下类型的指针：

● POINTER（S7-1500）。

● ANY（S7-1500，仅适用于可标准访问的块）。

● VARIANT（S7-1200/1500）。

b. ARRAY 元素的间接索引（S7-1200/1500 PLC）。通过可变下标进行 ARRAY 访问，寻址 ARRAY 元素时，可将整型数据类型的常量或变量指定为下标。在此，只能使用长度最长为 32 位的整数。

通过变量进行间接寻址时，仅在程序运行过程中才会计算下标。例如，在程序循环中，每次循环都使用不同的下标。

3.2.5 数据类型

（1）基本数据类型

❶ 二进制数

a. BOOL（位）。数据类型 BOOL 的操作数表示一位值，并包含以下值之一：TRUE；FALSE。

数据类型 BOOL 的属性如表 3-4 所示。

表3-4 数据类型BOOL的属性

长度 / 位	格式	取值范围	输入值示例
1	布尔型	FALSE 或 TRUE BOOL#0 或 BOOL#1 BOOL#FALSE 或 BOOL#TRUE	TRUE BOOL#1 BOOL#TRUE
	无符号整数（十进制系统）	0 或 1	1
	二进制数	2#0 或 2#1	2#0

续表

长度 / 位	格式	取值范围	输入值示例
1	八进制数	8#0 或 8#1	8#1
	十六进制数	16#0 或 16#1	16#1

b. 位字符串 BYTE。数据类型 BYTE 的操作数是位字符串，有 8 位。

数据类型 BYTE 的属性如表 3-5 所示。

表3-5 数据类型BYTE的属性

长度 / 位	格式	取值范围	输入值示例	
			常量	绝对地址和符号地址
8	整数[①] （十进制系统）	有符号整数：−128 ～ +127 无符号整数：0 ～ 255	• 15 • BYTE#1 5 • BYTE#10#15 • B#15	• IB2 • MB10 • DB1.DBB4 • Tag_Name
	二进制数	2#0 ～ 2#1111 _1111	• 2#0000_1111 • BYTE#2#0000——1111 • B#2#0000_1111	
	八进制数	8#0 ～ 8#377	•8#17 •BYTE#8#17 •B#8#17	
	十六进制数	16#0 ～ 16#FF	•16#0F •BYTE#16#0F •B#16#0F	

① 取值范围取决于相关解释或转换方式。

c. WORD。数据类型 WORD 的操作数是位字符串，有 16 位。

数据类型 WORD 的属性如表 3-6 所示。

表3-6 数据类型WORD的属性

长度 / 位	格式	取值范围	输入值示例	
			常量	绝对地址和符号地址
16	整数 （十进制系统）	有符号整数：−32_768 ～ +32_767 无符号整数：0 ～ 65_535	• 61_680 • WORD#61_680 • WORD# 10#61 _6 80 • W#61_680	• MW10 • DB1.DBW2 • Tag_Name
	二进制数	2#0 ～ 2#1111_1111_1111_1111	• 2#1111_0000_1111_0000 • WORD#2#1111_0000_1111_0000 • W#2#1111_0000_1111_0000	

长度/ 位	格式	取值范围	输入值示例	
			常量	绝对地址和符号地址
16	八进制数	8#0 ～ 8#177_777	• 8#170_360 • WORD#8#170_360 • W#8#170_360	• MW10 • DB1.DBW2 • Tag_Name
	十六进制数	16#0 ～ 16#FFFF	• 16#F0F0 • WORD#16#F0F0 • W#16#F0F0	
	BCD	C#0 ～ C#999	• C#55	
	十进制序列	B# (0, 0) ～ B# (255, 255)	• B# (127.200)	

❷ 整数 INT（16 位整数） 数据类型 INT 的操作数长度为 16 位，并由两部分组成：一部分是符号，另一部分是数值。位 0 ～ 14 的信号状态表示数值，位 15 的信号状态表示符号。符号可以是"0"（正信号状态），或"1"（负信号状态）。

数据类型 INT 的操作数在存储器中占用 2 字节。

数据类型 INT 的属性如表 3-7 所示。

表3-7　数据类型INT的属性

长度 / 位	格式	取值范围	输入值示例
16	有符号整数（十进制系统）	−32_768 ～ +32_767	• +3_785 • INT#+3_785 • INT#10#+3_785
	二进制数（仅正数）	2#0 ～ 2#0111_1111_1111_1111	• 2#0000_1110_1100_ 1001 • INT#2#0000_1110_1100_1001 • INT#2#10
	八进制数	8#0 ～ 8#7_7777	• 8#7311 • INT#8#7311
	十六进制数（仅正数）	16#0 ～ 16#7FFF	• 16#0EC9 • INT#16#0EC9

❸ 浮点数 REAL 数据类型 REAL 的操作数长度是 32 位，用于表示浮点数。数据类型 REAL 的操作数由以下三部分组成：

a. 符号：该符号由第 31 位的信号状态确定。第 31 位的值可以是"0"（正数）或"1"（负数）。

b. 以 2 为底的 8 位指数：该指数按常数增加（基值 +127），因此其范围为 0 ～ 255。

c. 23 位位数：仅显示尾数的小数部分。尾数为标准化的浮点数，其整数部分始终为 1，且不会保存。

处理数据类型 REAL 时会精确到 6 位数。

数据类型 REAL 的结构如图 3-9 所示，其属性如表 3-8 所示。

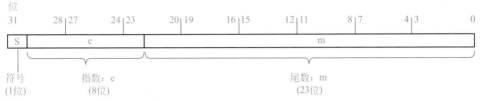

图 3-9 数据类型 REAL 的结构

表3-8 数据类型 REAL 的属性

长度 / 位	格式	取值范围	输入值示例
32	符合 IEEE 754 标准的浮点数	−3.402823e+38 ～ −1.175495e−38 ± 0.0	1.0e−5；REAL#1.0e−5
	浮点数	+1.175495e−38 ～ +3.402823e+38	1.0；REAL#1.0

❹ TIME（IEC 时间） 数据类型 TIME 的操作数内容以毫秒表示，表示的信息包括天（d）、小时（h）、分钟（m）、秒（s）和毫秒（ms）。

数据类型 TIME 的属性如表 3-9 所示。

表3-9 数据类型 TIME 的属性

长度 / 位	格式	取值范围	输入值示例
32	有符号的持续时间	T#−24d_20h_31m_23s_648ms 到 T#+24d_20h_31 m_23s_647ms	T#10d_20h_30m_20s_630ms，TI ME#10d_20h_30m_20s_630ms
	十六进制的数字	16#0000_0000 到 16#FFFF_FFFF	16#0001_EB5E

❺ 日期和时间 DATE 数据类型 DATE 将日期作为无符号整数保存，表示法中包括年、月和日。数据类型 DATE 的操作数为十六进制形式，对应于自 01-01-1990 以来的日期值（16#0000）。

数据类型 DATE 的属性如表 3-10 所示。

表3-10 数据类型 DATE 的属性

长度 / 字节	格式	取值范围	输入值示例
2	IEC 日期（年 − 月 − 日）	D#1990−01−01 ～ D#2169−06−06	D#2009−12−31，DATE#2009−12−31
	十六进制的数字	16#0000 ～ 16#FFFF	16#00F2

❻ 字符串 CHAR（字符） 数据类型 CHAR（Character）的变量长度为 8 位，占用一个 CHAR 的内存。

第1章
第2章
第3章
第4章
第5章
第6章
第7章
第8章
第9章
附录

CHAR 数据类型以 ASCII 格式存储单个字符，其取值范围如表 3-11 所示。

表3-11　CHAR数据类型取值范围

长度 / 位	格式	取值范围	输入值示例
8	ASCII 字符	ASCII 字符集	'A'，CHAR#'A'

（2）PLC 数据类型（UDT）　PLC 数据类型（UDT）是一种复杂的用户自定义数据类型，用于声明一个变量。这种数据类型是一个由多个不同数据类型元素组成的数据结构。其中，各元素可源于其他 PLC 数据类型、ARRAY，也可直接使用关键字 STRUCT 声明为一个结构。因此，嵌套深度限制为 8 级。PLC 数据类型（UDT）可在程序代码中统一更改和重复使用。系统自动更新该数据类型的所有使用位置。

PLC 数据类型的优势：

❶ 通过块接口，在多个块中进行数据快速交换。

❷ 根据过程控制对数据进行分组。

❸ 将参数作为一个数据单元进行传送。

创建数据块时，可将 PLC 数据类型声明为一种类型。基于该类型，可以创建多个数据结构相同的数据块，并根据具体任务，通过输入不同的实际值对这些数据块进行调整。

例如，为颜色混合配方创建一个 PLC 数据类型的实例。之后，再将该数据类型分配给多个数据块。这样，每个块中包含不同的数量信息。

图 3-10 显示了该应用中具体的数据类型分配。

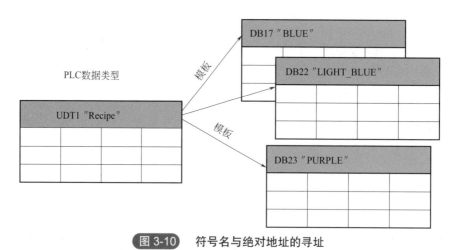

图 3-10　符号名与绝对地址的寻址

PLC 数据类型（UDT）可应用于以下应用中：

❶ PLC 数据类型可用作逻辑块的变量声明或数据块中变量的数据类型。

❷ PLC 数据类型可用作模板，创建数据结构相同的全局数据块。

❸ PLC 数据类型在 S7-1200 和 S7-1500 中可作为模板，创建结构化的 PLC 变量。

PLC 数据类型的嵌套层级深度为 8 级。具体的嵌套深度取决于所使用的 CPU。图 3-11 示例说明了如何定义"myUDT"PLC 数据类型。

myUDT

	Name	Datentyp
1	▼ FirstEntry	Struct
2	■ Value1	Int
3	■ Value2	Real
4	■ ▼ Value3	"myOtherUDT"
5	■ Station1	Int
6	■ Station2	UInt
7	■ Station3	DInt

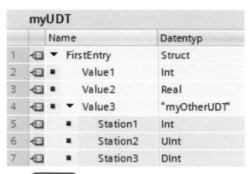

图 3-11 “MyUDT”PLC 数据类型

（3）复杂数据类型

❶ 匿名结构 STRUCT　STRUCT 数据类型是指一种元素数量固定但数据类型不同的数据结构。在结构中，也可以嵌套 STRUCT 或 ARRAY 数据类型的元素。结构可用于根据过程控制系统分组数据类型以及作为一个数据类型单元来传送参数。

结构（STRUCT）的嵌套层级深度为 8 级。具体的嵌套深度取决于所使用的 CPU。

可以将结构作为参数传递。如果块中的输入参数为 STRUCT 数据类型，则必须传递结构相同的 STRUCT 作为实参。即：所有结构元素的名称和数据类型必须相同。也可以将 STRUCT 的单个元素作为实参进行传递，但这些元素的数据类型必须与形参的数据类型相匹配。

❷ ARRAY　ARRAY 数据类型是一种数目固定且数据类型相同的元素组成的数据结构。数组元素通过下标进行寻址。在字段声明时，下标限制在关键字 ARRAY 后的方括号内定义。下限值必须小于或等于上限值。一个数组最多可包含 6 个维度，各维度的限制使用逗号进行分隔。

数据类型 ARRAY 的属性如表 3-12 所示。

表3-12　数据类型ARRAY的属性

块属性	格式	ARRAY 的限值	数据类型
标准块	ARRAY［下限 ... 上限］of < 数据类型 >	［-32768..32767］of < 数据类型 >	二进制数、整数、浮点数、定时器、日期时间、字符串、STRUCT，PLC 数据类型、系统数据类型、硬件数据类型
优化块		［-2147483648..2147483647］of< 数据类型 >	

ARRAY 元素通过下标进行寻址，可寻址 ARRAY 限制范围内的所有元素。ARRAY 数组也支持间接寻址。可以使用局部常量或全局常量作为 ARRAY 的限制，如图 3-12 所示。

	说明
ARRAY[1.."n"] of <数据类型>	ARRAY 固定限值中包含一个数值和一个全局用户常量 一维 ARRAY
ARRAY[1.."n", 2..5, #1..#u] of <数据类型>	ARRAY 固定限值中包含一个数值、一个全局用户常量和一个局部用户常量 三维 ARRAY

图 3-12 使用常量作为 ARRAY 的限制

多重实例也可创建为一个 ARRAY。在程序循环过程中，可使用一个可变下标对各个 ARRAY 元素进行寻址。

ARRAY 的最大限制值取决于以下因素：

❶ ARRAY 元素的数据类型。

❷ 存储区预留。

❸ 数据块的最大大小。

❹ CPU 的最大存储空间。

表 3-13 显示了如何声明 ARRAY 数据类型的操作数。

表3-13　ARRAY数据类型的操作数

名称	声明	注释
测量值	ARRAY [1..20] of REAL	一维数组，包括 20 个元素
时间	ARRAY [−5..5] of LINT	一维数组，包括 11 个元素
字符	ARRAY [1..2，3..4] of CHAR	二维数组，包括 4 个元素

3.3 编程方式

3.3.1 线性化编程

线性化编程是将整个用户程序放在主程序 OB1 中，在 CPU 循环扫描时执行 OB1 中的全部指令。其特点是结构简单，但效率低下。一方面，某些相同或相近的操作需要多次执行，这样会造成不必要的编程工作。另一方面，由于程序结构不清晰，会造成管理和调试的不方便。所以在编写大型程序时，应避免线性化编程。

3.3.2 模块化编程

模块化编程是将程序根据功能分为不同的逻辑块，且每一逻辑块完成的功能不同。在 OB1 中可以根据条件调用不同的功能（FC）或功能块（FB）。其特点是易于分工合作，调试方便。逻辑块是有条件的调用，所以可以提高 CPU 的利用率。

模块化编程中 OB1 起着主程序的作用，功能（FC）或功能块（FB）控制着不同的过程任务，相当于主循环程序的子程序。模块化编程中被调用块不向调用块返回数据。下面以实例说明模块化编程的思路。

模块化编程实例：有两台电动机，控制模式是相同的，按下启动按钮（电动机 1 为 I1.0，电动机 2 为 I2.0），电动机启动运行（电动机 1 为 Q1.0，电动机 2 为 Q2.0），按下停止按钮（电动机 1 为 I1.1，电机 2 为 I2.1），电动机停止运行。

这是典型的启保停电路，采用模块化编程的思想，分别在 FC1 和 FC2 中编写控制程序，如图 3-13（a）和图 3-13（b）所示，图 3-13（c）为在主程序 OB1 中进行 FC1 和 FC2 的调用。

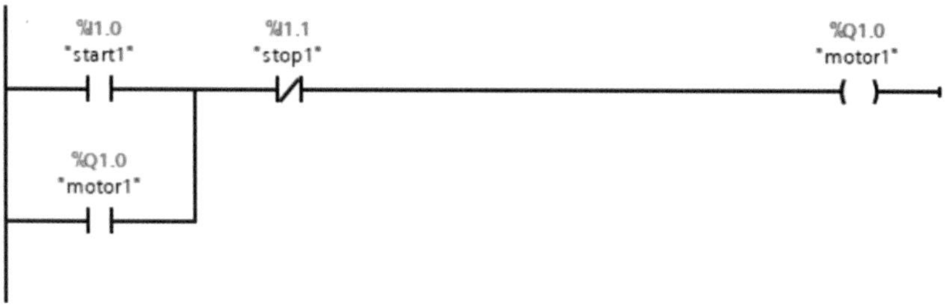

(a) 第一台电动机启停控制FC1块

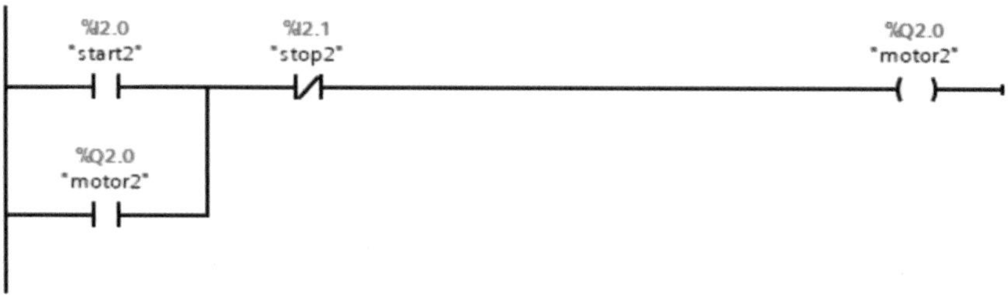

(b) 第二台电动机启停控制FC2块

(c) 在主程序OB1中进行FC1和FC2的调用

图 3-13 　电动机控制的模块化编程实例

由图 3-13 可以看出，电动机 1 的控制电路 FC1 和电动机 2 的控制电路 FC2 形式上是完全一样的，只是具体的地址不同，编写一个通用的程序分别赋给电动机 1 和电动机 2 的相应地址即可。

3.3.3 结构化编程

结构化编程是将过程要求类似或相关的任务归类，在功能（FC）或功能块（FB）中编程，形成通用的解决方案。通过不同的参数调用相同的功能（FC）或通过不同的背景数据块调用相同的功能块（FB）。其特点是结构化编程必须对系统功能进行合理分析、分解和综合，所以对设计人员的要求较高。另外，当使用结构化编程方法时，需要对数据进行管理。

结构化编程中，OB1 或其他块调用这些功能块，通用的数据和代码可以共享，这与模块化编程是不同的。结构化编程的优点是：不需要重复编写类似的程序，只需对不同的设备代入不同的地址；可以在一个块中写程序，用程序把参数（例如要操作的设备或数据的地址）传给程序块。这样，可以写一个通用模块，更多的设备或过程可以使用此模块。但是，使用结构化编程方法时，需要管理程序和数据的存储与使用。

结构化编程实例：由上述例子可以看出，模块化编程可能会存在大量的重复代码，块不能被分配参数，程序只能用于特定的设备。但是，在很多情况下，一个大的程序要多次调用某一个功能，这时应建立通用的可分配参数的块（FC、FB），这些块的输入、输出使用形式参数，当调用时赋给实际参数，这就是结构化编程。

结构化编程有如下优点：

❶ 程序只需生成一次，它显著地减少了编程时间。

❷ 该块只在用户存储器中保存一次，显著地降低了存储器用量。

❸ 该块可以被程序任意次调用，每次使用不同的地址。该块采用形式参数（IN、OUT 或 IN/OUT 参数）编程，当用户程序调用该块时，要用实际地址（实际参数）给这些参数赋值。

结构化编程时 FC 和 FB 中使用局部存储区，使用的名字和大小必须在块的声明部分中确定。当 FC 或 FB 被调用时，实际参数被传递到局部存储区。之前使用的是全局变量（如位存储区和数据块）来存储数据，下面利用局部变量来存储数据。局部变量分为临时变量和静态变量两种：临时变量是一种在块执行时，用来暂时存储数据的变量；静态变量只能用于 FB 块中。赋值给 FB 的背景数据块用作静态变量的存储区。对于可传递参数的块，在编写程序之前，必须在变量声明表中定义形式参数。表 3-14 中列举了 3 种类型的形式参数的定义与使用方法。注意，当需要对某个参数进行读、写访问时，必须将它定义为 IN/OUT 型参数。

表3-14 形式参数的类型

参数类型	定义	使用方法
输入参数	Input	只读
输出参数	Output	只写
输入 / 输出参数	InOut	可读 / 可写

在声明表中，每一种参数只占一行。如果需要定义多个参数，可以使用"回车"键来增加新的参数定义；也可以选中一个定义行后，通过菜单功能"插入"→"声明行"来插入一行新的参数定义行。当块已被调用后，如果再插入或删除定义行，则必须重新编写调用指令。

［例1］ 重新编写上述电动机的控制电路程序。新建块 FB1，定义形式参数，如图 3-14 所示。

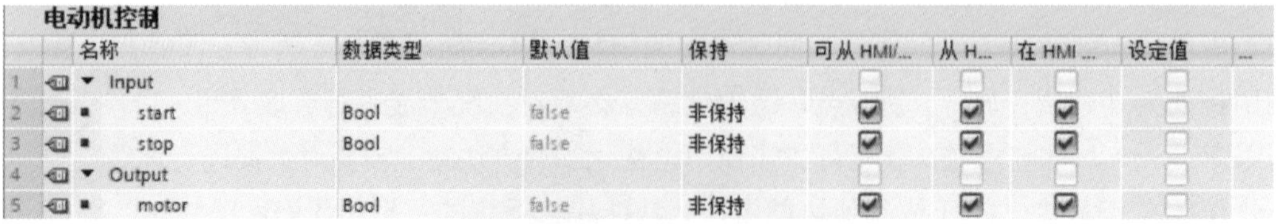

图3-14 定义形式参数

使用形式参数编写 FB1 程序，如图 3-15 所示。

(a) FB1子程序

(b) 在主程序OB1中进行FB1的调用

图 3-15 　电动机控制的结构化编程实例

注意：

① 在编程一个块的使用符号名时，编辑器将在该块的变量声明表中查找该符号名。如果该符号名存在，编辑器将把它当作局部变量，并在符号名前加"#"号。

② 如果该符号名不属于局部变量，则编辑器将在全局符号表中搜索。如果找到该符号名，编辑器将把它当作全局变量，并在符号名上加引号。

③ 如果在全局变量表和变量声明表中使用了相同的符号名，编辑器将始终把它当作局部变量。然而，如果输入该符号名时加了引号，则可成为全局变量。

在 OB1 中调用 FB1，输入实际参数，如图 3-15 所示。可以看出，此时 FB1 有两个输入参数和一个输出参数，分别输入相应的实际地址，实现的功能与前述例子相同，但是此时只编写了一个块 FB1。

[例2] 工业生产中，经常需要对采集的模拟量进行滤波处理。本例通过将最近 3 个采样值求和除以 3 的方式来进行软件滤波。假设模拟量输入处理后的工程量存储在 MD44 中，为浮点数数据类型。

编程思路：将采集的最近的 3 个数保存在 3 个全局地址区域，每个扫描周期进行更新以确保是最新的 3 个数，3 个数相加求平均即可。

首先定义 FC1 的形式参数，如表 3-15 所示。

表3-15　定义FC1的形式参数

参数类型	名称	数据类型	注释
Input	RawValue	Real	原始数据
InOut	EarlyValue	Real	最早的数值
InOut	LastValue	Real	较早的数值
InOut	LatestValue	Real	最近的数值
Output	ProcessedValue	Real	处理后的数值
Temp	Temp1	Real	中间结果
Temp	Temp2	Real	中间结果

注意：

定义的形式参数中，3个采集值EarlyValue、LastValue和LatestValue的参数类型为InOut型，不能为Temp型，否则将无法保存该数值。

在 FC1 中编写程序，如图 3-16 所示，"程序段 1"的含义是根据循环扫描工作方式从左到右的顺序将 3 个最近时间的采集值保存，注意 3 个 MOVE 指令的次序不能改变。"程序段 2"的含义是将 3 个数相加除以 3 求平均值。

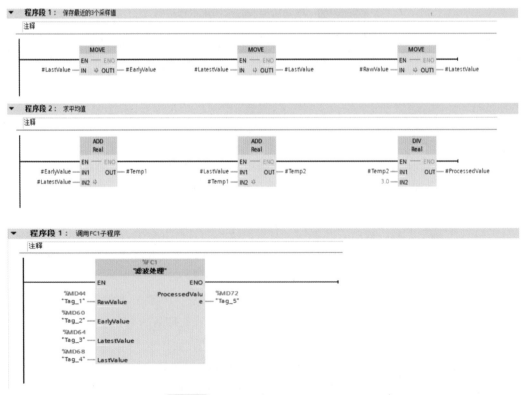

图 3-16　采样数据滤波处理程序实例

图 3-16 中，调用 FC1，并赋值实际参数，求得的平均值存放在 MD72 中。这样，通过不同的实际参数可以重复调用 FC1 进行多路滤波。

但是，通过此例也可以看出一个问题：我们关心的只是 3 个数的平均值，而调用 FC1 子程序时，却需要为 3 个采集值寻找全局地址进行保存，这样做不但麻烦而且容易造成地址重叠。能不能既不用人为寻找全局地址而又能保存数值呢？通过 FB 就可以实现。

FB 不同于 FC 块的是它带有一个存储区，也就是说，有一个局部数据块被分配给 FB，这个数据块称为背景数据块（Instance Date Block）。当调用 FB 时，必须指定背景数据块的号码，该数据块将自动打开。背景数据块可以保存静态变量，故静态变量只能用于 FB 中，并在其变量声明表中定义。当 FB 退出时，静态变量仍然保持。

当 FB 被调用时，实际参数的值被存储在它的背景数据块中。如果在块调用时，没有实际参数分配给形式参数，则在程序执行中将采用上一次存储在背景数据块中的参数值。每次调用 FB 时可以指定不同的实际参数。当块退出时，背景数据块中的数据仍然保持。

可以看出，FB 的优点如下：

❶ 当编写 FC 程序时，必须寻找空的标志区或数据区来存储需保持的数据，并且要编写程序来保存它们。而 FB 的静态变量可由 STEP 7 的软件来自动保存。

❷ 使用静态变量可避免两次分配同一存储区的危险。

结合前面例子，如果用 FB 实现 FC1 的功能，并用静态变量 EarlyValue、LastValue 和 LatestValue 来代替原来的形式参数，如表 3-16 所示，将可省略这 3 个形式参数，简化了块的调用。在 FB1 中定义形式参数，编写程序如图 3-17 所示。图 3-17 所示为调用 FB1 子程序，其中 DB1 为 FB1 的背景数据块，在输入时若 DB1 不存在，则将自动生成该背景数据块。双击打开背景数据块 DB1，可以看到 DB1 中保存的正是在 FB 的接口中定义的形式参数。对于背景数据块，无法进行编辑修改，而只能读写其中的数据。

表3-16 定义 FB 的形式参数

参数类型	名称	数据类型	注释
Input	RawValue	Real	原始数据
Static	EarlyValue	Real	最早的数值
Static	LastValue	Real	较早的数值
Static	LatestValue	Real	最近的数值
Output	ProcessedValue	Real	处理后的数值
Temp	Temp1	Real	中间结果
Temp	Temp2	Real	中间结果

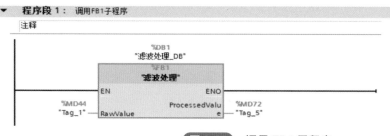

图 3-17 调用 FB1 子程序

3.4 使用库

3.4.1 库基本知识

可以将需要重复使用的对象存储在库中。每个项目都连接一个项目库。除了项目库，还可创建任意多数量的全局库，可在多个项目中使用。各库之间相互兼容，因此可以将一个库中的库元素复制和移动到另一个库中。例如，使用库创建块模板时，首先将该块粘贴到项目库中，然后在项目库中进行进一步开发。最后，再将这些块从项目库复制到全局库中。这样，在项目中的其他同事也可以使用该全局库。其他同事继续使用这些块并根据自己个人需求来修改这些块。

项目库和全局库中都包含以下两种不同类型的对象：

❶ 主模板　基本上所有对象都可保存为主模板，并可在后期再次粘贴到项目中。例如，可以保存整个设备及其内容，或者将设备文档的封页保存为主模板。

❷ 类型　运行用户程序所需的元素（例如块、PLC 数据类型、用户自定义的数据类型或面板）可作为类型。可以对类型进行版本控制，以便支持专业的二次开发。类型有新版本时使用这些类型的项目会立即进行更新。

（1）项目库　每个项目都有自己的库，即项目库。在项目库中，可以存储想要在项目中多次使用的对象。项目库始终随当前项目一起打开、保存和关闭。

（2）全局库　除了项目库之外，可以使用可供多个项目使用的全局库。全局库共有以下三个版本：

❶ 系统库　西门子将自己开发的软件产品包含在全局库中。这些库包括可以在项目中使用的现成函数和函数块。这些自带的库无法更改。自带的库无法根据项目进行自动装载。

❷ 企业库　企业库由用户所在组织集中提供，例如，位于网络驱动器上的某个中央文件夹中。TIA Portal 可对相应的企业库进行自动管理。现有版本的企业库更新后，系统将提示用户将相应的企业库更新为最新版本。

❸ 用户库　全局用户库与具体项目无关，因此可以传送给其他用户。如果所有用户都需要以写保护方式打开全局用户库，则可对全局用户库进行共享访问。例如，将该库放置在网络驱动器上。

与此同时，用户仍可以使用自己在较低 TIA Portal 版本中创建的全局用户库。但是，如果要继续使用旧版本 TIA Portal 中的全局用户库，则必须先将该库进行升级。

比较库对象：可以将块和 PLC 数据类型与设备中的对象进行比较。这样，可以确定某些块或 PLC 数据类型是否在项目中使用，以及它们是否已修改。

3.4.2 使用"库"任务卡

通过"库"任务卡可以高效使用项目库和全局库。

"库"任务卡（图 3-18）由以下部分组成：

❶ "库视图"和"库管理"按钮。

❷ "项目库"（Project Library）窗格。

❸ "全局库"（Global Libraries）窗格。

❹ "元素"（Elements）窗格。

❺ "信息"（Info）窗格。

❻ "类型"（Types）文件夹。

❼ "主模板"（Master Copies）文件夹。

（1）"库视图"（Library View）按钮 可以使用"库视图"按钮切换到库视图中。该操作将隐藏"库"（Libraries）任务卡和项目树。

（2）"项目库"（Project Library）窗格 在"项目树"窗格中，可以存储要在项目中多次使用的对象。

（3）"全局库"（Global Libraries）窗格 通过"全局库"（Global Libraries）窗格可管理全局库，其库中的元素将在多个项目中重复使用。"全局库"（Global Libraries）窗格还列出了所购产品随附的库。例如，这些库提供现成的函数和函数块。这些自带的全局库无法编辑。

（4）"元素"（Elements）窗格 在该窗格中可

图 3-18 "库"任务卡

显示库中文件夹的内容。默认情况下不显示"元素"（Elements）窗格。要显示此窗格时，需先对其进行启用。"元素"（Elements）选项板有以下三种视图模式：

❶ 详细模式 在详细模式中，将以表格形式显示文件夹、主模板和类型的属性。

❷ 列表模式 在列表模式中，将列出文件夹中的内容。

❸ 总览模式 在总览模式中，将以较大符号显示文件夹中的内容。

（5）"信息"（Info）窗格 在"信息"（Info）窗格中可显示库元素中的内容。同时还将显示类型的各个版本以及各版本的最后修订日期。

（6）"类型"（Types）文件夹 在"类型"（Types）目录中，可以管理项目中用作实例的对象类型和类型的版本。

（7）"主模板"（Master Copies）文件夹 在"主模板"（Master Copies）目录中，可以管理项目中用作副本的对象的主模板。

（8）使用元素视图 首次打开"库"（Libraries）任务卡时，将打开"项目库"（Project Library）和"全局库"（Global Libraries）选项板，而"信息"（Info）选项板为关闭状态。需要时，可显示"元素"（Elements）选项板。

元素视图显示所选库的元素。元素视图中有以下三种视图模式：

❶ 详细视图：在详细模式中，将以表格形式显示文件夹、主模板和类型的属性。

❷ 列表：在列表模式中，将列出文件夹中的内容。

❸ 概述：在总览模式中，将以较大符号显示文件夹中的内容。

"信息"（Info）选项板显示所选库元素的内容。如果在元素视图中选择一种类型，则将在"信息"（Info）选项板中显示该类型的版本。

要使用元素视图，请按以下步骤操作：

① 在"项目库"或"全局库"窗格中，单击"打开或关闭元素视图"。

② 要将视图模式从详细视图更改为列表模式或总览模式，请单击工具栏上的相应图标。

3.4.3 使用库视图

库视图中包含"库"（Libraries）任务卡和总览窗口的功能。在库视图中，库中各元素将显示在不同的视图中。例如，将在详细视图中，显示各个元素的其他属性。在库视图中，还可对这些类型进行编辑和版本控制。

图 3-19 显示了库视图的结构：

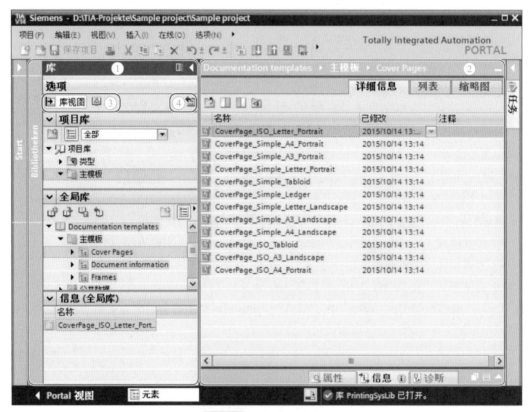

图 3-19　库视图的结构

① 库树。

② 库总览。

③ "打开 / 关闭库视图"按钮和"打开库管理"按钮。

④ "打开或关闭库总览"按钮。

（1）库树　库树与"库"（Libraries）任务卡相似，两者之间仅存在极小差异。与任务卡不同的是，库树中没有"元素"（Elements）选项板，这是由于将在库总览中显示元素。此外，还可在库树中关闭库视图，或者打开和关闭库总览。

（2）库总览　库总览与总览窗口相似，将显示在库树中当前所选对象的元素。可以在以下三个不同视图中显示这些元素。

❶ 详细视图　对象显示在一个含有附加信息（例如上次更改日期）的列表中。

❷ 列表视图　对象显示在一个简单列表中。

❸ 图标视图　根据类别以图标的形式显示对象。

此外，可以在库总览中执行以下操作：

❶ 重命名元素。

❷ 删除元素。

❸ 复制元素。

❹ 移动元素。

❺ 编辑类型接口。

❻ 对这些类型进行版本控制。

❼ 仅限 WinCC：编辑面板和 HMI 用户数据类型。

（3）打开和关闭库视图　在某些情况下，库视图将自动打开，例如在编辑某种类型的测试实例或在编辑面板和 HMI 用户数据类型时。也可以手动打开库视图。

（4）打开库视图　若要手动打开库视图，请按以下步骤操作：

❶ 打开"库"（Libraries）任务卡。

❷ 在"库"（Libraries）任务卡中，单击"打开库视图"（Open Library View）按钮，将打开库树，并关闭"库"（Library）任务卡和项目树。

❸ 如果没有显示库总览，则单击库树中的"打开 / 关闭库总览"（Open/Close Library Overview）按钮，将打开库总览。

若要退出库视图，请按以下步骤操作：在库树中，单击"关闭库视图"（Close Library View）按钮，将关闭库树，并打开"库"（Libraries）任务卡和项目树。

3.4.4　使用库管理

（1）库管理的功能　与其他库元素存在依赖关系的主模板和类型受到一些功能限制。例如，只要与其他库元素间的相关关系仍然存在，就无法将其删除。这样可以防止其他库元素变为无法使用。库管理用于标识依赖关系并创建工作进度概览。

库管理提供了下列功能：

❶ 显示类型和主模板的相互关系。

如果在其他类型或主模板中引用了某种类型，则将在库管理中显示它们之间的相互关系。同时还可了解哪些库元素引用了类型或主模板。

❷ 显示项目中类型的使用位置。

❸ 显示适合升级的类型。

❹ 使用过滤器缩小显示的类型范围。

（2）库管理的布局　图 3-20 显示了库管理的组件：

第 1 章

第 2 章

第 3 章

第 4 章

第 5 章

第 6 章

第 7 章

第 8 章

第 9 章

附 录

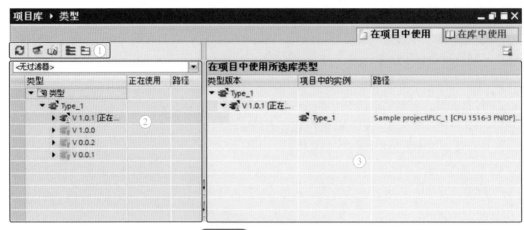

图 3-20　库管理的组件

❶ 库管理的工具栏。

❷ "类型"（Types）区域。

❸ "使用"（Uses）区域。

（3）库管理的工具栏　在库管理的工具栏中，可执行以下任务：

❶ 更新使用区域　在项目发生更改时，可以更新库管理的视图。

❷ 清理库　通过清理库，可以删除项目中没有与实例相关联的所有类型和类型版本。

❸ 统一项目　通过统一项目，可以更改项目中类型使用的名称和路径结构，从而与库中类型的名称和路径结构相匹配。

❹ 全部折叠　通过"全部折叠"（Collapse All）图标，可以在"类型"（Types）区域隐藏最高节点的所有子条目。较低级别的元素，如类型和各个版本等将不再显示。

❺ 全部展开　通过"显示所有"（Show All）图标，可以在"类型"（Types）区域展开所有级别较低的元素。较低级别的元素，如类型和各个版本等所有内容都将显示。

（4）"类型"（Types）区域　在"类型"区域中，将显示在库视图中所选文件夹的内容。对于每种类型，都会显示其引用的类型。通过"类型"区域工具栏中的按钮，可以展开或折叠所有类型节点。还可以使用"过滤器"（Filter）下拉列表过滤视图。

（5）"使用"（Uses）区域　"使用"（Uses）区域提供了所选类型和主模板使用位置的概览。"使用"（Uses）区域分为两个选项卡：

❶ "在项目中使用"（Use In The Project）选项卡　"在项目中使用"（Use In The Project）选项卡用于显示类型版本实例及其在项目中的使用位置。选择实例时，可在巡视窗口中显示项目中实例的交叉引用。

❷ "在库中使用"（Use In The Library）选项卡　"在库中使用"（Use In The Library）选项卡用于显示库中使用类型或主模板的所有使用位置。

（6）打开库管理　若要打开库管理，请按以下步骤操作：

❶ 打开库视图。

❷ 选择一个类型或包含类型的任意文件夹。

❸ 在快捷菜单中，选择"库管理"（Library Management）命令。

3.4.5　使用全局库

（1）创建全局库　显示"库"（Libraries）任务卡或打开库视图可以创建新全局库，创建新全局库请按以下步骤操作：

❶ 单击"全局库"（Global Libraries）选项板中工具栏上的"创建新全局库"（Create New Global Library）图标，或在选择"选项"（Options）菜单中选择"全局库"→"创建新库"（Global Libraries → Create New Library）命令。将打开"创建新的全局库"（Create New Global Library）对话框。

❷ 指定新全局库的名称和存储位置。

❸ 单击"创建"（Create）确认输入。

将生成新的全局库并将其粘贴到"全局库"（Global Libraries）选项板中。在文件系统中该全局库的存储位置处创建了具有该全局库名称的文件夹。实际库文件的文件扩展名为".al14"。

（2）打开全局库　全局库可以统一进行进一步开发，并在多个项目中使用。如果所有用户都以写保护模式打开一个全局库，则可以同时从中央存储位置打开该全局库。

若要打开全局库，请按以下步骤操作：

❶ 单击"全局库"（Global Libraries）窗格工具栏中的"打开全局库"（Open Global Library）图标，或在"选项"（Options）菜单中选择命令"全局库"→"打开库"（Global Libraries → Open Library）。将显示"打开全局库"（Open Global Library）对话框。

❷ 选择要打开的全局库。库文件可通过文件扩展名".al［版本号］"进行识别。这意味着，当前 TIA Portal 产品版本所保存的全局库的文件扩展名为".al14"。

❸ 激活该库的写保护。如果想要修改全局库，应禁用"以只读形式打开"（Open As Read-only）。

❹ 单击"打开"（Open）按钮。

全局库已打开，且如果库版本与项目版本一致，将粘贴到"全局库"（Global Libraries）窗格中。如果从 TIA Portal V13 SP1 中选择了全局库，则会打开"升级全局库"（Upgrade Global Library）对话框。此时，需将该库升级到 TIA Portal 的最新版本。

（3）保存全局库　在更改全局库后，需要进行保存。可以使用"库另存为"命令以另一个名称保存全局库。

若要保存全局库，请按以下步骤操作：

❶ 右键单击要保存的全局库。

❷ 在快捷菜单中选择"保存库"命令。

（4）关闭全局库　全局库与项目无关。这意味着全局库不会随项目一同关闭。因此，必须显式关闭全局库。

若要关闭全局库，请按以下步骤操作：

❶ 右键单击要关闭的全局库。

❷ 在快捷菜单中选择"关闭库"（Close Library）命令。

如果对全局库进行了更改，则可选择是否保存这些更改。全局库即会关闭。

（5）归档全局库　如果要将全局库备份在外部硬盘驱动器上或通过电子邮件进行发送，则可以使用归档功能缩小该库所占用的存储空间。

通过将全局库打包成一个压缩文件，可以缩小所占用的存储空间；也可以在保存全局库时减少为只包含基本元素，缩小所占用的存储空间。通过全局库的归档功能，可执行以上两个操作。

若要归档全局库，请按以下步骤操作：

❶ 选择待归档的全局库。

❷ 右键单击该全局库，然后在快捷菜单中选择"归档"（Archive）命令。

将打开对话框"将全局库归档为 ..."（Archive global library as... ）。

❸ 选择归档文件的保存目录或新的全局库目录。

此目录不能位于项目目录或全局库目录中。

❹ 从"文件类型"（File Type）下拉列表中选择文件类型：

a. 如果要创建库压缩文件，则需执行全局库归档。

b. 如果要以最小存储空间创建一个库目录的副本，则可对全局库进行最小化。

❺ 如果要创建归档文件，则需在"文件名"（File name）字段中输入一个文件名。如果创建最小化的全局库，则需在"文件名"（File name）框中输入待创建新库目录的名称。

❻ 单击"保存"（Save）按钮。

将生成一个扩展名为".zal14"的压缩文件。

该文件中包含全局库的完整目录。为了节省空间，全局库的各个文件还将减小为只包含基本组件。

如果已最小化全局库，则仅在所需的位置创建全局库原始目录的副本。为了节省空间，可将目录中的文件减小为只包含基本组件。

（6）检索全局库　要使用已归档的全局库，必须先进行检索，然后解压缩该全局库，并在 TIA Portal 中打开。

若要解压缩全局库的归档，应按以下步骤操作：

❶ 在"选项"（Options）菜单中，选择"全局库"→"检索库"（Global Libraries → Retrieve Library）命令，将打开"检索归档的全局库"（Retrieve Archived Global Library）对话框。

❷ 选择归档文件。

❸ 如果要装载设置了写保护的全局库，则需选择复选框"以只读方式打开"（Open Read-only）。

❹ 单击"打开"（Open）按钮。

❺ 将打开"查找文件夹"（Find Folder）对话框。

❻ 选择将已归档全局库解压缩的目标目录。

❼ 单击"确定"（OK）按钮。

全局库将解压缩到所选目录并立即打开。

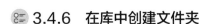

3.4.6 在库中创建文件夹

库元素将根据"类型"（Types）和"主站副本"（Master Copies）文件夹中的类型存储在库中。在"类型"（Types）和"主站副本"（Master Copies）下创建其他文件夹，对主站副本和类型进行进一步管理。

如果要在全局库中创建新文件夹，则必须使用写权限打开该全局库。若要创建新文件夹，请按以下步骤操作：

❶ 右键单击库中的任意一个文件夹。

❷ 从快捷菜单中选择"添加文件夹"。

❸ 输入新文件夹的名称。

（1）使用主模板　主模板是用于创建常用元素的标准副本。可以创建所需数量的元素，并将其插入基于主模板的项目中。这些元素都将具有主模板的属性。

主模板既可以位于项目库中，也可以位于全局库中。项目库中的主模板只能在项目中使用。在全局库中创建主模板时，主模板可用于不同的项目中。

例如，可以在库中将以下元素创建为主模板：

❶ 带有设备组态的设备。

❷ 变量表或各个变量。

❸ 指令配置文件。

❹ 监控表。

❺ 文档设置元素，如封面和框架。

❻ 块和包含多个块的组。

❼ PLC 数据类型与包含多种 PLC 数据类型的组。

❽ 文本列表。

❾ 报警类别。

❿ 工艺对象。

在许多情况下，作为主模板添加的对象都包含一些其他元素。例如，一个 CPU 可以包含多个块。如果所包含的元素使用某种类型版本，则将在库中自动创建该类型所使用的版本。之后可以将此处包含的元素用作一个实例并与该类型进行关联。

（2）添加主站副本　如果要多次使用对象，可以将这些对象作为主模板复制到项目库或全局库中。可通过以下几种方式创建主模板：

❶ 选择一个或多个元素并使用它们来创建各个主模板。

❷ 选择多个元素并创建包含所有选中元素的单个主模板。

要求：

❶ 已显示"库"（Libraries）任务卡。

❷ 如果将一个设备增加作为主模板，则该设备应满足以下要求：

a. 设备已编译并且一致。

b. 该设备中不包含类型的测试实例。

❸ 如果将主模板添加到全局库中，则需使用写权限打开全局库。

若要基于一个或多个元素创建主模板，请按以下步骤操作：

① 在"库"（Libraries）任务卡中打开库。

② 选择所需的元素。

③ 使用拖放操作，将这些元素移到"主模板"（Master Copies）文件夹或"主模板"（Master Copies）的任意子文件夹中。

或者：

① 选择所需的元素。

② 将这些元素复制到剪切板并将它们粘贴到所需的位置。

每个元素以主模板形式粘贴到库中。在所有情况下，将使用所包含的任何对象（例如，被引用的块）自动创建类型。

若要通过多个元素为所有元素创建单个主模板，请执行以下步骤：

① 在"库"（Libraries）任务卡中打开库。

② 将要创建为主模板的元素复制到剪贴板中。

③ 右键单击"主模板"（Master Copies）文件夹或库中的任意一个子文件夹。

④ 在快捷菜单中，选择"粘贴为单个主模板"（Paste As A Single Master Copy）命令。

或者：

① 选择所需的元素。

② 使用拖放操作，将这些元素移到"主模板"（Master Copies）文件夹或"主模板"（Master Copies）的任意子文件夹中。同时，保持按住"Alt"键。

这些元素会以单个主模板形式粘贴到库中。单个主模板包含所有选中元素。在所有情况下，将使用所包含的任何对象（例如，被引用的块）自动创建类型。

（3）过滤主模板　为了更好地跟踪大量主模板，可以按照主模板类型过滤显示。

若要过滤视图，请按以下步骤操作：

① 在项目库或全局库中打开"主模板"（Master Copies）文件夹。

② 在工具栏的下拉列表中，选择要在"主模板"（Master Copies）下显示的对象类型。

仅显示所选类型的主模板。要恢复到未设置过滤条件的视图，则可将过滤器设置为"全部"（All）。

（4）使用主模板　主模板既可以包含在项目库中，也可以包含在全局库中。可以同时将一个或多个主模板粘贴到项目中。如果同时插入多个主模板，应确保所有主模板都与期望的使用点兼容。

若要将主模板粘贴到项目中，应按以下步骤操作：

① 打开"主模板"（Master Copies）文件夹，或库中"主模板"（Master Copies）的任意一个子文件夹。

② 使用拖放操作，将所需的主模板或整个文件夹移到使用点。

或者：

① 打开元素视图。

② 使用拖放操作，将所需的主模板或整个文件夹从"元素"（Elements）窗格移到使

用点。

已插入主模板的副本。如果在多重选择中包含不兼容的主模板，则将忽略这些主模板并且在项目中不会创建副本。

3.4.7　编辑库元素

在"库"（Libraries）任务卡或库视图中，可以剪切、复制、粘贴、移动、重命名或者删除类型、主模板和文件夹。对于以上操作，必须使用写权限打开全局库。

（1）复制类型　将类型复制到剪贴板时应遵守以下规则：

❶ 复制类型时始终将其所有关联的版本都复制到剪贴板，并且仅复制先前已发布的版本。

❷ 复制类型时始终将其所有相关元素都复制到剪贴板。

❸ 主模板及其使用的所有类型版本通常会复制到剪贴板上。

（2）类型版本的复制和粘贴　将类型版本复制到其他库时，目标库中必须已存在这些类型。

（3）剪切元素　只能将之前剪切的库元素粘贴到同一个库中。为此，只能将主模板粘贴到"主模板"（Master Copies）文件夹或它的任意一个子文件夹。与此类似，只能将类型粘贴到"类型"（Types）文件夹或它的任意一个子文件夹。

（4）粘贴类型　在另一个库中粘贴类型以更新目标库。

将类型粘贴到另一个库时应遵守以下规则：

❶ 在进行类型粘贴时将始终包含该类型的所有版本。

❷ 如果该类型在目标库中已存在，则所有不可用版本将添加到目标库的相应类型中。

❸ 如果目标库中已有一个"发布"状态的版本，则不会再粘贴该版本。

❹ 如果目标库中存在"测试"或"开发"状态的相同版本，则将该版本替换为已发布的版本。

❺ 如果一个类型需要使用其他类型，还需在相应位置添加这些类型。

（5）粘贴主模板　粘贴主模板时，也会同时粘贴这些副本中包含的所有类型版本。如果库中已存在对应的类型，则只会将缺失的版本添加到相应类型中。如果其中一个所用类型不存在，则将在库的最高层级中粘贴该类型。类型包含在主模板中使用的类型版本。

（6）移动元素　当将元素从一个库移动到另一个库时，只复制该元素但不会将其移走。需遵循"粘贴类型"和"粘贴主模板"中介绍的相同规则。

（7）删除类型和类型版本　在删除类型或类型版本时，请注意以下几点事项：

❶ 只能删除与其他类型无关的类型或类型版本。

❷ 在删除类型时，将删除该类型的所有版本。

❸ 如果删除类型的所有版本，则将删除该类型。

❹ 如果在项目中删除带有实例的版本，则将从项目中删除这些实例。

❺ 如果删除作为主模板同时存储的类型，主模板也会被删除。

（8）删除实例　如果删除与其他实例相关的实例，则在下一次编译时将恢复该实例。而且该实例将重新与原来的类型版本相关联。这样，可恢复项目的一致性。

3.4.8 比较库元素

可以将库中的设备与当前项目中的设备进行比较，或者与相同或其他库 / 参考项目中的设备进行比较。但是，应注意参考项目为写保护。也可以将设备中的实例与它们在库中的类型版本进行比较。但并非所有操作都进行类型比较。例如，无法使用库中旧版本类型覆盖新版本的实例。比较库元素时，可以在自动比较和手动比较之间进行切换。

若要比较库元素和项目的设备数据，应执行下列步骤：

❶ 在项目树中，选择要与库元素进行数据比较的设备，而且该设备允许进行离线 / 离线比较。

❷ 在快捷菜单中，选择"比较"→"离线 / 离线"（Compare → Offline/Offline）命令。将打开比较编辑器，并且在左侧区域中显示所选设备。

❸ 打开"库"（Libraries）任务卡。

❹ 选择要与设备数据进行比较的库元素。

❺ 将库元素拖放到比较编辑器的右侧比较区。

在"状态和操作"区域中，可以使用一些符号来标识对象的状态。选择对象后，对象的属性和已分配设备中所对应的对象将清楚地显示在属性比较中。可随时将其他设备从当前项目、库或引用点拖放到比较区域，开始新的比较。这与拖放到比较区域的设备无关。

第4章 西门子 S7-1200/1500 PLC 编程语言与指令系统

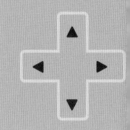

4.1 LAD 编程语言

4.1.1 位逻辑运算

（1）--| |--：常开触点（S7-1200/1500 PLC）

常开触点的激活取决于相关操作数的信号状态。当操作数的信号状态为"1"时常开触点关闭，同时输出的信号状态置位为输入的信号状态。当操作数的信号状态为"0"时，不会激活常开触点，同时该指令输出的信号状态复位为"0"。两个或多个常开触点串联时，将逐位进行"与"运算。串联时，所有触点都闭合后才产生信号流。常开触点并联时，将逐位进行"或"运算。并联时，有一个触点闭合就会产生信号流。

该指令的参数如表 4-1 所示。

表4-1 "常开触点"指令的参数

参数	声明	数据类型	存储区		说明
			S7-1200	S7-1500	
<操作数>	Input	BOOL	I、Q、M、D、L	I、Q、M、D、L、T、C	要查询其信号状态的操作数

以下示例说明了该指令的工作原理。首先创建全局数据块，如图 4-1 所示。

		名称	数据类型	起始值	保持	可从 HMI/...	从 H...	在 HMI ...	设定值
1	🔵 ▼	Static			☐	☐	☐	☐	
2	🔵 ■	start1	Bool	false	☑	☑	☑	☑	☐
3	🔵 ■	start2	Bool	false	☑	☑	☑	☑	☐
4	🔵 ■	start3	Bool	false	☑	☑	☑	☑	☐
5	🔵 ■	out	Bool	📋 false	☑	☑	☑	☑	☐

图 4-1 创建全局数据块

编写程序，如图 4-2 所示。

○ ○ ○ ○ ⚙ ○ ○ ○ ○ ○ ○

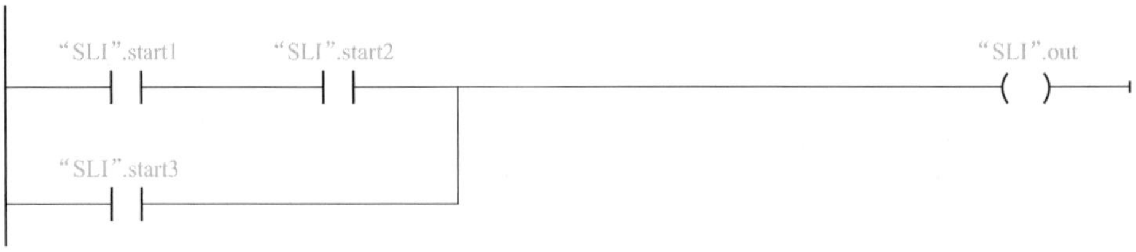

图 4-2 示例程序

当满足以下任一条件时，将置位操作数"SLI".out。

❶ 操作数"SLI".start1 和"SLI".start2 的信号状态为"1"。

❷ 操作数的"SLI".start3 的信号状态为"1"。

（2）--┤/├--：常闭触点（S7-1200/1500 PLC）

常闭触点的激活取决于相关操作数的信号状态。当操作数的信号状态为"1"时，常闭触点将打开，同时该指令输出的信号状态复位为"0"。当操作数的信号状态为"0"时，不会启用常闭触点，同时将该输入信号的状态传输到输出。该指令输出的信号状态复位为"1"。两个或多个常闭触点串联时，将逐位进行"与"运算。串联时，所有触点都闭合后才产生信号流。常闭触点并联时，将进行"或"运算。并联时，有一个触点闭合就会产生信号流。

该指令的参数如表 4-2 所示。

表4-2 "常闭触点"指令的参数

参数	声明	数据类型	存储区		说明
			S7-1200	S7-1500	
< 操作数 >	Input	BOOL	I、Q、M、D、L	I、Q、M、D、L、T、C	要查询其信号状态的操作数

以下示例说明了该指令的工作原理。首先创建全局数据块，如图 4-3 所示。

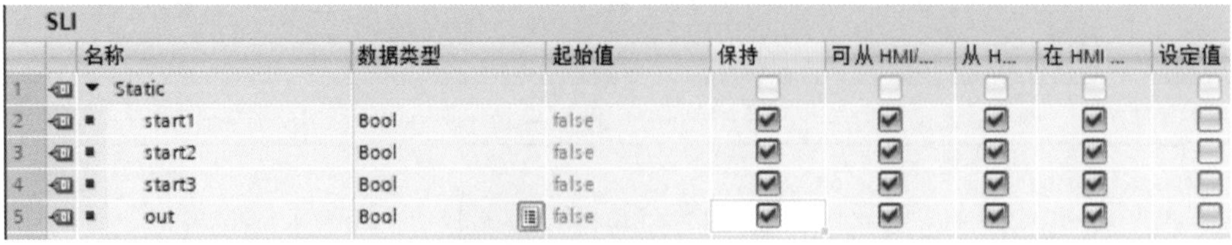

		名称	数据类型	起始值	保持	可从 HMI/...	从 H...	在 HMI ...	设定值
1	◀□ ▼	Static			☐	☐			☐
2	◀□ ■	start1	Bool	false	☑	☑	☑	☑	☐
3	◀□ ■	start2	Bool	false	☑	☑	☑	☑	☐
4	◀□ ■	start3	Bool	false	☑	☑	☑	☑	☐
5	◀□ ■	out	Bool	false	☑	☑	☑	☑	☐

SLI

图 4-3 创建全局数据块

编写程序，如图 4-4 所示。

图 4-4 示例程序

满足以下条件之一时，将置位 "SLI".out。

❶ 操作数 "SLI".start1 和 "SLI".start2 的信号状态为 "1"。

❷ 操作数的 "SLI".start3 的信号状态为 "0"。

（3）--|NOT|---：取反 RLO（S7-1200/1500 PLC）

使用 "取反 RLO" 指令，可对逻辑运算结果（RLO）的信号状态进行取反。如果该指令输入的信号为 "1"，则指令输出的信号状态为 "0"。如果该指令输入的信号状态为 "0" 则输出的信号状态为 "1"。

以下示例说明了该指令的工作原理。首先建立 PLC 变量表 SLI-RLO，如图 4-5 所示。

		名称	数据类型	地址	保持	可从 …	从 H…	在 H…	注释
1		start1	Bool	%I0.0		✓	✓	✓	
2		start2	Bool	%I0.1		✓	✓	✓	
3		start3	Bool	%I0.2		✓	✓	✓	
4		startout	Bool	%Q0.0		✓	✓	✓	

SLI-RLO

图 4-5　创建变量表

编写程序，如图 4-6 所示。

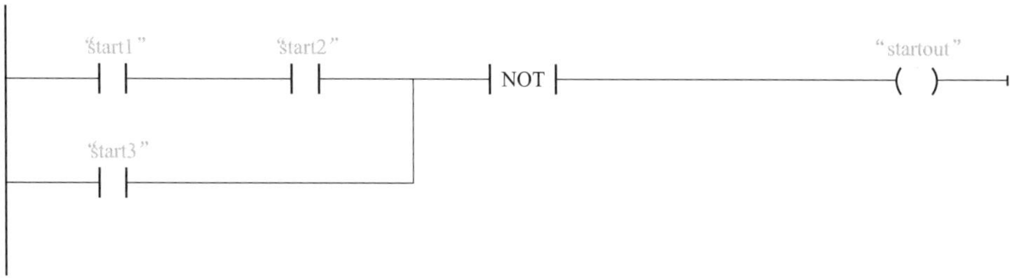

图 4-6　示例程序

当满足以下任一条件时，可对操作数 "startout" 进行复位。

❶ 操作数 "start1" 和 "start2" 的信号状态为 "1"。

❷ 操作数 "start3" 的信号状态为 "1"。

（4）---（ ）---：线圈（S7-1200/1500 PLC）

使用 "线圈" 指令来置位指定操作数的位。如果线圈输出的逻辑运算结果（RLO）的信号状态为 "1"，则将指定操作数的信号状态置位为 "1"。如果线圈输入的信号状态为 "0"，则指定操作数的位将复位为 "0"。

该指令的参数如表 4-3 所示。

表4-3　"线圈"指令的参数

参数	声明	数据类型	存储区	说明
<操作数>	Output	BOOL	1、Q、M、D、L	要赋值给 RLO 的操作数

以下示例说明了该指令的工作原理。

编写程序，如图 4-7 所示。

图 4-7　示例程序

当满足以下任一条件时，对操作数 "motor" 进行置位。

❶ 操作数 "start" 信号状态为 "1" 和 "stop" 的信号状态为 "0"。

❷ 操作数 "motor" 信号状态为 "1" 和 "stop" 的信号状态为 "0"。

（5）--- (/) ---：赋值取反（S7-1200/1500 PLC）

使用 "赋值取反" 指令，可将逻辑运算的结果（RLO）进行取反，然后将其赋值给指定操作数。线圈输入的 RLO 为 "1" 时，复位操作数。线圈输入的 RLO 为 "0" 时，操作数的信号状态置位为 "1"。

该指令的参数如表 4-4 所示。

表 4-4　"赋值取反" 指令的参数

参数	声明	数据类型	存储区	说明
< 操作数 >	Output	BOOL	I、Q、M、D、L	要赋值给 RLO 的操作数

以下示例（图 4-8）说明了该指令的工作原理。

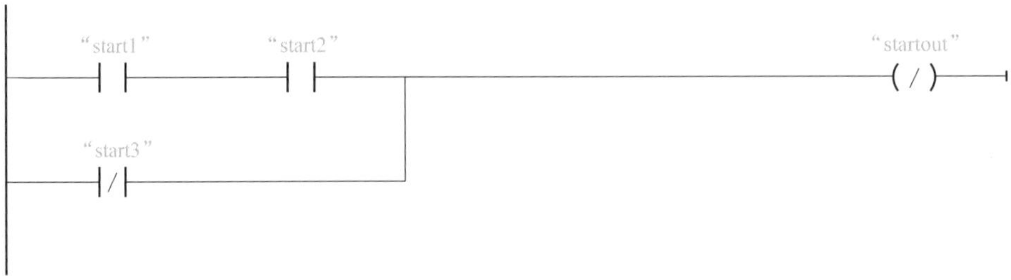

图 4-8　示例程序

当满足以下任一条件时，对操作数 "startout" 进行复位。

❶ 操作数 "start1" 和 "start2" 的信号状态为 "1"。

❷ 操作数 "start3" 信号状态为 "0"。

（6）--- (R) ---：复位输出（S7-1200/1500 PLC）

使用 "复位输出" 指令将指定操作数的信号状态复位为 "0"。仅当线圈输入的逻辑运算（RLO）为 "1" 时，才执行该指令。如果信号流通过线圈（RLO= "1"），则指定的操作数复位为 "0"。如果线圈输入的 RLO 为 "0"（没有信号流过线圈），则指定操作的信号状态将保持不变。

该指令的参数如表 4-5 所示。

表4-5 "复位输出"指令的参数

参数	声明	数据类型	存储区		说明
			S7-1200	S7-1500	
<操作数>	Output	BOOL	I、Q、M、D、L	I、Q、M、D、L、T、C	RLO 为 "1" 时复位的操作数

以下示例（图 4-9）说明了该指令的工作原理。

图 4-9 示例程序

当满足以下任一条件时，可对操作数 "startout" 进行复位。

❶ 操作数 "start1" 和 "start2" 的信号状态为 "1"。

❷ 操作数 "start3" 的信号状态为 "0"。

（7）---（ S ）---: 置位输出（S7-1200/1500 PLC）

使用 "置位输出" 指令，可将指定操作数的信号状态置位为 "1"。仅当线圈输入的逻辑运算（RLO）为 "1" 时，才执行该指令。如果信号流通过线圈（RLO="1"），则指定的操作数复位为 "1"。如果线圈输入的 RLO 为 "0"（没有信号流过线圈），则指定操作的信号状态将保持不变。

该指令的参数如表 4-6 所示。

表4-6 "置位输出"指令的参数

参数	声明	数据类型	存储区	说明
<操作数>	Output	BOOL	I、Q、M、D、L	RLO 为 "1" 时置位的操作数

以下示例（图 4-10）说明了该指令的工作原理。

图 4-10 示例程序

当满足以下任一条件时，将置位"startout"操作数。

❶ 操作数"start1"和"start2"的信号状态为"1"。

❷ 操作数"start3"的信号状态为"0"。

（8）SET_BF：置位位域（S7-1200/1500 PLC）

使用"置位位域"（Set Bit Field）指令，可对从某个特定地址开始的多个位进行置位。可使用值<操作数1>指定要置位的位数。要置位位域的首位地址由<操作数2>指定。如果值<操作数1>大于所选字节的位数，则将对下一字节的位进行置位。在通过另一条指令显示复位这些位之前，它们会保持置位。仅当线圈输入的逻辑运算结果（RLO）为"1"时，才执行该指令。如果线圈输入的RLO为"0"，则不会执行该指令。类型为PLC数据类型、STRUCT或ARRAY的位域。

具有PLC数据类型、STRUCT或ARRAY结构时，结构中所包含的位数即为可置位的最大位数：

❶ 例如，如果在<操作数1>中指定值"20"而结构中仅包含10位，则仅置位这10个位。

❷ 例如，如果在<操作数1>中指定值"5"而结构中仅包含10位，则仅置位这5个位。

该指令的参数如表4-7所示。

表4-7 "置位位域"指令的参数

参数	声明	数据类型	存储区	说明
<操作数2>	Output	BOOL	I、Q、M DB 或 IDB，BOOL 类型的 ARRAY［..］中的元素	指向要置位的第一个位的指针
<操作数1>	Input	UINT	常数	要置位的位数

以下示例（图4-11）说明了该指令的工作原理。

图 4-11 示例程序

如果操作数"TagIn_1"和"TagIn_2"的信号状态为"1"，则将置位从操作数"MyDB".MyBoolArray［4］的地址开始的5个位。

（9）RESET_BF：复位位域（S7-1200/1500 PLC）

使用"复位位域"（Reset Bit Field）指令复位从某个特定地址开始的多个位。可使用值<操作数1>指定要复位的位数。要复位位域的首位地址由<操作数2>指定。如果值<操作

数 1> 大于所选字节的位数，则将对下一字节的位进行复位。在通过另一条指令显示置位这些位之前，它们会保持复位。仅当线圈输入的逻辑运算结果（RLO）为 "1" 时，才执行该指令。如果线圈输入的 RLO 为 "0"，则不会执行该指令。类型为 PLC 数据类型、STRUCT 或 ARRAY 的位域。

具有 PLC 数据类型、STRUCT 或 ARRAY 结构时，结构中所包含的位数即为可复位的最大位数：

❶ 例如，如果在 < 操作数 1> 中指定值 "20" 而结构中仅包含 10 位，则仅复位这 10 个位。

❷ 例如，如果在 < 操作数 1> 中指定值 "5" 而结构中仅包含 10 位，则仅复位这 5 个位。

该指令的参数如表 4-8 所示。

表 4-8 "复位位域" 指令的参数

参数	声明	数据类型	存储区	说明
< 操作数 2>	Output	BOOL	I、Q、M DB 或 IDB，BOOL 类型的 ARRAY［..］中的元素	指向要置位的第一个位的指针
< 操作数 1>	Input	UINT	常数	要置位的位数

以下示例（图 4-12）说明了该指令的工作原理。

图 4-12 示例程序

如果操作数 "TagIn_1" 和 "TagIn_2" 的信号状态为 "1"，则将复位从操作数 "MyDB". MyBoolArray［4］的地址开始的 5 个位。

（10）SR：置位 / 复位触发器（S7-1200/1500 PLC）

可以使用 "置位 / 复位触发器" 指令，根据输入 S 和 R1 的信号状态，置位或复位指定操作数的位。如果输入 S 的信号状态为 "1" 且输入 R1 的信号状态为 "0"，则将指定的操作数置位为 "1"。如果输入 S 的信号状态为 "0"，且输入 R1 的信号状态 "1"，则指定的操作数将复位为 "0"。输入 R1 的优先级高于输入 S。输入 S 和 R1 的信号状态都为 "1" 时，指定操作数的信号状态将复位为 "0"。

如果两个输入 S 和 R1 的信号状态都为 "0"，则不会执行该指令。因此操作数的信号状态保持不变。操作数的当前信号状态被传送到输出 Q，并可在此进行查询。

该指令的参数如表 4-9 所示。

表4-9 "置位/复位触发器"指令的参数

参数	声明	数据类型	存储区		说明
			S7-1200	S7-1500	
S	Input	BOOL	I、Q、M、D、L	I、Q、M、D、L	使能置位
R1	Input	BOOL	I、Q、M、D、L	I、Q、M、D、L、T、C	使能复位
<操作数>	InOut	BOOL	I、Q、M、D、L	I、Q、M、D、L	待置位或复位的操作数
Q	Output	BOOL	I、Q、M、D、L	I、Q、M、D、L	操作数的信号状态

以下示例（图4-13）说明了该指令的工作原理。

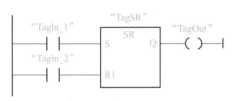

图 4-13　示例程序

满足下列条件时，将置位操作数"TagSR"和"TagOut"。

❶ 操作数"TagIn_1"的信号状态为"1"。

❷ 操作数"TagIn_2"的信号状态为"0"。

满足下列条件时，将复位操作数"TagSR"和"TagOut"。

❶ 操作数"TagIn_1"的信号状态为"0"。操作数"TagIn_2"的信号状态为"1"。

❷ 操作数"TagIn_1"和"TagIn_2"的信号状态为"1"。

（11）RS：复位/置位触发器（S7-1200/1500 PLC）

可以使用"复位/置位触发器"指令，根据输入 R 和 S1 的信号状态，复位/置位触发器指定操作数的位。如果输入 R 的信号状态为"1"且输入 S1 的信号状态为"0"，则将指定的操作数复位为"0"。如果输入 R 的信号状态为"0"，且输入 S1 的信号状态"1"，则指定的操作数将置位为"1"。输入 S1 的优先级高于输入 R。输入 R 和 S1 的信号状态都为"1"时，指定操作数的信号状态将置位为"1"。

如果两个输入 R 和 S1 的信号状态都为"0"，则不会执行该指令。因此操作数的信号状态保持不变。操作数的当前信号状态被传送到输出 Q，并可在此进行查询。

该指令的参数如表4-10所示。

表4-10 "复位/置位触发器"指令的参数

参数	声明	数据类型	存储区		说明
			S7-1200	S7-1500	
R	Input	BOOL	I、Q、M、D、L	I、Q、M、D、L	使能复位
S1	Input	BOOL	I、Q、M、D、L	I、Q、M、D、L、T、C	使能置位
<操作数>	InOut	BOOL	I、Q、M、D、L	I、Q、M、D、L	待复位或置位的操作数
Q	Output	BOOL	I、Q、M、D、L	I、Q、M、D、L	操作数的信号状态

第 4 章

西门子 S7-1200/1500 PLC 编程语言与指令系统

第1章

第2章

第3章

第4章

第5章

第6章

第7章

第8章

第9章

附录

以下示例（图 4-14）说明了该指令的工作原理。

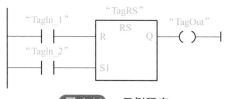

图 4-14 示例程序

满足下列条件时，将复位操作数 "TagRS" 和 "TagOut"。

❶ 操作数 "TagIn_1" 的信号状态为 "1"。

❷ 操作数 "TagIn_2" 的信号状态为 "0"。

满足下列条件时，将置位操作数 "TagSR" 和 "TagOut"。

❶ 操作数 "TagIn_1" 的信号状态为 "0"。操作数 "TagIn_2" 的信号状态为 "1"。

❷ 操作数 "TagIn_1" 和 "TagIn_2" 的信号状态为 "1"。

（12）--| P |--: 扫描操作数的信号上升沿（S7-1200/1500 PLC）

使用 "扫描操作数的信号上升沿" 指令，可以确定所指定操作数（<操作数 1>）的信号状态是否从 "0" 变为 "1"。该指令将比较 <操作数 1> 的当前信号状态和上一次扫描的信号状态，上一次扫描的信号状态保存在边沿存储位（<操作数 2>）中。如果该指令检测到逻辑运算结果（RLO）从 "0" 变为 "1"，则说明出现了一个上升沿。图 4-15 显示了出现信号下降沿和上升沿时信号状态的变化。

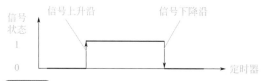

图 4-15 信号上升沿和下降沿时信号状态的变化

每次执行指令时，都会查询信号上升沿。检测到信号上升沿时，<操作数 1> 的信号状态将在一个程序周期内保持置位为 "1"。在其他任何情况下，操作数的信号状态均为 "0"。在该指令上方的操作数占位符中，指定要查询的操作数（<操作数 1>）。在该指令下方的操作数占位符中，指定边沿存储位（<操作数 2>）。

该指令的参数如表 4-11 所示。

表4-11 "扫描操作数的信号上升沿" 指令的参数

参数	声明	数据类型	存储区		说明
			S7-1200	S7-1500	
<操作数 1>	Input	BOOL	I、Q、M、D、L	I、Q、M、D、L、T、C	要扫描的信号
<操作数 2>	InOut	BOOL	I、Q、M、D、L	I、Q、M、D、L	保存上一次查询的信号状态的边沿存储位

以下示例（图 4-16）说明了该指令的工作原理。

图 4-16　示例程序

满足下列条件时，将置位操作数 "TagOut"：

❶ 操作数 "TagIn_1" "TagIn_2" 和 "TagIn_3" 的信号状态为 "1"。

❷ 操作数 "TagIn_4" 为上升沿。上一次扫描的信号状态存储在边沿存储位 "Tag_M" 中。

❸ 操作数 "TagIn_5" 的信号状态为 "1"。

（13）--┤N├--：扫描操作数的信号下降沿（S7-1200/1500 PLC）

使用 "扫描操作数的信号下降沿" 指令，可以确定所指定操作数（<操作数 1>）的信号状态是否从 "1" 变为 "0"。该指令将比较 <操作数 1> 的当前信号状态和上一次扫描的信号状态，上一次扫描的信号状态保存在边沿存储位（<操作数 2>）中。如果该指令检测到逻辑运算结果（RLO）从 "1" 变为 "0"，则说明出现了一个下降沿（参见图 4-15）。

每次执行指令时，都会查询信号下降沿。检测到信号下降沿时，<操作数 1> 的信号状态将在一个程序周期内保持置位为 "1"。在其他任何情况下，操作数的信号状态均为 "0"。

在该指令上方的操作数占位符中，指定要查询的操作数（<操作数 1>）。在该指令下方的操作数占位符中，指定边沿存储位（<操作数 2>）。

该指令的参数如表 4-12 所示。

表4-12　"扫描操作数的信号下降沿" 指令的参数

参数	声明	数据类型	存储区		说明
			S7-1200	S7-1500	
<操作数 1>	Input	BOOL	I、Q、M、D、L	I、Q、M、D、L、T、C	要扫描的信号
<操作数 2>	InOut	BOOL	I、Q、M、D、L	I、Q、M、D、L	保存上一次查询的信号状态的边沿存储位

以下示例（图 4-17）说明了该指令的工作原理。

图 4-17　示例程序

满足下列条件时，将置位操作数"TagOut"。

❶ 操作数"TagIn_1""TagIn_2"和"TagIn_3"的信号状态为"1"。

❷ 操作数"TagIn_4"出现信号下降沿。上一次扫描的信号状态存储在边沿存储位"Tag_M"中。

❸ 操作数"TagIn_5"的信号状态为"1"。

（14）---（ P ）---：在信号上升沿置位操作数（S7-1200/1500 PLC）

可以使用"在信号上升沿置位操作数"指令在逻辑运算结果（RLO）从"0"变为"1"时置位指定操作数（＜操作数1＞）。该指令将当前RLO与保存在边沿存储位中（＜操作数2＞）上次查询的RLO进行比较。如果该指令检测到RLO从"0"变为"1"，则说明出现了一个信号上升沿。每次执行指令时，都会查询信号上升沿。检测到信号上升沿时，＜操作数1＞的信号状态将在一个程序周期内保持置位为"1"。在其他任何情况下，操作数的信号状态均为"0"。可以在该指令上面的操作数占位符中，指定要置位的操作数（＜操作数1＞）。在该指令下方的操作数占位符中，指定边沿存储位（＜操作数2＞）。

该指令的参数如表4-13所示。

表4-13　"在信号上升沿置位操作数"指令的参数

参数	声明	数据类型	存储区	说明
＜操作数1＞	Output	BOOL	I、Q、M、D、L	上升沿置位的操作数
＜操作数2＞	InOut	BOOL	I、Q、M、D、L	边沿存储位

以下示例（图4-18）说明了该指令的工作原理。

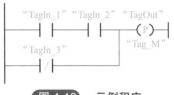

图4-18　示例程序

如果线圈输入的信号状态从"0"更改为"1"（信号上升沿），则将操作数"TagOut"置位一个程序周期。在其他任何情况下，操作数"TagOut"的信号状态均为"0"。

（15）---（ N ）---：在信号下降沿置位操作数（S7-1200/1500 PLC）

可以使用"在信号下降沿置位操作数"指令在逻辑运算结果（RLO）从"1"变为"0"时置位指定操作数（＜操作数1＞）。该指令将当前RLO与保存在边沿存储位中（＜操作数2＞）上次查询的RLO进行比较。如果该指令检测到RLO从"1"变为"0"，则说明出现了一个信号下降沿。

每次执行指令时，都会查询信号下降沿。检测到信号下降沿时，＜操作数1＞的信号状态将在一个程序周期内保持置位为"1"。在其他任何情况下，操作数的信号状态均为"0"。可以

在该指令上面的操作数占位符中，指定要置位的操作数（<操作数 1>）。在该指令下方的操作
数占位符中，指定边沿存储位（<操作数 2>）。

该指令的参数如表 4-14 所示。

表4-14 "在信号下降沿置位操作数"指令的参数

参数	声明	数据类型	存储区	说明
<操作数 1>	Output	BOOL	I、Q、M、D、L	下降沿置位的操作数
<操作数 2>	InOut	BOOL	I、Q、M、D、L	边沿存储位

以下示例（图 4-19）说明了该指令的工作原理。

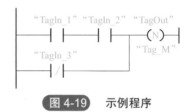

图 4-19 示例程序

如果线圈输入的信号状态从"1"更改为"0"（信号下降沿），则将操作数"TagOut"置位
一个程序周期。在其他任何情况下，操作数"TagOut"的信号状态均为"0"。

（16）P_TRIG：扫描 RLO 的信号上升沿（S7-1200/1500 PLC）

使用"扫描 RLO 的信号上升沿"指令，可查询逻辑运算结果（RLO）的信号状态从"0"
到"1"的更改。该指令将比较 RLO 的当前信号状态与保存在边沿存储位（<操作数>）中
上一次查询的信号状态。如果该指令检测到 RLO 从"0"变为"1"，则说明出现了一个信号
上升沿。

每次执行指令时，都会查询信号上升沿。检测到信号上升沿时，该指令输出 Q 将立即返
回程序代码长度的信号状态"1"。在其他任何情况下，该输出返回的信号状态均为"0"。

该指令的参数如表 4-15 所示。

表4-15 "扫描RLO的信号上升沿"指令的参数

参数	声明	数据类型	存储区	说明
CLK	Input	BOOL	I、Q、M、D、L	当前 RLO
<操作数>	InOut	BOOL	M、D	保存上一次查询的 RLO 的边沿存储位
Q	Output	BOOL	I、Q、M、D、L	边沿检测的结果

以下示例（图 4-20）说明了该指令的工作原理。

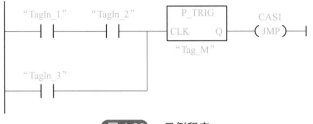

图 4-20 示例程序

先前查询的 RLO 保存在边沿存储位 "Tag_M" 中。如果检测到 RLO 的信号状态从 "0" 变为 "1"，则程序将跳转到跳转标签 CAS1 处。

（17）N_TRIG：扫描 RLO 的信号下降沿（S7-1200/1500 PLC）

使用 "扫描 RLO 的信号下降沿" 指令，可查询逻辑运算结果（RLO）的信号状态从 "1" 到 "0" 的更改。该指令将比较 RLO 的当前信号状态与保存在边沿存储位（<操作数>）中上一次查询的信号状态。如果该指令检测到 RLO 从 "1" 变为 "0"，则说明出现了一个信号下降沿。

每次执行指令时，都会查询信号下降沿。检测到信号下降沿时，该指令输出 Q 将立即返回程序代码长度的信号状态 "1"。在其他任何情况下，该输出返回的信号状态均为 "0"。

该指令的参数如表 4-16 所示。

表4-16 "扫描RLO的信号下降沿" 指令的参数

参数	声明	数据类型	存储区	说明
CLK	Input	BOOL	I、Q、M、D、L	当前 RLO
<操作数>	InOut	BOOL	M、D	保存上一次查询的 RLO 的边沿存储位
Q	Output	BOOL	I、Q、M、D、L	边沿检测的结果

以下示例（图 4-21）说明了该指令的工作原理。

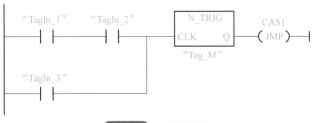

图 4-21 示例程序

先前查询的 RLO 保存在边沿存储位 "Tag_M" 中。如果检测到 RLO 的信号状态从 "1" 变为 "0"，则程序将跳转到跳转标签 CAS1 处。

4.1.2 定时器指令

（1）TP：生成脉冲（S7-1200/1500 PLC）

使用"生成脉冲"（Generate Pulse）指令，可以将输出 Q 置位为预设的一段时间。当输入 IN 的逻辑运算结果（RLO）从"0"变为"1"（信号上升沿）时，启动该指令。指令启动时，预设的时间 PT 即开始计时。无论后续输入信号的状态如何变化，都将输出 Q 置位由 PT 指定的一段时间。PT 持续时间正在计时时，即使检测到新的信号上升沿，输出 Q 的信号状态也不会受到影响。

可以扫描 ET 输出处的当前时间值。该定时器值从 T#0s 开始，在达到持续时间值 PT 后结束。如果 PT 时间用完且输入 IN 的信号状态为"0"，则复位 ET 输出。每次调用"生成脉冲"指令，都会为其分配一个 IEC 定时器用于存储指令数据。

对于 S7-1200 PLC 的 CPU，IEC 定时器是一个 IEC_TIMER 或 TP_TIME 数据类型的结构，可如下声明。声明为一个系统数据类型为 IEC_TIMER 的数据块（例如"MyIEC_TIMER"）。声明为块中"Static"部分的 TP_TIME、TP_LTIME 或 IEC_TIMER 类型的局部变量（例如 #MyIEC_TIMER）。

对于 S7-1500 PLC 的 CPU，IEC 定时器是一个 IEC_TIMER、IEC_LTIMER、TP_TIME 或 TP_LTIME 数据类型的结构，可如下声明。声明为一个系统数据类型为 IEC_TIMER 或 IEC_LTIMER 的数据块（例如"MyIEC_TIMER"）。声明为块中"Static"部分的 TP_TIME、TP_LTIME、IEC_TIMER 或 IEC_LTIMER 类型的局部变量（例如 #MyIEC_TIMER）。

该指令的参数如表 4-17 所示。

表4-17 "生成脉冲"指令的参数

参数	声明	数据类型		存储区		说明
		S7-1200	S7-1500	S7-1200	S7-1500	
IN	Input	BOOL	BOOL	I、Q、M、D、L	I、Q、M、D、L、P	启动输入
PT	Input	TIME	TIME、LTIME	I、Q、M、D、L 或常数	I、Q、M、D、L、P 或常数	脉冲的持续时间。PT 参数的值必须为正数
Q	Output	BOOL	BOOL	I、Q、M、D、L	I、Q、M、D、L、P	脉冲输出
ET	Output	TIME	TIME、LTIME	I、Q、M、D、L	I、Q、M、D、L、P	当前时间值

脉冲时序图如图 4-22 所示。

IN

第 4 章

西门子 S7-1200/1500 PLC 编程语言与指令系统

第1章
第2章
第3章
第4章
第5章
第6章
第7章
第8章
第9章
附录

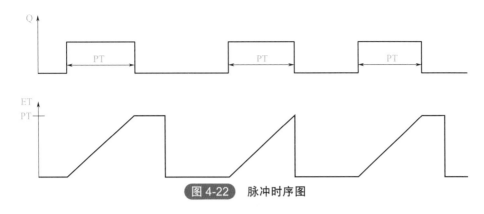

图 4-22　脉冲时序图

以下示例（图 4-23）说明了该指令的工作原理。

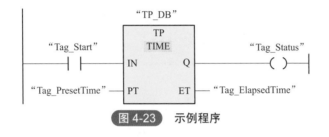

图 4-23　示例程序

表 4-18 将通过具体的操作数值对该指令的工作原理进行说明。

表4-18　"生成脉冲"指令的操作数

参数	操作数	值
IN	Tag_Start	信号跃迁 "0" → "T"
PT	Tag_PresetTime	T#10s
Q	Tag_Status	TRUE
ET	Tag_ElapsedTime	T#0s → T#10s

　　当 "Tag_Start" 操作数的信号状态从 "0" 变为 "1" 时，PT 参数预设的时间开始计时，且 "Tag_Status" 操作数将设置为 "1"。当前时间值存储在 "Tag_ElapsedTime" 操作数中。定时器计时结束时，操作数 "Tag_Status" 的信号状态复位为 "0"。

　　（2）TON：生成接通延时（S7-1200/1500 PLC）

　　可以使用 "生成接通延时"（Generate On-Delay）指令将 Q 输出的设置延时设定的时间 PT。当输入 IN 的逻辑运算结果（RLO）从 "0" 变为 "1"（信号上升沿）时，启动该指令。指令启动时，预定的时间 PT 即开始计时。超出时间 PT 之后，输出 Q 的信号状态将变为 "1"。只要启动输入仍为 "1"，输出 Q 就保持置位。启动输入的信号状态从 "1" 变为 "0" 时，将复位输出 Q。在启动输入检测到新的信号上升沿时，该定时器功能将再次启动。

　　可以在 ET 输出处查询当前的时间值。该定时器值从 T#0s 开始，在达到持续时间值 PT 后结束。只要输入 IN 的信号状态变为 "0"，输出 ET 就复位。每次调用 "生成接通延时" 指令，必须将其分配给存储指令数据的 IEC 定时器。

对于 S7-1200 PLC 的 CPU，IEC 定时器是一个 IEC_TIMER 或 TON_TIME 数据类型的结构，可如下声明。声明为一个系统数据类型为 IEC_TIMER 的数据块（例如 "MyIEC_TIMER"）。声明为块中 "Static" 部分的 TON_TIME 或 IEC_TIMER 类型的局部变量（例如 #MyIEC_TIMER）。

对于 S7-1500 PLC 的 CPU，IEC 定时器是一个 IEC_TIMER、IEC_LTIMER、TON_TIME 或 TON_LTIME 数据类型的结构，可如下声明。声明为一个系统数据类型为 IEC_TIMER 或 IEC_LTIMER 的数据块（例如 "MyIEC_TIMER"）。声明为块中 "Static" 部分的 TON_TIME、TON_LTIME、IEC_TIMER 或 IEC_LTIMER 类型的局部变量（例如 #MyIEC_TIMER）。

该指令的参数如表 4-19 所示。

表4-19 "生成接通延时"指令的参数

参数	声明	数据类型		存储区		说明
		S7-1200	S7-1500	S7-1200	S7-1500	
IN	Input	BOOL	BOOL	I、Q、M、D、L	I、Q、M、D、L、P	启动输入
PT	Input	TIME	TIME、LTIME	I、Q、M、D、L 或常数	I、Q、M、D、L、P 或常数	接通延时的持续时间。PT 参数的值必须为正数
Q	Output	BOOL	BOOL	I、Q、M、D、L	I、Q、M、D、L、P	超过时间 PT 后，置位的输出
ET	Output	TIME	TIME、LTIME	I、Q、M、D、L	I、Q、M、D、L、P	当前时间值

脉冲时序图如图 4-24 所示。

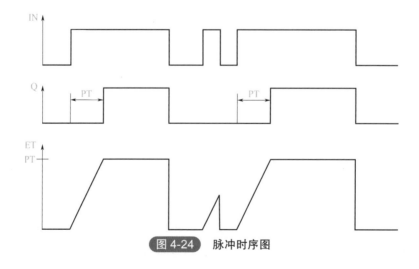

图 4-24 脉冲时序图

以下示例（图4-25）说明了该指令的工作原理。

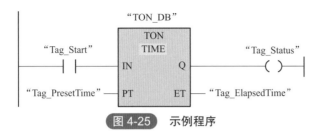

图 4-25 示例程序

表 4-20 将通过具体的操作数值对该指令的工作原理进行说明。

表4-20 "生成接通延时"指令的操作数

参数	操作数	值
IN	Tag_Start	信号跃迁 "0" → "1"
PT	Tag_PresetTime	T#10s
Q	Tag_Status	FALSE；10s 后变为 TRUE
ET	Tag_ElapsedTime	T#0s → T#10s

当 "Tag_Start" 操作数的信号状态从 "0" 变为 "1" 时，PT 参数预设的时间开始计时。超过该时间周期后，操作数 "Tag_Status" 的信号状态将置 "1"。只要操作数 Tag_Start 的信号状态为 "1"，操作数 Tag_Status 就会保持置位为 "1"。当前时间值存储在 "Tag_ElapsedTime" 操作数中。当操作数 Tag_Start 的信号状态从 "1" 变为 "0" 时，将复位操作数 Tag_Status。

［例1］ 数控车床相机吹气清理程序。

数控车床相机吹气可以实现触摸屏 HMI Manual 手动吹气，也可以实现通过定时器 TON 定时 HMI Auto 自动吹气清理功能。

编写程序，如图 4-26 所示。

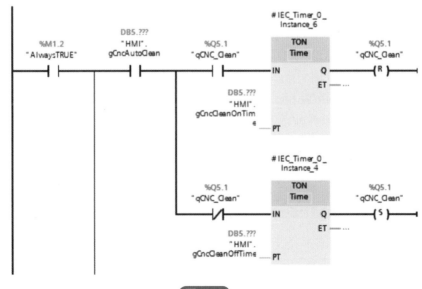

图 4-26

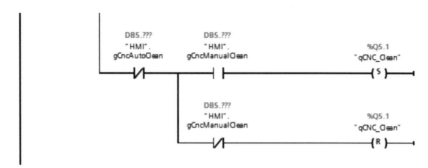

图 4-26 数控车床相机吹气清理程序

（3）TOF：生成关断延时（S7-1200/1500 PLC）

可以使用"生成关断延时"（Generate Off-Delay）指令将 Q 输出的复位延时设定的时间 PT。当输入 IN 的逻辑运算结果（RLO）从"0"变为"1"（信号上升沿）时，将置位 Q 输出。当输入 IN 处的信号状态变回"0"时，预设的时间 PT 开始计时。只要 PT 持续时间仍在计时，输出 Q 就保持置位。持续时间 PT 计时结束后，将复位输出 Q。如果输入 IN 的信号状态在持续时间 PT 计时结束之前变为"1"，则复位定时器。输出 Q 的信号状态仍将为"1"。

可以在 ET 输出处查询当前的时间值。该定时器值从 T#0s 开始，在达到持续时间值 PT 后结束。当持续时间 PT 计时结束后，在输入 IN 变回"1"之前，输出 ET 会保持被设置为当前值的状态。

对于"生成关断延时"（Generate Off-Delay）指令的每次调用，必须将其分配给用于存储指令数据的 IEC 定时器。

对于 S7-1200 PLC 的 CPU，IEC 定时器是一个 IEC_TIMER 或 TOF_TIME 数据类型的结构，可如下声明。声明为一个系统数据类型为 IEC_TIMER 的数据块（例如"MyIEC_TIMER"）。声明为块中"Static"部分的 TOF_TIME 或 IEC_TIMER 类型的局部变量（例如 #MyIEC_TIMER）。

对于 S7-1500 PLC 的 CPU，IEC 定时器是一个 IEC_TIMER、IEC_LTIMER、TOF_TIME 或 TOF_LTIME 数据类型的结构，可如下声明。声明为一个系统数据类型为 IEC_TIMER 或 IEC_LTIMER 的数据块（例如"MyIEC_TIMER"）。声明为块中"Static"部分的 TOF_TIME、TOF_LTIME、IEC_TIMER 或 IEC_LTIMER 类型的局部变量（例如 #MyIEC_TIMER）。

该指令的参数如表 4-21 所示。

表4-21 "生成关断延时"指令的参数

参数	声明	数据类型		存储区		说明
		S7-1200	S7-1500	S7-1200	S7-1500	
IN	Input	BOOL	BOOL	I、Q、M、D、L	I、Q、M、D、L、P	启动输入
PT	Input	TIME	TIME、LTIME	I、Q、M、D、L 或常数	I、Q、M、D、L、P 或常数	关断延时的持续时间。PT 参数的值必须为正数

续表

参数	声明	数据类型		存储区		说明
		S7-1200	S7-1500	S7-1200	S7-1500	
Q	Output	BOOL	BOOL	I、Q、M、D、L	I、Q、M、D、L、P	超出时间 PT 时复位的输出
ET	Output	TIME	TIME、LTIME	I、Q、M、D、L	I、Q、M、D、L、P	当前时间值

脉冲时序图如图 4-27 所示。

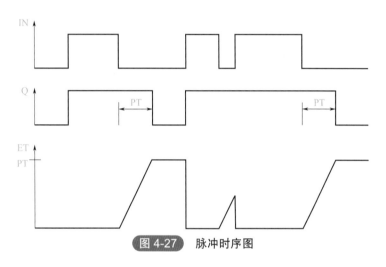

图 4-27　脉冲时序图

以下示例（图 4-28）说明了该指令的工作原理。

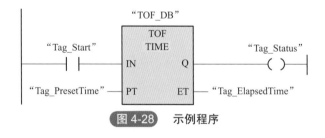

图 4-28　示例程序

表 4-22 将通过具体的操作数值对该指令的工作原理进行说明。

表4-22　"生成关断延时"指令的操作数

参数	操作数	值
IN	Tag_Start	信号跃迁 "0" → "1"；信号跃迁 "1" → "0"
PT	Tag_PresetTime	T#10s
Q	Tag_Status	TRUE
ET	Tag_ElapsedTime	T#10s → T#0s

当操作数 "Tag_Start" 的信号状态从 "0" 变为 "1" 时，操作数 "Tag_Status" 的信号状态将置位为 "1"。当 "Tag_Start" 操作数的信号状态从 "1" 变为 "0" 时，PT 参数预设的时间将开始计时。只要该时间仍在计时，"Tag_Status" 操作数就会保持置位为 TRUE。该时间计时完毕后，"Tag_Status" 的操作数将复位为 FALSE。当前时间值存储在 "Tag_ElapsedTime" 操作数中。

[例 2] 制动器断电制动程序。

编写程序，如图 4-29 所示。

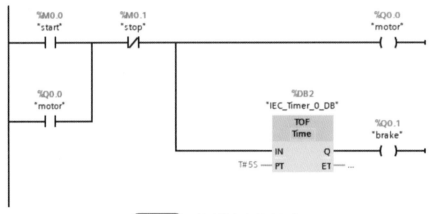

图 4-29 制动器断电制动程序

（4）TONR：时间累加器（S7-1200/1500 PLC）

可以使用 "时间累加器" 指令来累加由参数 PT 设定的时间段内的时间值。输入 IN 的信号状态从 "0" 变为 "1"（信号上升沿）时，将执行该指令，同时时间值 PT 开始计时。当 PT 正在计时时，加上在 IN 输入的信号状态为 "1" 时记录的时间值。累加得到的时间值将写入输出 ET 中，并可以在此进行查询。持续时间 PT 计时结束后，输出 Q 的信号状态为 "1"。即使 IN 参数的信号状态从 "1" 变为 "0"（信号下降沿），Q 参数仍将保持置位为 "1"。无论启动输入的信号状态如何，输入 R 都将复位输出 ET 和 Q。

每次调用 "时间累加器" 指令，必须为其分配一个用于存储指令数据的 IEC 定时器。

对于 S7-1200 PLC 的 CPU，IEC 定时器是一个 IEC_TIMER 或 TONR_TIME 数据类型的结构，可如下声明。声明为一个系统数据类型为 IEC_TIMER 的数据块（例如 "MyIEC_TIMER"）。声明为块中 "Static" 部分的 TONR_TIME 或 IEC_TIMER 类型的局部变量（例如 #MyIEC_TIMER）。

对于 S7-1500 PLC 的 CPU，IEC 定时器是一个 IEC_TIMER、IEC_LTIMER、TONR_TIME 或 TONR_LTIME 数据类型的结构，可如下声明。声明为一个系统数据类型为 IEC_TIMER 或 IEC_LTIMER 的数据块（例如 "MyIEC_TIMER"）。声明为块中 "Static" 部分的 TONR_TIME、TONR_LTIME、IEC_TIMER 或 IEC_LTIMER 类型的局部变量（例如 #MyIEC_TIMER）。

该指令的参数如表 4-23 所示。

表4-23 "时间累加器"指令的参数

参数	声明	数据类型		存储区		说明
		S7-1200	S7-1500	S7-1200	S7-1500	
IN	Input	BOOL	BOOL	I、Q、M、D、L	I、Q、M、D、L、P	启动输入
R	Input	BOOL	BOOL	I、Q、M、D、L 或常数	I、Q、M、D、L、P 或常数	复位输入
PT	Input	TIME	TIME、LTIME	I、Q、M、D、L 或常数	I、Q、M、D、L、P 或常数	时间记录的最长持续时间。PT 参数的值必须为正数
Q	Output	BOOL	BOOL	I、Q、M、D、L	I、Q、M、D、L、P	超出时间值 PT 之后要置位的输出
ET	Output	TIME	TIME、LTIME	I、Q、M、D、L	I、Q、M、D、L、P	累计的时间

脉冲时序图如图 4-30 所示。

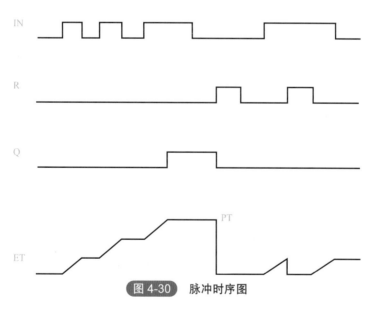

图 4-30　脉冲时序图

以下示例（图 4-31）说明了该指令的工作原理。

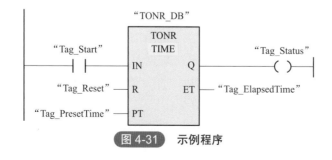

图 4-31　示例程序

表 4-24 将通过具体的操作数值对该指令的工作原理进行说明。

表4-24 "时间累加器"指令的操作数

参数	操作数	值
IN	Tag_Start	信号跃迁 "0" → "1"
PT	Tag_PresetTime	T#10s
Q	Tag_Status	FALSE；10s 后变为 TRUE
ET	Tag_ElapsedTime	信号跃迁 "0" → "1"； 时间 T#10s 超出。 5s 后发生信号跃迁 "1" → "0"； 操作数 "Tag_ElapsedTime" 中的时间仍在 T#5s 中计时。大约 2s 后重新发生信号跃迁 "1" → "0"； 操作数 "Tag_ElapsedTime" 中的时间继续在 T#5s 访问

当 "Tag_Start" 操作数的信号状态从 "0" 变为 "1" 时，PT 参数预设的时间开始计时。只要操作数 "Tag_Start" 的信号状态为 "1"，该时间就继续计时。当操作数 "Tag_Start" 的信号状态从 "1" 变为 "0" 时，计时将停止，并记录操作数 Tag_ElapsedTime 中的当前时间值。当操作数 "Tag_Start" 的信号状态从 "0" 变为 "1" 时，将继续从发生信号跃迁 "1" 到 "0" 时记录的时间值开始计时。达到 PT 参数中指定的时间值中，"Tag_Status" 操作数的信号状态将置位为 "1"。当前时间值存储在 "Tag_ElapsedTime" 操作数中。

4.1.3 计数器指令

（1）CTU：加计数（S7-1200/1500 PLC）

可以使用 "加计数" 指令，递进输出 CV 的值。如果输入 CU 的信号状态从 "0" 变为 "1"（信号上升沿），则执行该指令，同时输出 CV 的当前计数器值加 1。每检测到一个信号上升沿，计数器值就会递增，直到达到输出 CV 中所指定数据类型的上限。达到上限时，输入 CU 的信号状态将不再影响该指令。

可以查询 Q 输出中的计数器状态。输出 Q 的信号状态由参数 PV 决定。如果当前计数器值大于或等于参数 PV 的值，则将输出 Q 的信号状态置位为 "1"。在其他任何情况下，输出 Q 的信号状态均为 "0"。输入 R 的信号状态为 "1" 时，输出 CV 的值被复位为 "0"。只要输入 R 的信号状态仍为 "1"，输入 CU 的信号状态就不会影响该指令。只要在程序中的某一位置处使用计数器，即可避免计数错误的风险。

每次调用 "加计数" 指令，都会为其分配一个 IEC 计数器用于存储指令数据。IEC 计数器是一种具有表 4-25、表 4-26 中某种数据类型的结构。

可以按如下方式声明 IEC 计数器：系统数据类型 IEC_<Counter> 的数据块声明（例如 "MyIEC_COUNTER"）。声明为块中 "Static" 部分的 CTU_<Data type> 或 IEC_<Counter> 类型的局部变量（例如 MyIEC_COUNTER）。

如果在单独的数据块中设置 IEC 计数器（单背景），则将默认使用 "优化的块访问" 创建背景数据块，并将各个变量定义为 "具有保持性"。如果在函数块中使用 "优化的块访问" 设置 IEC 计数器作为本地变量（多重背景），则其在块接口中定义为"具有保持性"。

表4-25　S7-1200 CPU数据类型

系统数据类型 IEC_<Counter> 的数据块（共享 DB）	局部变量
• IEC_SCOUNTER / IEC_USCOUNTER • IEC_COUNTER / IEC_UCOUNTER • IEC_DCOUNTER / IEC_UDCOUNTER	• CTU_SINT/CTU_USINT • CTU_INT/CTU_UINT • CTU_DINT/ CTU_UDINT • IEC_SCOUNTER / IEC_USCOUNTER • IEC_COUNTER / IEC_UCOUNTER • IEC DCOUNTER / IEC_UDCOUNTER

表4-26　S7-1500 CPU数据类型

系统数据类型 IEC_<Counter> 的数据块（共享 DB）	局部变量
•IEC_SCOUNTER / IEC_USCOUNTER •IEC_COUNTER / IEC_UCOUNTER •IEC_DCOUNTER / IEC_UDCOUNTER •IEC_LCOUNTER / IEC_ULCOUNTER	•CTU_SINT / CTU_USINT •CTU_INT / CTU_UINT •CTU_DINT / CTU_UDINT •CTU_LINT / CTU_ULINT •IEC_SCOUNTER / IEC_USCOUNTER •IEC_COUNTER / IEC_UCOUNTER •IEC_DCOUNTER / IEC_UDCOUNTER •IEC_LCOUNTER / IEC_ULCOUNTER

执行"加计数器"指令之前，需要事先预设一个逻辑运算。该运算可以放置在程序段的中间或者末尾。

该指令的参数如表 4-27 所示。

PLC计数器基本知识

表4-27　"加计数"指令的参数

参数	声明	数据类型	存储区		说明
			S7-1200	S7-1500	
CU	Input	BOOL	I、Q、M、D、L 或常数	I、Q、M、D、L 或常数	计数输入
R	Input	BOOL	I、Q、M、D、L、P 或常数	I、Q、M、T、C、D、L、P 或常数	复位输入
PV	Input	整数	I、Q、M、D、L、P 或常数	I、Q、M、D、L、P 或常数	置位输出 Q 的值
Q	Output	BOOL	I、Q、M、D、L	I、Q、M、D、L	计数器状态
CV	Output	整数、CHAR、WCHAR、DATE	I、Q、M、D、L、P	I、Q、M、D、L、P	当前计数器值

以下示例（图 4-32）说明了该指令的工作原理。

当"TagIn_1"操作数的信号状态从"0"变为"1"时，将执行"加计数"指令，同时"Tag_CV"操作数的当前计数器值加 1。每次检测到一个额外的信号上升沿，计数器都会递增，直到达到所指定数据类型的上限值（INT=32767）。

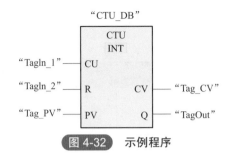

图 4-32　示例程序

PV 参数的值作为"TagOut"输出的限制。只要当前计数器值大于或等于操作数"Tag_PV"的值，输出"TagOut"的信号状态就为"1"。在其他所有情况下，输出"TagOut"的信号状态均为"0"。

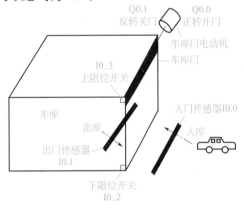

图 4-33　车库示意图

[例3]　如图 4-33 所示，车库进车时，入门传感器 I0.0 检测到车辆信号后，车库门电动机正转开门，到达上限位开关 I0.3 停止正转。检测到出门传感器 I0.1 下降沿，车库门电动机反转关门，到达下限开关 I0.2 后停止。车库出门时，出门传感器 I0.1 检测到车辆信号后，车库门电动机正转开门，到达上限位开关 I0.3 停止正转。检测到入门传感器 I0.0 下降沿，车库门电动机反转关门，到达下限开关 I0.2 后停止。

车库控制系统硬件接线图如图 4-34 所示。

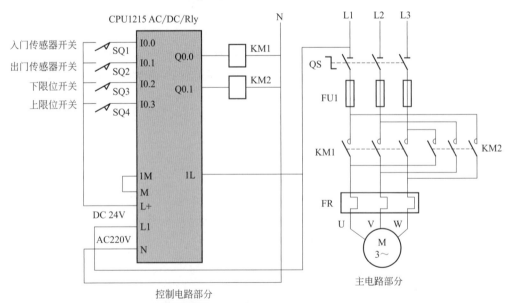

图 4-34　车库控制系统硬件接线图

编写程序，如图 4-35 所示。

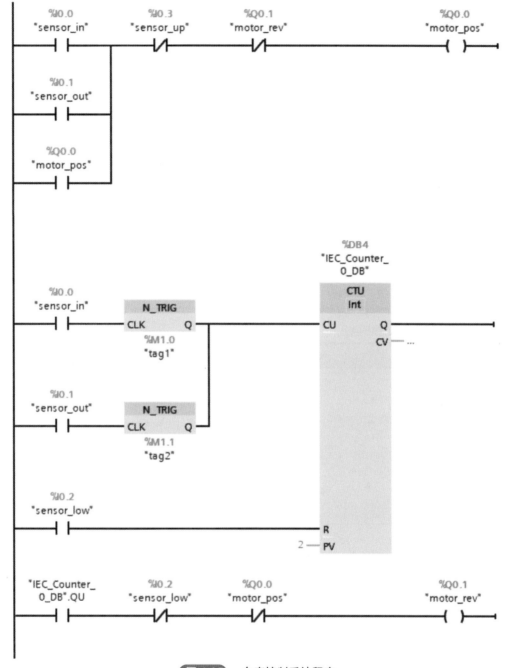

图 4-35 车库控制系统程序

（2）CTD：减计数（S7-1200/1500 PLC）

可以使用"减计数"指令，递减输出 CV 的值。如果输入 CD 的信号状态从"0"变为"1"（信号上升沿），则执行该指令，同时输出 CV 的当前计数器减 1。每检测到一个信号上升沿，计数器值就会递减 1，直到达到指定数据类型的下限为止。达到下限时，输入 CD 的信号状态将不再影响该指令。

可以查询 Q 输出中的计数器状态。如果当前计数器值小于或等于"0"，则输出 Q 的信号

73

状态将置位为 "1"。在其他任何情况下，输出 Q 的信号状态均为 "0"。也可以为参数 PV 指定一个常数。输入 LD 的信号状态从 "0" 变为 "1" 时，将输出 CV 的值设置为参数 PV 的值并保存至边沿存储位中。只要输入 LD 的信号状态仍为 "1"，输入 CD 的信号状态就不会影响该指令。

每次调用"减计数"指令，都会为其分配一个 IEC 计数器用于存储指令数据。IEC 计数器是一种具有表 4-28、表 4-29 中某种数据类型的结构。

表4-28 S7-1200 CPU 数据类型

系统数据类型 IEC_\<Counter\> 的数据块（共享 DB）	局部变量
•IEC_SCOUNTER/IEC_USCOUNTER •IEC_COUNTER/IEC_UCOUNTER •IEC_DCOUNTER/IEC_UDCOUNTER	•CTD_SINT/CTD_USINT •CTD_INT/CTD_UINT •CTD_DINT/CTD_UDINT •IEC_SCOUNTER/IEC_USCOUNTER •IEC_COUNTER/IEC_UCOUNTER •IEC_DCOUNTER/IEC_UDCOUNTER

表4-29 S7-1500 CPU 数据类型

系统数据类型 IEC_ ＜ Counter ＞的数据块（共享 DB）	局部变量
• IEC_SCOUNTER/IEC_USCOUNTER • IEC_COUNTER/IEC_UCOUNTER • IEC_DCOUNTER/IEC_UDCOUNTER • IEC_LCOUNTER/IEC_ULCOUNTER	• CTD_SINT/CTD_USINT • CTD_INT/CTD_UINT • CTD_DINT/CTD_UDINT • CTD_LINT/CTD_ULINT •IEC_SCOUNTER/IEC_USCOUNTER •IEC_COUNTER/IEC_UCOUNTER •IEC_DCOUNTER/IEC_UDCOUNTER •IEC_LCOUNTER/IEC_ULCOUNTER

可以按如下方式声明 IEC 计数器：系统数据类型 IEC_\<Counter\> 的数据块声明（例如 "MyIEC_COUNTER"）。声明为块中 "Static" 部分的 CTD_\<Data type\> 或 IEC_\<Counter\> 类型的局部变量（例如 #MyIEC_COUNTER）。

如果在单独的数据块中设置 IEC 计数器（单背景），则将默认使用"优化的块访问"创建背景数据块，并将各个变量定义为"具有保持性"。如果在函数块中使用"优化的块访问"设置 IEC 计数器作为本地变量（多重背景），则其在块接口中定义为"具有保持性"。

该指令的参数如表 4-30 所示。

表4-30 "减计数"指令的参数

参数	声明	数据类型	存储区		说明
			S7-1200	S7-1500	
CD	Input	BOOL	I、Q、M、 D、L 或常数	I、Q、M、 D、L 或常数	计数输入

续表

参数	声明	数据类型	存储区		说明
			S7-1200	S7-1500	
LD	Input	BOOL	I、Q、M、D、L、P 或常数	I、Q、M、T、C、D、L、P 或常数	装载输入
PV	Input	整数	I、Q、M、D、L、P 或常数	I、Q、M、D、L、P 或常数	使用 LD=1 置位输出 CV 的目标值
Q	Output	BOOL	I、Q、M、D、L	I、Q、M、D、L	计数器状态
CV	Output	整数、CHAR、WCHAR、DATE	I、Q、M、D、L、P	I、Q、M、D、L、P	当前计数器值

以下示例（图 4-36）说明了该指令的工作原理。

当 "Tagln_1" 操作数的信号状态从 "0" 变为 "1" 时，执行该指令且 "Tag_CV" 输出的值减 1。每检测到一个信号上升沿，计数器值就递减 1，直到达到所指定数据类型的下限（INT=-32768）。PV 参数的值作为确定 "TagOut" 输出的限制。只要当前计数值小于或等于 "0"，输出 "TagOut" 信号状态就为 "1"。在其他所有情况下，输出 "TagOut" 的信号状态均为 "0"。

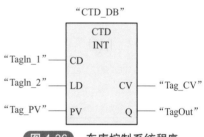

图 4-36　车库控制系统程序

（3）CTUD: 加减计数（S7-1200/1500 PLC）

可以使用 "加减计数" 指令，递增和递减输出 CV 的计数器值。如果输入 CU 的信号状态从 "0" 变为 "1"（信号上升沿），则当前计数器值加 1 并存储在输出 CV 中。如果输入 CD 的信号状态从 "0" 变为 "1"（信号上升沿），则输出 CV 的当前计数器值将减 1。如果在一个程序周期内，输入 CU 和 CD 都出现信号上升沿，则输出 CV 的当前计数器值保持不变。计数器值可以一直递增，直到其达到输出 CV 处指定数据类型的上限。达到上限后，即使出现信号上升沿，计数器值也不再递增。达到指定数据类型的下限后，计数器值便不再递减。输入 LD 的信号状态变为 "1" 时，输出 CV 的计数器值将被设置为参数 PV 的值并存储至边沿存储位中。只要输入 LD 的信号状态仍为 "1"，输入 CU 和 CD 的信号状态就不会影响该指令。输入 R 的信号状态变为 "1" 时，计数器值将置位为 "0" 并存储至边沿存储位中。只要输入的 R 的信号状态仍为 "1"，输入 CU、CD 和 LD 信号状态的改变就不会影响 "加减计数" 指令。

可以在 QU 输出中查询加计数器的状态。如果当前计数器值大于或等于参数 PV 的值，则将输出 QU 的信号状态置位为 "1"。在其他任何情况下，输出 QU 的信号状态为 "0"。也可以为参数 PV 指定一个常数。

可以在 QD 输出中查询减计数器的状态。如果当前计数器值小于或等于 "0"，则 QD 输出的信号状态将置位为 "1"。在其他任何情况下，输出 QD 的信号状态均为 "0"。

每次调用 "加减计数" 指令，都会为其分配一个 IEC 计数器用来存储指令数据。IEC 计数器是一种具有表 4-31、表 4-32 中某种数据类型的结构。

表4-31　S7-1200 PLC的CPU数据类型

系统数据类型 IEC_<Counter >的数据块（共享 DB）	局部变量
•IEC_SCOUNTER/IEC_USCOUNTER •IEC_COUNTER/IEC_UCOUNTER •IEC_DCOUNTER/IEC_UDCOUNTER	•CTUD_SINT/CTUD_USINT •CTUD_INT/CTUD_UINT •CTUD_DINT/CTUD_UDINT •IEC_SCOUNTER/IEC_USCOUNTER •IEC_COUNTER/IEC_UCOUNTER •IEC_DCOUNTER/IEC_UDCOUNTER

表4-32　S7-1500 CPU数据类型

系统数据类型 IEC_<Counter> 的数据块（共享 DB）	局部变量
• IEC_SCOUNTER/IEC_USCOUNTER • IEC_COUNTER/IEC_UCOUNTER • IEC_DCOUNTER/IEC_UDCOUNTER • IEC_LCOUNTER/IEC_ULCOUNTER	• CTUD_SINT/CTUD_USINT • CTUD_INT/CTUD_UINT • CTUD_DINT/CTUD_UDINT • CTUD_LINT/CTUD_ULINT • IEC_SCOUNTER/IEC_USCOUNTER • IEC_COUNTER/IEC_UCOUNTER • IEC_DCOUNTER/IEC_UDCOUNTER • IEC_LCOUNTER/IEC_ULCOUNTER

可以按如下方式声明 IEC 计数器：系统数据类型 IEC_<Counter> 的数据块声明（例如"MyIEC_COUNTER"）。声明为块中"Static"部分的 CTUD_<Data type> 或 IEC_<Counter> 类型的局部变量（例如 #MyIEC_COUNTER）。

如果在单独的数据块中设置 IEC 计数器（单背景），则将默认使用"优化的块访问"创建背景数据块，并将各个变量定义为"具有保持性"。如果在函数块中使用"优化的块访问"设置 IEC 计数器作为本地变量（多重背景），则其在块接口中定义为"具有保持性"。

该指令的参数如表 4-33 所示。

表4-33　"加减计数"指令的参数

参数	声明	数据类型	存储区		说明
			S7-1200	S7-1500	
CU	Input	BOOL	I、Q、M、D、L 或常数	I、Q、M、D、L 或常数	加计数输入
CD	Input	BOOL	I、Q、M、D、L 或常数	I、Q、M、D、L 或常数	减计数输入
R	Input	BOOL	I、Q、M、D、L、P 或常数	I、Q、M、T、C、D、L、P 或常数	复位输入
LD	Input	BOOL	I、Q、M、D、L、P 或常数	I、Q、M、T、C、D、L、P 或常数	装载输入
PV	Input	整数	I、Q、M、D、L、P 或常数	I、Q、M、D、L、P 或常数	输出 QU 被设置的值 / LD=1 的情况下，输出 CV 被设置的值

续表

参数	声明	数据类型	存储区		说明
			S7-1200	S7-1500	
QU	Output	BOOL	I、Q、M、D、L	I、Q、M、D、L	加计数器状态
QD	Output	BOOL	I、Q、M、D、L	I、Q、M、D、L	减计数器状态
CV	Output	整数、CHAR、WCHAR、DATE	I、Q、M、D、L、P	I、Q、M、D、L、P	当前计数器值

以下示例（图 4-37）说明了该指令的工作原理。

如果输入"Tagln_CU"或"Tagln_CD"的信号状态从"0"变为"1"（信号上升沿），则执行"加减计数"指令。输入"Tagln_CU"出现信号上升沿时，当前计数器值加 1 并存储在输出"Tag_CV"中。输入"Tagln_CD"出现信号上升沿时，计数器值减 1 并存储在输出"Tag_CV"中。输入CU 出现上升沿时，计数器值递增，直到其达到上限（INT=32767）。当输入 CD 为上升沿时，计数器值将递减，直至其达到下限（INT=-32768）。

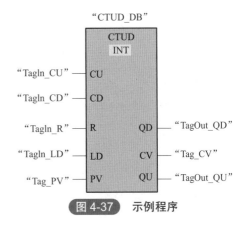

图 4-37　示例程序

只要当前计数器值大于或等于"Tag_PV"输入的值，"TagOut_QU"输出的信号状态就为"1"。在其他所有情况下，输出"TagOut_QU"的信号状态均为"0"。

只要当前计数器值小于或等于"0"，"TagOut_QD"输出的信号状态就为"1"。在其他所有情况下，输出"TagOut_QD"的信号状态均为"0"。

[例 4] 车库数量统计系统。车库数量大于等于 50 辆，红灯亮报警。

编写程序，如图 4-38 所示。

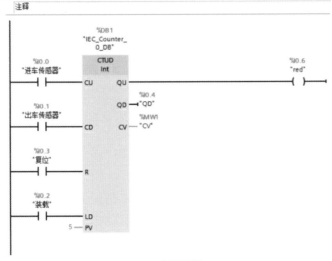

图 4-38　车库数量统计程序

4.1.4 比较指令

比较指令如表 4-34 所示。

表4-34 比较指令

指令	比较方式	数据类型	存储区	指令说明
CMP== <???> ―| == |― ??? <???>	等于	位字符串、整数、浮点数、字符串、定时器、日期时间、ARRAY of <数据类型>（ARRAY 限值固定/可变）、STRUCT、VARIANT、ANY、PLC 数据类型	I、Q、M、D、L、P 或常数	将操作数 IN1 与操作数 IN2 进行等于比较，如果满足比较条件，则指令返回逻辑运算结果（RLO）"1"；如果不满足比较条件，则该指令返回 RLO "0"
CMP<> <???> ―| <> |― ??? <???>	不等于	位字符串、整数、浮点数、字符串、定时器、日期时间、ARRAY of <数据类型>（ARRAY 限值固定/可变）、STRUCT、VARIANT、ANY、PLC 数据类型	I、Q、M、D、L、P 或常数	将操作数 IN1 与操作数 IN2 进行不等于比较，如果满足比较条件，则指令返回逻辑运算结果（RLO）"1"；如果不满足比较条件，则该指令返回 RLO "0"
CMP>= <???> ―| >= |― ??? <???>	大于或等于	位字符串、整数、浮点数、字符串、定时器、日期和时间	I、Q、M、D、L、P 或常数	将操作数 IN1 与操作数 IN2 进行大于或等于比较，如果满足比较条件，则指令返回逻辑运算结果（RLO）"1"；如果不满足比较条件，则该指令返回 RLO "0"
CMP<= <???> ―| <= |― ??? <???>	小于或等于	位字符串、整数、浮点数、字符串、定时器、日期和时间	I、Q、M、D、L、P 或常数	将操作数 IN1 与操作数 IN2 进行小于或等于比较，如果满足比较条件，则指令返回逻辑运算结果（RLO）"1"；如果不满足比较条件，则该指令返回 RLO "0"
CMP> <???> ―| > |― ??? <???>	大于	位字符串、整数、浮点数、字符串、定时器、日期和时间	I、Q、M、D、L、P 或常数	将操作数 IN1 与操作数 IN2 进行大于比较，如果满足比较条件，则指令返回逻辑运算结果（RLO）"1"；如果不满足比较条件，则该指令返回 RLO "0"
CMP< <???> ―| < |― ??? <???>	小于	位字符串、整数、浮点数、字符串、定时器、日期和时间	I、Q、M、D、L、P 或常数	将操作数 IN1 与操作数 IN2 进行小于比较，如果满足比较条件，则指令返回逻辑运算结果（RLO）"1"；如果不满足比较条件，则该指令返回 RLO "0"

可以使用"等于"指令，查询输入 IN1 的值是否等于输入 IN2 的值。如果满足比较条件，则指令返回逻辑运算结果（RLO）"1"。如果不满足比较条件，则该指令返回 RLO "0"。如果启动了 IEC 检查，则要比较的操作数必须属于同一类型数据。如果未启动 IEC 检查，则操作数的宽度必须相同。

如果要比较数据类型 REAL 或 LREAL，则可使用指令 "CMP==：等于"。建议使用指令 "IN_RANGE：值在范围内"。如果要比较浮点数，则无论 IEC 检查的设置如何，要比较的操作数都必须属于相同数据类型。对于无效运算的运算结果（如，-1 的平方根），这些无效浮点数（NaN）的特定位模式不可比较。即，如果一个操作数的值为 NaN，则指令 "CMP==：等于" 的结果将为 FALSE。

在比较字符串时，通过字符的代码比较各字符（例如 "a" 大于 "A"）。从左到右执行比较。第一个不同的字符决定比较结果。

表 4-35 举例说明了字符串的比较。

表4-35　比较指令

IN1	IN2	指令的 RLO
"AA"	"AA"	1
"Hello World"	"HelloWorld"	0
"AA"	"aa"	0
"aa"	"aaa"	0

此外，也可以对字符串中的各个字符进行比较。操作数名称旁的方括号指定了要比较的字符位数。例如，"MyString [2]" 将比较 "MyString" 字符串中的第二个字符。

比较定时器、日期和时间：系统无法无效比较定时器、日期和时间的位模式（如，DT#2015-13-33-25：62：99.999_999_999）。即，如果某个操作数的值无效，则指令 "CMP==：等于" 的结果将为 FALSE。

并非所有时间类型都可以直接相互比较，如 S5TIME。此时，需要将其显示转换为其他时间类型，然后再进行比较。如果要比较不同数据类型的日期和时间，则需要将较小的日期或时间类型显示转换为较大的日期或时间类型。例如，比较日期和时间数据类型 DATE 和 DTL 时，将基于 DTL 进行比较。如果显示转换失败，则比较结果为 FALSE。

为了能够比较 PORT 数据类型的操作数，需要从指令框的下拉列表中选择 WORD 数据类型。如果要比较这两种硬件数据类型 HW_IO 和 HW_DEVICE，则需先在块接口的 "Temp" 区域创建一个 HW_ANY 数据类型的变量，然后将数据类型为 HW_DEVICE 的 LADDR 复制到该变量中。这样，才能对 HW_ANY 和 HW_IO 进行比较。

如果两个变量的结构数据类型相同，则可以比较这两个结构化操作数的值。比较结构化变量时，待比较操作数的数据类型必须相同，而无须考虑具体的 "IEC 检查"（IEC Check）设置。但两个操作数中的一个为 VARIANT，而另一个为 ANY 时除外。如果编程时数据类型未知，则可使用 VARIANT 数据类型。这样，就可比较任意数据类型的结构化变量操作数。此外，还可以比较 VARIANT 或 ANY 数据类型的变量。可以从指令框的下拉列表中选择该比较指令的数据类型 VARIANT。支持以下数据类型：

❶ PLC 数据类型。

❷ STRUCT。

❸ ANY 指向的变量。

❹ VARIANT 指向的变量。

要比较选定数据类型 ARRAY 和 VARIANT 的两个变量，需满足以下要求：

❶ 元素的数据类型必须相同。

❷ 两个 ARRAY 的维数必须相同。

所有维数的元素数量必须相同，而具体的 ARRAY 限值不需要相同。表 4-36 举例说明了一个结构比较。

表4-36　结构比较

<操作数 1>		<操作数 2>		指令的逻辑运算结果
数据类型为 A 的变量 <PLC 数据类型 >	变量值	数据类型为 A 的变量 <PLC 数据类型 >	变量值	1
BOOL	FALSE	BOOL	FALSE	
INT	2	INT	2	
数据类型为 A 的变量 <PLC 数据类型 >	变量值	数据类型为 B 的变量 <PLC 数据类型 >	变量值	0
BOOL	FALSE	BOOL	TRUE	
INT	2	INT	3	
数据类型为 A 的变量 <PLC 数据类型 >	变量值	VARIANT （由数据类型为 A 的变量提供）	变量值	1
BOOL	FALSE	BOOL	FALSE	
INT	2	INT	2	

比较两个匿名结构时，比较结果将返回信号状态 "0"，除非这两个匿名结构为同一 ARRAY 中的元素。

"等于"指令的参数如 表 4-37 所示。

表4-37　"等于"指令的参数

参数	声明	数据类型	存储区	说明
IN1	Input	位字符串、整数、浮点数、字符串、定时器、日期时间、ARRAY of < 数据类型 >（ARRAY 限值固定 / 可变 ）、 STRUCT、VARIANT、ANY、PLC 数据类型	I、Q、M、D、L、P 或常数	第一个比较值
IN2	Input	位字符串、整数、浮点数、字符串、定时器、日期时间、ARRAY of < 数据类型 >（ARRAY 限值固定 / 可变 ）、 STRUCT、VARIANT、ANY、PLC 数据类型	I、Q、M、D、L、P 或常数	要比较的第二个值

注: 如表中详细列示，数据类型 ARRAY、STRUCT、VARIANT、ANY 和 PLC 数据类型仅适用于固件版本 V2.0 或 V4.2 及更高版本。

以下示例（图 4-39）说明了该指令的工作原理。

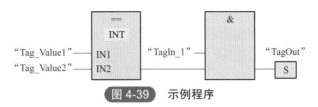

图 4-39　示例程序

满足以下条件时，将置位输出"TagOut"：

❶ 操作数"Tagln_1"的信号状态为"1"。

❷ 如果"Tag_Value1"="Tag_Value2"，则满足比较指令的条件。

［例 5］　十字路口交通信号灯系统设计。按下启动按钮，十字路口交通信号灯先东西红灯亮 30s，同时南北绿灯亮 28s 后，南北黄灯亮 2s。然后南北红灯亮 30s，同时东西绿灯亮 28s 后，东西黄灯亮 2s。然后循环。

编写程序，如图 4-40 所示。

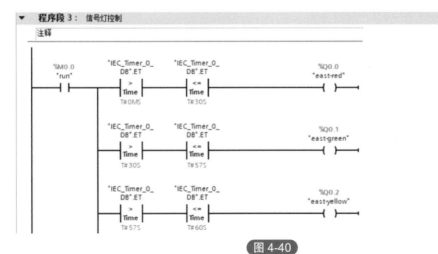

图 4-40

81

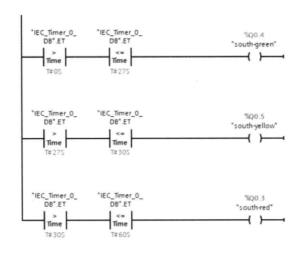

图 4-40　示例程序

4.1.5　数学函数

（1）CALCULATE：计算（S7-1200/1500 PLC）

可以使用"计算"指令定义并执行表达式，根据所选数据类型计算数学运算或复杂逻辑运算。可以从指令框的"???"下拉列表中选择该指令的数据类型。根据所选数据类型，可以组合特定指令的功能，以执行复杂计算。将在一个对话框中指定待计算的表达式，单击指令框上方的"计算器"图标可打开该对话框。表达式可以包含输入参数的名称和指令的语法。不允许指定操作数名称或操作数地址。在初始状态下，指令框至少包含两个输入（IN1 和IN2）。可以扩展输入数目。在功能框中按升序对输入编号。输入的值可用于执行特定表达式。不是所有定义的输入都必须用于表达式。该指令的结果传送到功能框输出 OUT 中。说明：如果表达式中的一个数学运算失败，则没有结果传送到输出 OUT，并且使能输出 ENO 返回信号状态"1"。

表 4-38 列出了可在"计算"指令的表达式中一起执行的指令（取决于所选的数据类型）。

表4-38　"计算"指令表达式中执行的指令

数据类型	指令		语法	示例
位字符串	AND："与"运算		AND	IN1 AND IN2 OR IN3
	OR："或"运算		OR	
	XOR："异或"运算		XOR	
	INV：求反码		NOT	
	SWAP：交换①		SWAP	
整数	ADD：加		+	（IN1 + IN2）* IN3； （ABS（IN2））* （ABS（IN1））
	SUB：减		–	
	MUL：乘		*	

续表

数据类型	指令	语法	示例
整数	DIV：除	/	（IN1 + IN2）* IN3； （ABS（IN2））* （ABS（IN1））
	MOD：返回除法的余数	MOD	
	INV：求反码	NOT	
	NEG：取反	–（in1）	
	ABS：计算绝对值	ABS（ ）	
浮点数	ADD：加	+	（（SIN（IN2）* SIN（IN2）+ （SIN（IN3）* SIN（IN3））/ IN3）； （SQR（SIN（IN2））+ （SQR（COS（IN3）/IN2））
	SUB：减	–	
	MUL：乘	*	
	DIV：除	/	
	EXPT：取幂	**	
	ABS：计算绝对值	ABS（ ）	
	SQR：计算平方	SQR（ ）	
	SQRT：计算平方根	SQRT（ ）	
	LN：计算自然对数	LN（ ）	
	EXP：计算指数值	EXP（ ）	
	FRAC：返回小数	FRAC（ ）	
	SIN：计算正弦值	SIN（ ）	
	COS：计算余弦值	COS（ ）	
	TAN：计算正切值	TAN（ ）	
	ASIN：计算反正弦值	ASIN（ ）	
	ACOS：计算反余弦值	ACOS（ ）	
	ATAN：计算反正切值	ATAN（ ）	
	NEG：取反	–（in1）	
	TRUNC：截尾取整	TRUNC（ ）	
	ROUND：取整	ROUND（ ）	
	CEIL：浮点数向上取整	CEIL（ ）	
	FLOOR：浮点数向下取整	FLOOR（ ）	

① 不可使用数据类型 BYTE。

"计算"指令的参数如表 4-39 所示。

表4-39 "计算"指令的参数

参数	声明	数据类型	存储区	说明
EN	Input	BOOL	I、Q、M、D、L	使能输入
ENO	Output	BOOL	I、Q、M、D、L	使能输出
IN1	Input	位字符串、整数、浮点数	I、Q、M、D、L、P 或常数	第一个可用输入
IN2	Input	位字符串、整数、浮点数	I、Q、M、D、L、P 或常数	第二个可用输入
INn	Input	位字符串、整数、浮点数	I、Q、M、D、L、P 或常数	其他插入的值
OUT	Output	位字符串、整数、浮点数	I、Q、M、D、L、P	最终结果要传送到输出

[例6] 计算指令程序。

编写程序，如图 4-41 所示。

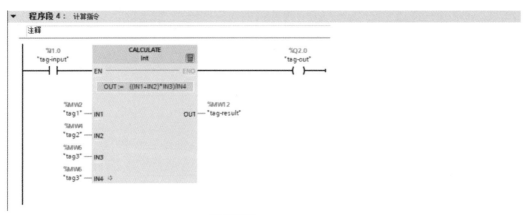

图 4-41　示例程序

表 4-40 将通过具体的操作数值对该指令的工作原理进行说明。

表4-40 "计算"指令的操作数

参数	操作数	值
IN1	tag1	4
IN2	tag2	4
IN3	tag2	3
IN4	tag4	2
OUT	tag-result	12

如果输入"tag-input"的信号状态为"1"，则将执行"计算"指令。将操作数"tag1"的值与操作数"ta2"的值相加，求得的和乘以操作数"tag3"的值，求得的积除以操作数"tag4"的值，求得的商作为最终结果传送到操作数"tag-result"中，并复制到该指令的输出 OUT 中。如果成功执行该指令，则将 ENO 使能输出和"tag-out"操作数的信号状态置位

为 "1"。

（2）ADD：加（S7-1200/1500 PLC）

使用"加"指令，将输入 IN1 的值与输入 IN2 的值相加，并在输出 OUT（OUT：= IN1+IN2）处查询总和。

在初始状态下，指令框中至少包含两个输入（IN1 和 IN2）可以扩展输入数目。在功能框中按升序对输入编号。执行该指令时，将所有可用输入参数的值相加，求得的和存储在输出 OUT 中。

如果满足下列条件之一，则使能输出 ENO 的信号状态为 "0"：

❶ 使能输入 EN 的信号状态为 "0"。

❷ 指令结果超出输出 OUT 指定的数据类型的允许范围。

❸ 浮点数的值无效。

该指令的参数如表 4-41 所示。

表4-41 "加"指令的参数

参数	声明	数据类型	存储区	说明
EN	Input	BOOL	I、Q、M、D、L	使能输入
ENO	Output	BOOL	I、Q、M、D、L	使能输出
IN1	Input	整数、浮点数	I、Q、M、D、L、P 或常数	第一个可用输入
IN2	Input	整数、浮点数	I、Q、M、D、L、P 或常数	第二个可用输入
INn	Input	整数、浮点数	I、Q、M、D、L、P 或常数	可选相加输入值
OUT	Output	整数、浮点数	I、Q、M、D、L、P	总和

以下示例（图 4-42）说明了该指令的工作原理。

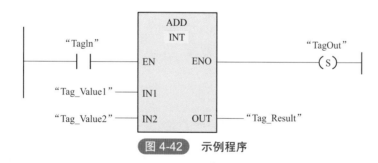

图 4-42 示例程序

如果操作数 "TagIn" 的信号状态为 "1"，则将执行"加"指令。将操作数 "Tag_Value1" 的值与操作数 "Tag_Value2" 的值相加。相加的结果存储在操作数 "Tag_Result" 中。如果该指令执行成功，则使能输出 ENO 的信号状态为 "1"，同时置位输出 "TagOut"。

（3）SUB：减（S7-1200/1500 PLC）

使用"减"指令，将输入 IN2 的值从输入 IN1 的值中减去，并在输出 OUT（OUT：= IN1- IN2）处查询差值。

如果满足下列条件之一，则使能输出 ENO 的信号状态为"0"：

❶ 使能输入 EN 的信号状态为"0"。

❷ 指令结果超出输出 OUT 指定的数据类型的允许范围。

❸ 浮点数的值无效。

该指令的参数如表 4-42 所示。

表4-42 "减"指令的参数

参数	声明	数据类型	存储区	说明
EN	Input	BOOL	I、Q、M、D、L	使能输入
ENO	Output	BOOL	I、Q、M、D、L	使能输出
IN1	Input	整数、浮点数	I、Q、M、D、L、P 或常数	被减数
IN2	Input	整数、浮点数	I、Q、M、D、L、P 或常数	相减
OUT	Output	整数、浮点数	I、Q、M、D、L、P	差值

以下示例（图 4-43）说明了该指令的工作原理。

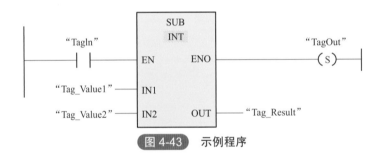

图 4-43 示例程序

如果操作数"TagIn"的信号状态为"1"，则将执行"减"指令。从操作数"Tag_Value1"的值中，减去操作数"Tag_Value2"的值。相减的结果存储在操作数"Tag_Result"中。如果该指令执行成功，则使能输出 ENO 的信号状态为"1"，同时置位输出"TagOut"。

（4）MUL：乘（S7-1200/1500 PLC）

使用"乘"指令，将输入 IN1 的值与输入 IN2 的值相乘，并在输出 OUT（OUT：=IN1*IN2）处查询乘积。

可以在指令功能框中展开输入的数字。在功能框中以升序对相加的输入进行编号。指令执行时，将所有可用输入参数的值相乘。乘积存储在输出 OUT 中。

如果满足下列条件之一，则使能输出 ENO 的信号状态为"0"：

❶ 输入 EN 的信号状态为"0"。

❷ 结果超出输出 OUT 指定的数据类型的允许范围。

❸ 浮点数的值无效。

该指令的参数如表 4-43 所示。

表4-43 "乘"指令的参数

参数	声明	数据类型	存储区	说明
EN	Input	BOOL	I、Q、M、D、L	使能输入
ENO	Output	BOOL	I、Q、M、D、L	使能输出
IN1	Input	整数、浮点数	I、Q、M、D、L、P 或常数	乘数
IN2	Input	整数、浮点数	I、Q、M、D、L、P 或常数	相乘的数
INn	Input	整数、浮点数	I、Q、M、D、L、P 或常数	可选相乘输入值
OUT	Output	整数、浮点数	I、Q、M、D、L、P	乘积

以下示例（图 4-44）说明了该指令的工作原理。

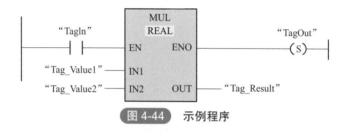

图 4-44 示例程序

如果操作数"TagIn"的信号状态为"1"，则将执行"乘"指令。将操作数"Tag_Value1"的值乘以操作数"Tag_Value2"的值。相乘的结果存储在操作数"Tag_Result"中。如果该指令执行成功，则使能输出 ENO 的信号状态为"1"，同时置位输出"TagOut"。

（5）DIV：除（S7-1200/1500 PLC）

可以使用"除"指令，将输入 IN1 的值除以输入 IN2 的值，并在输出 OUT（OUT：= IN1/ IN2）处查询商值。

如果满足下列条件之一，则使能输出 ENO 的信号状态为"0"：

❶ 使能输入 EN 的信号状态为"0"。

❷ 指令结果超出输出 OUT 指定的数据类型的允许范围。

❸ 浮点数的值无效。

该指令的参数如表 4-44 所示。

表4-44 "除"指令的参数

参数	声明	数据类型	存储区	说明
EN	Input	BOOL	I、Q、M、D、L	使能输入
ENO	Output	BOOL	I、Q、M、D、L	使能输出
IN1	Input	整数、浮点数	I、Q、M、D、L、P 或常数	被除数
IN2	Input	整数、浮点数	I、Q、M、D、L、P 或常数	除数
OUT	Output	整数、浮点数	I、Q、M、D、L、P	商值

以下示例（图 4-45）说明了该指令的工作原理。

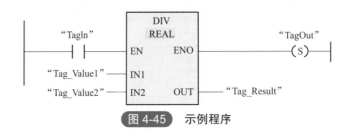

图 4-45　示例程序

如果操作数"TagIn"的信号状态为"1"，则将执行"除"指令。将操作数"Tag_Value1"的值除以操作数"Tag_Value2"的值。相除结果存储在操作数"Tag_Result"中。如果该指令执行成功，则使能输出 ENO 的信号状态为"1"，同时置位输出"TagOut"。

4.1.6　移动指令

可以使用移动指令（MOVE）将 IN 输入操作数中的内容传送给 OUT1 输出的操作数中。始终沿地址升序方向进行传送。

如果满足下列条件之一，使能输出 ENO 将返回信号状态"0"：

① 使能输入 EN 的信号状态为"0"。

② IN 参数的数据类型与 OUT1 参数的指定数据类型不对应。

该指令的参数如表 4-45 所示。

表4-45　移动指令的参数

参数	声明	数据类型		存储区	说明
		S7-1200	S7-1500		
EN	Input	BOOL	BOOL	I、Q、M、D、L	使能输入
ENO	Output	BOOL	BOOL	I、Q、M、D、L	使能输出
IN	Input	位字符串、整数、浮点数、定时器、日期时间、CHAR、WCHAR、STRUCT、ARRAY、IEC 数据类型、PLC 数据类型（UDT）	位字符串、整数、浮点数、定时器、日期时间、CHAR、WCHAR、STRUCT、ARRAY、TIMER、COUNTER、IEC 数据类型、PLC 数据类型（UDT）	I、Q、M、D、L 或常数	源值
OUT1	Output	位字符串、整数、浮点数、定时器、日期时间、CHAR、WCHAR、STRUCT、ARRAY、IEC 数据类型、PLC 数据类型（UDT）	位字符串、整数、浮点数、定时器、日期时间、CHAR、WCHAR、STRUCT、ARRAY、TIMER、COUNTER、IEC 数据类型、PLC 数据类型（UDT）	I、Q、M、D、L	传送源值中的操作数

以下示例（图 4-46）说明了该指令的工作原理。

图 4-46　示例程序

表 4-46 将通过具体的操作数值对该指令的工作原理进行说明。

表4-46　移动指令的操作数

参数	操作数	值
IN	TagIn_Value	0011 1111 1010 1111
OUT1	TagOut_Value	0011 1111 1010 1111

如果操作数 "TagIn" 信号状态为 "1"，则执行该指令。该指令将操作数 "TagIn_Value" 的内容复制到操作数 "TagOut_Value"，并将 "TagOut" 的信号状态置位为 "1"。

[例7]　数控车床 I1.4 信号为 "1"，卡盘打开，传送机器人 ROT 信号为 "1"。数控车床 I1.5 信号为 "1"，卡盘关闭，传送机器人 ROT 信号为 "0"。

编写程序，如图 4-47 所示。

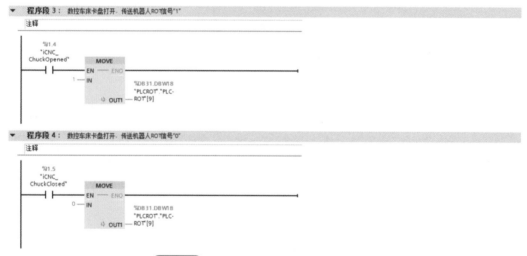

图 4-47　数控车床与机器人数据传送程序

4.1.7　转换指令

(1) CONVERT：转换值（S7-1200/1500 PLC）

"转换值" 指令将读取参数 IN 的内容，并根据指令框中选择的数据类型对其进行转换。转换值输出在 OUT 输出处。

如果满足下列条件之一，则使能输出 ENO 的信号状态为 "0"：

❶ 使能输入 EN 的信号状态为 "0"。

② 执行过程中发生溢出之类的错误。

该指令的参数如表 4-47 所示。

表 4-47 "转换值"指令的参数

参数	声明	数据类型	存储区	说明
EN	Input	BOOL	I、Q、M、D、L	使能输入
ENO	Output	BOOL	I、Q、M、D、L	使能输出
IN	Input	位字符串、整数、浮点数、CHAR、WCHAR、BCD16、BCD32	I、Q、M、D、L、P 或常数	要转换的值
OUT	Output	位字符串、整数、浮点数、CHAR、WCHAR、BCD16、BCD32	I、Q、M、D、L、P	转换结果

注：可以从指令框的"？？？"下拉列表中选择该指令的数据类型。

以下示例（图 4-48）显示了如何将 16 位整数转换为 32 位整数。

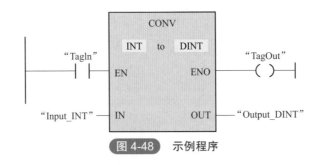

图 4-48 示例程序

（2）SCALE_X：缩放（S7-1200/1500 PLC）

可以使用"缩放"指令，通过将输入 VALUE 的值映射到指定的值范围内以缩放该值。当执行"缩放"指令时，输入 VALUE 的浮点值会缩放到由参数 MIN 和 MAX 定义的值范围。缩放结果为整数，存储在 OUT 输出中。图 4-49 举例说明了如何缩放值。

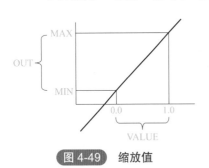

图 4-49 缩放值

"缩放"指令将按以下公式进行计算：

$$OUT= [VALUE * (MAX - MIN)] + MIN$$

如果满足下列条件之一，则使能输出 ENO 的信号状态为"0"：

① 使能输入 EN 的信号状态为"0"。

② 输入 MIN 的值大于或等于输入 MAX 的值。

③ 根据 IEEE 754 标准，指定的浮点数的值超出了标准的数范围。

④ 发生溢出。

⑤ 输入 VALUE 的值为 NaN（非数字 = 无效算术运算的结果）。

该指令的参数如表 4-48 所示。

表4-48 "缩放"指令的参数

参数	声明	数据类型	存储区	说明
EN	Input	BOOL	I、Q、M、D、L	使能输入
ENO	Output	BOOL	I、Q、M、D、L	使能输出
MIN	Input	整数、浮点数	L、Q、M、D、L 或常数	取值范围的下限
VALUE	Input	浮点数	I、Q、M、D、L 或常数	要缩放的值。 如果输入一个常量，则必须对其声明
MAX	Input	整数、浮点数	I、Q、M、D、L 或常数	取值范围的上限
OUT	Output	整数、浮点数	I、Q、M、D、L	缩放的结果

注：可以从指令框的"???"下拉列表中选择该指令的数据类型。

（3）NORM_X：标准化（S7-1200/1500 PLC）

可以使用"标准化"指令，通过将输入 VALUE 中变量的值映射到线性标尺对其进行标准化。可以使用参数 MIN 和 MAX 定义（应用于该标尺的）值范围的限值。输出 OUT 中的结果经过计算并存储为浮点数，这取决于要标准化的值在该值范围中的位置。如果要标准化的值等于输入 MIN 中的值，则输出 OUT 将返回值"0.0"。如果要标准化的值等于输入 MAX 的值，则输出 OUT 需返回值"1.0"。

图 4-50 举例说明了如何标准化值。

"标准化"指令将按以下公式进行计算：

$$OUT = (VALUE - MIN) / (MAX - MIN)$$

如果满足下列条件之一，则使能输出 ENO 的信号状态为"0"：

❶ 使能输入 EN 的信号状态为"0"。

❷ 输入 MIN 的值大于或等于输入 MAX 的值。

❸ 根据 IEEE 754 标准，指定的浮点数的值超出了标准的数范围。

❹ 输入 VALUE 的值为 NaN（无效算术运算的结果）。

该指令的参数如表 4-49 所示。

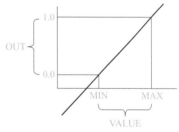

图 4-50 标准化值

表4-49 "标准化"指令的参数

参数	声明	数据类型	存储区	说明
EN	Input	BOOL	I、Q、M、D、L	使能输入
ENO	Output	BOOL	I、Q、M、D、L	使能输出
MIN[1]	Input	整数、浮点数	I、Q、M、D、L 或常数	取值范围的下限
VALUE[1]	Input	整数、浮点数	I、Q、M、D、L 或常数	要标准化的值
MAX[1]	Input	整数、浮点数	I、Q、M、D、L 或常数	取值范围的上限
OUT	Output	浮点数	I、Q、M、D、L	标准化结果

[1] 如果在这三个参数中都使用常量，则仅需声明其中一个。

注：可以从指令框的"???"下拉列表中选择该指令的数据类型。

[例8] 开环加热控制系统。按下启动按钮控制温度加热，当温度低于 300℃时开启加热，500℃停止加热，当温度超过 550℃时报警停机，按下复位按钮复位报警，直到按下停止按钮停止加热。温度模拟量输入通道地址为 IW64，测量类型为电压，电压范围为 0 ～ 10V。

I/O 分配表如表 4-50 所示。

表4-50　I/O分配表

输入	输出
启动按钮 I0.0	加热器 Q0.0
停止按钮 I0.1	报警指示灯 Q0.0
故障复位 I0.2	

编写程序，如图 4-51 所示。

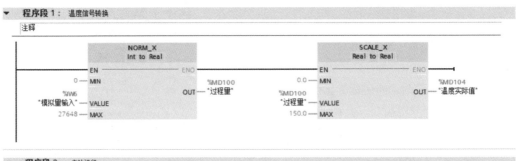

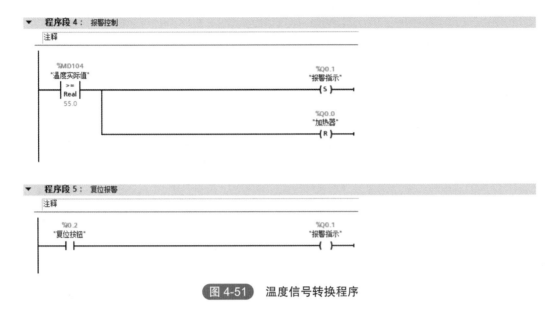

图 4-51　温度信号转换程序

4.1.8　程序控制指令

可以使用"若 RLO ="1" 则跳转"指令（JMP）中断程序的顺序执行，并从其他程序段继续执行。目标程序段必须由跳转标签（LABEL）进行标识。在指令上方的占位符指定该跳转标签的名称。指定的跳转标签与执行的指令必须位于同一数据块中。指定的名称在块中只能出现一次。

一个程度段中只能使用一个跳转标签。如果该指令输入的逻辑运算结果（RLO）为"1"，则将跳转到由指定跳转标签标识的程序段。可以跳转到更大或更小的程序段编号。如果不满足该指令输入的条件（RLO=0），则程序将继续执行下一程序段。

以下示例（图 4-52）说明了该指令的工作原理。

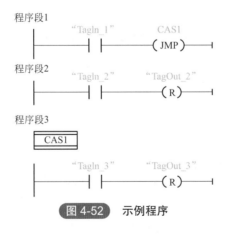

图 4-52　示例程序

如果操作数"Tagln_1"的信号状态为"1"，则执行"若 RLO ="1" 则跳转"指令。将中断程序的顺序执行，并继续执行由跳转标签 CAS1 标识的程序段 3。如果"Tagln_3"输入的信号状态为"1"，则置位"TagOut_3"输出。

[例9] 当"execute"信号为1时，执行跳转指令，程序段2中程序不执行，执行程序段3。当"execute"信号为0时，不执行跳转指令，程序段2、程序段3程序都依次执行。

编写程序，如图 4-53 所示。

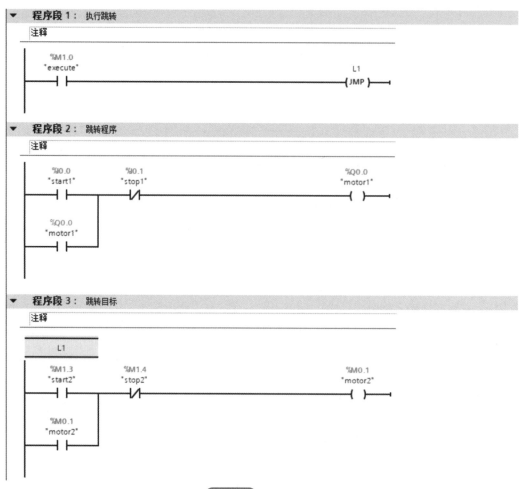

图 4-53　跳转程序

4.1.9　移位与循环移位指令

移位与循环移位指令如表 4-51 所示。

表4-51　移位与循环移位指令

指令	名称	功能	说明	数据类型
SHR　SHR ???　EN ENO　<???> — IN OUT — <???>　<???> — N	右移	将输入 IN 中操作数的内容按位向右移位，并在输出 OUT 中查询结果。参数 N 用于指定将指定值移位的位数	无符号值移位时，用零填充操作数左侧区域中空出的位。如果指定值有符号，则用符号位的信号状态填充空出的位	移位的值 IN：I、Q、M、D、L 或常数。移位结果 OUT：I、Q、M、D、L

续表

指令	名称	功能	说明	数据类型
SHL SHL ??? — EN — ENO — <???> — IN OUT —<???> <???> — N	左移	将输入 IN 中操作数的内容按位向左移位,并在输出 OUT 中查询结果。参数 N 用于指定将指定值移位的位数	用零填充操作数右侧部分因移位空出的位	移位的值 IN:I、Q、M、D、L 或常数。 移位结果 OUT:I、Q、M、D、L
ROR ROR ??? — EN — ENO — <???> — IN OUT —<???> <???> — N	循环右移	可以使用"循环右移"指令将输入 IN 中操作数的内容按位向右循环移位,并在输出 OUT 中查询结果。参数 N 用于指定循环移位中待移动的位数	用移出的位填充因循环移位而空出的位	移位的值 IN:I、Q、M、D、L 或常数。 移位结果 OUT:I、Q、M、D、L
ROL ROL ??? — EN — ENO — <???> — IN OUT —<???> <???> — N	循环左移	可以使用"循环左移"指令将输入 IN 中操作数的内容按位向左循环移位,并在输出 OUT 中查询结果。参数 N 用于指定循环移位中待移动的位数	用移出的位填充因循环移位而空出的位	移位的值 IN:I、Q、M、D、L 或常数。 移位结果 OUT:I、Q、M、D、L

[例 10] 16 位彩灯以 1s 时间循环右移。建立 OB30 循环中断块 Cyclic interrupt,设定循环时间 1s。在 OB30 循环中断块调用"循环彩灯"FB1 块,实现彩灯以 1s 时间循环右移。

编写程序,如图 4-54 所示。

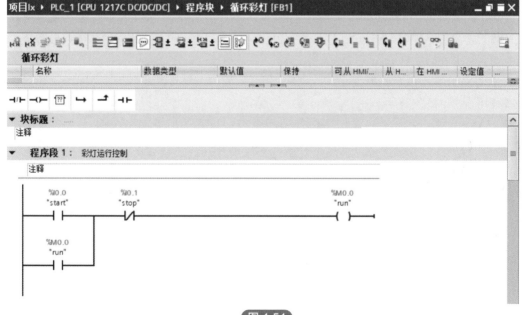

图 4-54

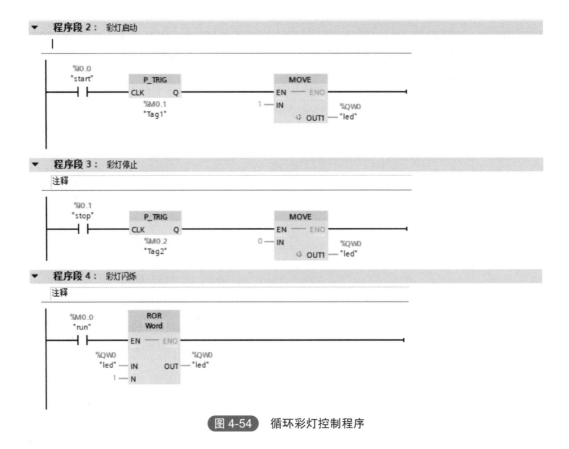

图 4-54　循环彩灯控制程序

4.2 SCL 编程语言

SCL（Structured Control Language，结构化控制语言）是一种基于 PASCAL 的高级编程语言。这种语言基于标准 DIN EN 61131-3（国际标准为 IEC 1131-3）。根据该标准，可对用于可编程逻辑控制器的编程语言进行标准化。

SCL 除了包含 PLC 的典型元素（例如，输入、输出、定时器或存储器位）外，还包含高级编程语言。

（1）表达式　表达式将在程序运行期间进行运算，然后返回一个值。一个表达式由操作数（如常数、变量或函数调用）和与之搭配的操作符（如 *、/、+ 或 −）组成。通过运算符可以将表达式连接在一起或相互嵌套。表达式将按照下面因素定义的特定顺序进行运算：

❶ 相关运算符的优先级。

❷ 从左到右的顺序。

❸ 括号。

表达式类型不同的运算符，分别可使用以下不同类型的表达式：

❶ 算术表达式：算术表达式既可以是一个数字值，也可以是由带有算术运算符的两个值或表达式组合而成的。

❷ 关系表达式：关系表达式将对两个操作数的值进行比较，然后得到一个布尔值。如果比较结果为真，则结果为 TRUE，否则为 FALSE。

❸ 逻辑表达式：逻辑表达式由两个操作数以及逻辑运算符（AND、OR 或 XOR）或取反操作数（NOT）组成。

（2）赋值运算定义　通过赋值运算，可以将一个表达式的值分配给一个变量。赋值表达式的左侧为变量，右侧为表达式的值。函数名称也可以作为表达式。赋值运算将调用该函数，并返回其函数值，赋给左侧的变量。赋值运算的数据类型取决于左边变量的数据类型。右边表达式的数据类型必须与该数据类型一致。可通过以下方式编程赋值运算：

❶ 单赋值运算　执行单赋值运算时，仅将一个表达式或变量分配给单个变量。

示例：

a：= b；

❷ 多赋值运算　执行多赋值运算时，一个指令中可执行多个赋值运算。

示例：

a：= b：= c；

此时，将执行以下操作：

b：= c；　a：= b；

❸ 组合赋值运算　执行组合赋值运算时，可在赋值运算中组合使用操作符"+""-""*"和"/"。

示例：

a += b；

此时，将执行以下操作：

a：= a + b；

也可多次组合赋值运算：

a += b += c *= d；

此时，将按以下顺序执行赋值运算：

c：= c * d；　b：= b + c；　a：= a + b；

❹ 运算符　通过运算符可以将表达式连接在一起或相互嵌套。表达式的运算顺序取决于运算符的优先级和括号。基本原则如下所示：算术运算符优先于关系运算符，关系运算符优先于逻辑运算符。同等优先级运算符的运算顺序则按照从左到右的顺序进行。赋值运算的计算按照从右到左的顺序进行。括号中的运算的优先级最高。

SCL 提供了简便的指令进行程序控制。例如，创建程序分支、循环或跳转。因此，SCL尤其适用于下列应用领域：数据管理、过程优化、配方管理、数学计算 / 统计任务。

4.2.1　IF：条件执行

使用"条件执行"指令，可以根据条件控制程序流的分支。该条件是结果为布尔值（TRUE 或 FALSE）的表达式。可以将逻辑表达式或比较表达式作为条件。执行该指令时，将对指定的表达式进行运算。如果表达式的值为 TRUE，则表示满足该条件；如果其值为

FALSE，则表示不满足该条件。

语法：根据分支的类型，可以对以下形式的指令进行编程。

IF 分支：

```
IF THEN
END_IF;
```

如果满足该条件，则将执行 THEN 后编写的指令。如果不满足该条件，则程序将从 END_IF 后的下一条指令开始继续执行。

IF 和 ELSE 分支：

```
IF THEN
ELSE
END_IF;
```

如果满足该条件，则将执行 THEN 后编写的指令。如果不满足该条件，则将执行 ELSE 后编写的指令。程序将从 END_IF 后的下一条指令开始继续执行。

IF、ELSIF 和 ELSE 分支：

```
IF THEN
ELSIF THEN
ELSE
END_IF;
```

如果满足第一个条件（<条件 1>），则将执行 THEN 后的指令（<指令 1>）。执行这些指令后，程序将从 END_IF 后继续执行。如果不满足第一个条件，则将检查第二个条件（<条件 2>）。如果满足第二个条件（<条件 2>），则将执行 THEN 后的指令（<指令 2>）。执行这些指令后，程序将从 END_IF 后继续执行。如果不满足任何条件，则先执行 ELSE 后的指令（<指令 0>），再执行 END_IF 后的程序部分。

在 IF 指令内可以嵌套任意多个 ELSIF 和 THEN 组合。可以选择对 ELSE 分支进行编程。IF 指令的语法如表 4-52 所示。

表4-52　IF 指令的语法

参数	数据类型	存储区	说明
<条件>	BOOL	I、Q、M、D、L	待求值的表达式
<指令>	—		在满足条件时，要执行的指令。如果不满足条件，则执行 ELSE 后编写的指令。如果不满足程序循环内的任何条件，则执行这些指令

以下示例说明了该指令的工作原理：

```
IF "Tag_1" = 1
THEN "Tag_Value": = 10;
ELSIF "Tag_2" = 1
```

```
THEN "Tag_Value": = 20;
ELSIF "Tag_3" = 1
THEN "Tag_Value": = 30;
ELSE "Tag_Value": = 0;
END_IF;
```

表4-53 将通过具体的操作数值对该指令的工作原理进行说明。

表4-53 IF指令的操作数值

操作数	值			
Tag_I	1	0	0	0
Tag_2	0	1	0	0
Tag_3	0	0	1	0
Tag_Value	10	20	30	0

4.2.2 CASE：创建多路分支

使用"创建多路分支"指令，可以根据数字表达式的值执行多个指令序列中的一个。表达式的值必须为整数。执行该指令时，会将表达式的值与多个常数的值进行比较。如果表达式的值等于某个常数的值，则将执行紧跟在该常数后编写的指令。常数可以为以下值：

① 整数（例如5）。

② 整数范围（例如 10 ～ 20）。

③ 由整数和范围组成的枚举（例如 10、11、15 ～ 20）。

可按如下方式声明此指令：

```
CASE  OF
:  ;
:  ;
<常量X>:  <指令 X>;  // X >= 3
ELSE  ;
END_CASE;
```

该指令的参数如表4-54 所示。

表4-54 "创建多路分支"指令的参数

参数	数据类型	存储区	说明
	整数	I、Q、M、D、L	与设定的常数值进行比较的值
＜常数＞	整数	—	作为指令序列执行条件的常数值。常数可以为以下值： • 整数（例如5） • 整数范围（例如 15 ～ 20） • 由整数和范围组成的枚举（例如 10、11、15 ～ 20）

参数	数据类型	存储区	说明
—	—		当表达式的值等于某个常数值时，将执行的各种指令。如果不满足条件，则执行 ELSE 后编写的指令。如果两个值不相等，则执行这些指令

如果表达式的值等于第一个常数（＜常数 1＞）的值，则将执行紧跟在该常数后编写的指令（＜指令 1＞）。程序将从 END_CASE 后继续执行。如果表达式的值不等于第一个常量（＜常量 1＞）的值，则会将该值与下一个设定的常量值进行比较。以这种方式执行 CASE 指令直至比较的值相等为止。如果表达式的值与所有设定的常数值均不相等，则将执行 ELSE 后编写的指令（＜指令 0＞）。ELSE 是一个可选的语法部分，可以省略。此外，CASE 指令也可通过使用 CASE 替换一个指令块来进行嵌套。END_CASE 表示 CASE 指令结束。

```
CASE "Tag_Value" OF
0 :
  "Tag_1": = 1;
1, 3, 5 :
"Tag_2": = 1;
6...10 :
"Tag_3": = 1;
16, 17, 20...25 :
"Tag_4": = 1;
ELSE
"Tag_5": = 1;
END_CASE;
```

表 4-55 将通过具体的操作数值对该指令的工作原理进行说明。

表4-55 "创建多路分支"指令的操作数

操作数	值				
Tag_Value	0	1、3、5	6、7、8、9、10	16、17、20、21、22、23、24、25	2
Tag_1	1	—	—	—	—
Tag_2	—	1	—	—	—
Tag_3	—	—	1	—	—
Tag_4	—	—	—	1	—
Tag_5	—	—	—	—	1

注：1. 操作数的信号状态将设置为 "1"。

2. —: 操作数的信号状态将保持不变。

4.2.3　FOR：在计数循环中执行

使用"在计数循环中执行"指令，重复执行程序循环，直至运行变量不在指定的取值范围内。也可以嵌套程序循环。在程序循环内，可以编写包含其他运行变量的其他程序循环。通过指令"复查循环条件"（CONTINUE），可以终止当前连续运行的程序循环。通过指令"立即退出循环"（EXIT）终止整个循环的执行。

编写不会导致死循环的"安全"FOR语句时，请遵循以下规则和限制：

```
FOR : = TO BY DO ;
END_FOR;
```

FOR 语句的限制如表 4-56 所示。

表4-56　FOR 语句的限制

如果 …	… 则	说明
起始值 < 结束值	结束值 <（PMAX 增量）	运行变量在正方向上运行
起始值 > 结束值 AND 增量 <0	结束值 >（NMAX 增量）	运行变量在负方向上运行

各种数据类型的限制不同。

指令的参数如表 4-57 所示。

表4-57　"在计数循环中执行"指令的参数

参数	数据类型		存储区	说明
	S7-1200	S7-1500		
<执行变量>	SINT、INT、DINT	SINT、INT、DINT、LINT	I、Q、M、D、L	执行循环时会计算其值的操作数。执行变量的数据类型将确定其他参数的数据类型
<起始值>	SINT、INT、DINT	SINT、INT、DINT、LINT	I、Q、M、D、L	表达式，在执行变量首次执行循环时，将分配表达式的值
<结束值>	SINT、INT、DINT	SINT、INT、DINT、LINT	I、Q、M、D、L	表达式，在运行程序最后一次循环时会定义表达式的值，在每个循环后都会检查运行变量的值： • 未达到结束值： 执行符合 DO 的指令 • 达到结束值： 最后执行一次 FOR 循环 • 超出结束值： 完成 FOR 循环 执行该指令期间，不允许更改结束值
	SINT、INT、DINT	SINT、INT、DINT、LINT	I、Q、M、D、L	执行变量在每次循环后都会递增（正增量）或递减（负增量）其值的表达式。 可以选择指定增量的大小，如果未指定增量，则在每次循环后执行变量的值加 1。 执行该指令期间，不允许更改增量
<指令>	—	—		只有运行变量的值在取值范围内，每次循环都就会执行的指令。取值范围由起始值和结束值定义

以下示例说明了该指令的工作原理：

```
FOR i : = 2 TO 8 BY 2
    DO "a_array[i] : = "Tag_Value" *" b_array[i]";
END_FOR;
```

"Tag_Value"操作数乘以"b_array" ARRAY 变量的元素（2，4，6，8），并将计算结果读入"a_array" ARRAY 变量的元素（2，4，6，8）中。

4.2.4 WHILE：满足条件时执行

使用"满足条件时执行"指令可以重复执行程序循环，直至不满足执行条件为止。该条件是结果为布尔值（TRUE 或 FALSE）的表达式。可以将逻辑表达式或比较表达式作为条件。执行该指令时，将对指定的表达式进行运算。如果表达式的值为 TRUE，则表示满足该条件；如果其值为 FALSE，则表示不满足该条件。也可以嵌套程序循环。在程序循环内，可以编写包含其他运行变量的其他程序循环。

通过指令"复查循环条件"（CONTINUE），可以终止当前连续运行的程序循环。通过指令"立即退出循环"（EXIT）终止整个循环的执行。可按如下方式声明此指令：

```
WHILE DO ;
END_WHILE;
```

该指令的参数如表 4-58 所示。

表4-58 "满足条件时执行"指令的参数

参数	数据类型	存储区	说明
< 条件 >	BOOL	I、Q、M、D、L	表达式，每次执行循环之前都需要进行求值
< 指令>	—		在满足条件时，要执行的指令。如果不满足条件，则程序将从 END_WHILE 后继续执行

以下示例说明了该指令的工作原理：

```
WHILE
    "Tag_Value1" <> "Tag_Value2"
    DO "Tag_Result" : ="Tag_Input";

END_WHILE;
```

只要"Tag_Value1"和"Tag_Value2"操作数的值不匹配，"Tag_Input"操作数的值就会分配给"Tag_Result"操作数。

4.2.5 REPEAT：不满足条件时执行

使用"不满足条件时执行"指令可以重复执行程序循环，直至不满足执行条件为止。该条件是结果为布尔值（TRUE 或 FALSE）的表达式。可以将逻辑表达式或比较表达式作为条件。执行该指令时，将对指定的表达式进行运算。如果表达式的值为 TRUE，则表示满足该条件；如果其值为 FALSE，则表示不满足该条件。

即使满足终止条件，此指令也只执行一次。也可以嵌套程序循环。在程序循环内，可以编写包含其他运行变量的其他程序循环。

通过指令"复查循环条件"（CONTINUE），可以终止当前连续运行的程序循环。通过指令"立即退出循环"（EXIT）终止整个循环的执行。可按如下方式声明此指令：

```
REPEAT ;
UNTIL END_REPEAT;
```

该指令的参数如表 4-59 所示。

表4-59 "不满足条件时执行"指令的参数

参数	数据类型	存储区	说明
<指令>	—		在设定条件的值为 FALSE 时执行的指令。即使满足终止条件，此指令也只执行一次
<条件>	BOOL	I、Q、M、D、L	表达式，每次执行循环之后都需要进行求值。如果表达式的值为 FALSE，则将再次执行程序循环。如果表达式的值为 TRUE，则程序循环将从 END_REPEAT 后继续执行

以下示例说明了该指令的工作原理：

```
REPEAT "Tag_Result" : = "Tag_Value";
UNTIL "Tag_Error"
END_REPEAT;
```

只要"Tag_Error"操作数值的信号状态为"0"，就会将"Tag_Value"操作数的值分配给"Tag_Result"操作数。

4.2.6 CONTINUE：复查循环条件

使用"复查循环条件"指令，可以结束 FOR、WHILE 或 REPEAT 循环的当前程序运行。执行该指令后，将再次计算继续执行程序循环的条件。该指令将影响其所在的程序循环。

以下示例说明了该指令的工作原理：

```
SCL
FOR i  : = 1 TO 15 BY 2 DO
        IF ( i < 5 ) THEN
        CONTINUE;
END_IF;
        "DB10".Test [ i ] : = 1;
END_FOR;
```

如果满足条件 i < 5，则不执行后续值分配（"DB10".Test[i]∶= 1）。运行变量（i）以增量"2"递增，然后检查其当前值是否在设定的取值范围内。如果执行变量在取值范围内，则将再次计算 IF 的条件。如果不满足条件 i < 5，则将执行后续值分配（"DB10".Test[i]∶= 1）并开始一个新循环。在这种情况下，执行变量也会以增量"2"进行递增并接受检查。

4.2.7　EXIT：立即退出循环

使用"立即退出循环"指令，可以随时取消 FOR、WHILE 或 REPEAT 循环的执行，而无须考虑是否满足条件。在循环结束（END_FOR、END_WHILE 或 END_REPEAT）后继续执行程序。该指令将影响其所在的程序循环。

以下示例说明了该指令的工作原理：

```
FOR i ∶= 15 TO 1 BY -2 DO
IF(i < 5)
THEN EXIT;
END_IF;
"DB10".Test[i] ∶= 1;
END_FOR;
```

如果满足条件 i < 5，则将取消循环执行。程序将从 END_FOR 后继续执行。

如果不满足条件 i < 5，则将执行后续值分配（"DB10".Test[i]∶=1）并开始一个新循环。将运行变量（i）以 2 进行递减，并进行检查该变量的当前值是否在程序中设定的取值范围之内。如果执行变量（i）在取值范围内，则将再次计算 IF 的条件。

4.2.8　GOTO：跳转

使用"跳转"指令，可以从标注为跳转标签的指定点开始继续执行程序。

跳转标签和"跳转"指令必须在同一个块中。在一个块中，跳转标签的名称只能指定一次。每个跳转标签可以是多个跳转指令的目标。不允许从"外部"跳转到程序循环内，但允许从循环内跳转到"外部"。

遵守跳转标签的以下语法规则：

❶ 字母（a～z，A～Z）。

❷ 字母和数字组合。请检查排列顺序是否正确，如首先是字母，然后是数字（a～z，A～Z，0～9）。

❸ 不能使用特殊字符或反向排序字母与数字组合，如首先是数字，然后是字母（0～9，a～z，A～Z）。

可按如下方式声明此指令：

```
GOTO <跳转标签>;
...
.... <跳转标签>∶ <指令>
```

该指令的参数如表 4-60 所示。

表4-60 "跳转"指令的参数

参数	数据类型	说明
<跳转标签>	—	跳转标签，将跳转到该标签处
<指令>	—	跳转后执行的指令

以下示例说明了该指令的工作原理：

```
SCL
CASE "Tag_Value" OF
1 : GOTO MyLABEL1;
2 : GOTO MyLABEL2;
3 : GOTO MyLABEL3;
ELSE GOTO MyLABEL4;
END_CASE;
MyLABEL1: "Tag_1": = 1;
MyLABEL2: "Tag_2": = 1;
MyLABEL3: "Tag_3": = 1;
MyLABEL4: "Tag_4": = 1;
```

根据"Tag_Value"操作数的值，程序将从对应的跳转标签标识点开始继续执行。例如，如果"Tag_Value"操作数的值为 2，则程序将从跳转标签"MyLABEL2"开始继续执行。在这种情况下，将跳过"MyLABEL1"跳转标签所标识的程序行。

4.2.9 RETURN: 退出块

使用"退出块"指令，可以终止当前处理块中的程序执行，并在调用块中继续执行。如果该指令出现在块结尾处，则可以跳过。

以下示例说明了该指令的工作原理：

```
SCL
IF "Tag_Error" <>0 THEN RETURN;
END_IF;
```

如果"Tag_Error"操作数的信号状态不为 0，则将终止当前处理块中的程序执行。

第5章 人机交互界面触摸屏及仿真、应用

Chapter

5.1 西门子触摸屏的主要类型与组成

西门子 S7-1200 与 HMI 精简系列面板的完美整合，为小型自动化应用提供了一种简单的可视化和控制解决方案。SIMATIC STEP 7 Basic 是西门子开发的高集成度工程组态系统，提供直观易用的编辑器，用于对西门子 S7-1200 和 HMI 精简系列面板进行高效组态。

每个西门子 HMI 精简系列面板（图 5-1、图 5-2）都具有一个集成的 PROFINET 接口。通过它可以与控制器进行通信，并传输参数设置数据和组态数据。这是与西门子 S7-1200 完美整合的一个关键因素。

	KTP 400 Basic mono PN	KTP 600 Basic mono PN	KTP 600 Basic color DP	KTP 600 Basic color PN	KTP 1000 Basic color DP	KTP 1000 Basic color PN	TP 1500 Basic color PN
显示	STN，灰阶				TFT，256色		
面板尺寸/in	3.8	5.7	5.7	5.7	10.4	10.4	15.1
分辨率	320×240	320×240	320×240	320×240	640×480	640×480	1024×768
MTBF	30000h	50000h					
控制元件	触摸屏，4个按键	触摸屏，6个按键	触摸屏，6个按键	触摸屏，6个按键	触摸屏，8个按键	触摸屏，8个按键	触摸屏
接口							
PROFINET/以太网(RJ45)	√	√	—	√	—	√	√
PROFIBUS DP/MPI (RS 485/422)	—	—	√	—	√	—	—
功能							
变量	128	128	128	128	256	256	256
过程图像	50						
报警	200						
曲线	25						
配方	5条配方，20条数据记录，20个条目						
配方内存	32KB内置闪存						
保护等级	IP65						
认证	CE、UL、cULus NEMA 4x						
尺寸							
外壳正面尺寸W×H/mm	140×116	214×158	214×158	214×158	335×275	335×275	400×310
安装件尺寸W×H/mm	123×99/40	197×141/44	197×141/44	197×141/44	310×248/61	310×248/61	367×289/60
工程组态软件	SIMATIC WinCC flexible压缩版						
订货号	6AV6647-0AA11-3AX0	6AV6647-0AB11-3AX0	6AV6647-0AC11-3AX0	6AV6647-0AD11-3AX0	6AV6647-0AE11-3AX0	6AV6647-0AF11-3AX0	6AV6647-0AG11-3AX0
订货号 用于Starter Pack	6AV6652-7AA01-3AA0	6AV6652-7BA01-3AA0	6AV6652-7CA01-3AA0	6AV6652-7DA01-3AA0	6AV6652-7EA01-3AA0	6AV6652-7FA01-3AA0	—

图 5-1 精简系列面板

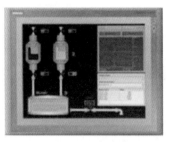

SIMATIC TP1500 Basic　　　　SIMATIC KTP600 Basic color

图 5-2　西门子 HMI 面板

精简系列面板的主要功能：

① 理想的入门级产品系列，显示尺寸从 4in 到 15in，可监控小型机器和设备。

② 可触摸显示，使操作更直观。

③ 支持 PROFINET 接口 / 以太网或 PROFIBUS DP/MPI 通信连接。

④ 使用 SIMATIC WinCC flexible 进行组态，具有灵活的扩展性。

⑤ 与现有面板或多功能面板触摸设备兼容安装。

⑥ 具有西门子 HMI 独特的工业设计。

5.2　触摸屏面板画面组态

HMI（Human Machine Interface）称为人机界面，如图 5-3 所示。HMI 系统相当于用户和过程之间的接口。过程操作主要由 PLC 控制。用户可以使用 HMI 设备来监视过程或干预正在运行的过程。

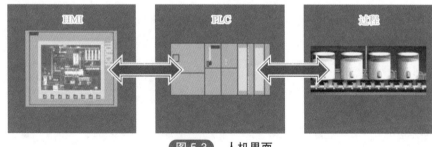

图 5-3　人机界面

以下选项可用于操作和监视机器与工厂：

● 显示过程。

● 操作过程。

● 输出报警。

● 管理过程参数和配方。

（1）创建带 HMI 画面的 HMI 设备　以下步骤介绍如何创建新 HMI 设备以及 HMI 画面的模板。要求已创建程序，并已打开项目视图。

添加新的 HMI 设备，请按以下步骤操作：

① 使用项目树添加一个新设备，如图 5-4 所示。

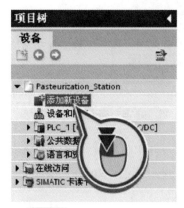

图 5-4　添加一个新设备

② 指定名称并选择一个 HMI 设备，如图 5-5 所示。保留"启动设备向导"（Start Device Wizard）复选框为选中状态。

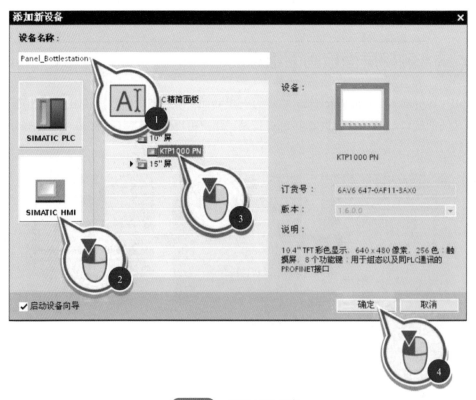

图 5-5　添加 HMI 设备

（2）创建 HMI 画面的模板　创建完 HMI 设备后，将打开 HMI 设备向导。HMI 设备向导以"PLC 连接"（PLC Connections）对话框开始。

要创建 HMI 画面的模板，请按以下步骤操作：

❶ 组态与 PLC 的连接，如图 5-6 所示。

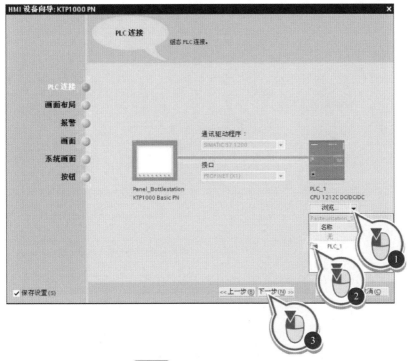

图 5-6 组态与 PLC 的连接

❷ 选择模板的背景色和页眉的构成元素，如图 5-7 所示。

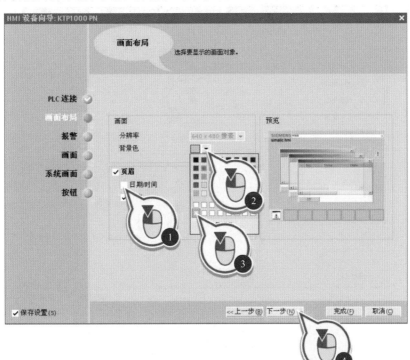

图 5-7 画面布局

❸ 禁用报警，如图 5-8 所示。对于此实例项目来说，无须使用报警。

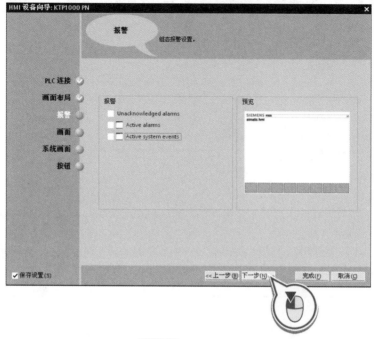

图 5-8　禁用报警

❹ 将以后要在其中创建图形元素的画面重命名为"HMI"，如图 5-9 所示。

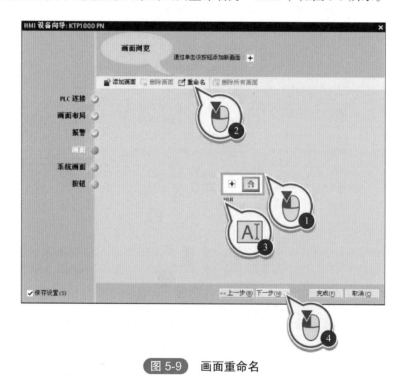

图 5-9　画面重命名

❺ 禁用系统画面，如图 5-10 所示。对于此实例项目来说，无须使用系统画面。

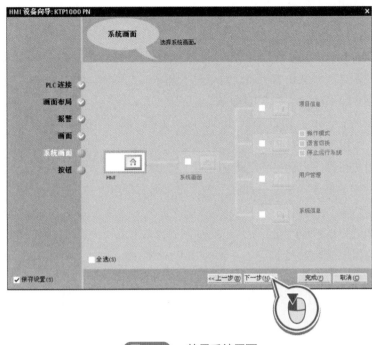

图 5-10　禁用系统画面

⑥ 启用下面的按钮区域并插入"退出"（Exit）按钮，如图 5-11 所示。可使用该按钮来终止运行系统。

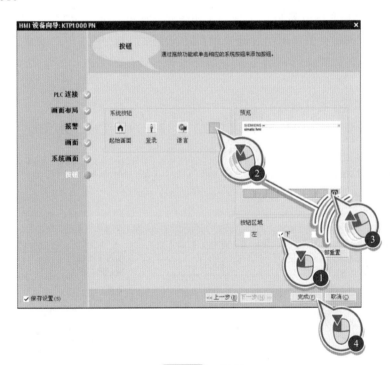

图 5-11　按钮

⑦ 单击工具栏上的"保存"（Save）按钮以保存该项目。

上述步骤在项目中创建了一个 HMI 设备并为 HMI 画面创建了一个模板。在项目视图中，创建的 HMI 画面将显示在编辑器中。

可以使用 TIA Portal 创建用于操作和监视机器与工厂的画面。预定义的对象可协助创建这些画面；可以使用这些对象仿真机器、显示过程和定义过程值。HMI 设备的功能决定了 HMI 中的项目可视化和图形对象的功能范围。

图形对象是所有可用于 HMI 中项目可视化的元素。例如，这些对象包括：用于可视化机器部件的文本、按钮、图表或图形。

图形对象可进行静态可视化或借助变量用作动态对象：

a. 运行系统中的静态对象不会发生改变。在"入门指南"项目中，传送带是作为静态对象创建的。

b. 动态对象会根据过程改变。用户可通过以下变量来可视化当前过程值：

● PLC 存储器中的 PLC 变量。

● 以字母数字、趋势图和棒图形式显示的 HMI 设备存储器中的内部变量。

动态对象还包括 HMI 设备中的输入域，用以通过变量在 PLC 和 HMI 设备之间交换过程值和操作员输入值。

（3）创建和组态图形对象

❶ 创建"设备开 / 关"按钮　以下步骤将介绍如何创建"设备开 / 关"（Machine ON/ OFF）按钮以及如何通过外部 HMI 变量将其连接到 PLC 变量"ON_OFF_Switch"。可以使用此方法通过 HMI 画面修改 PLC 变量的过程值。

可使用外部 HMI 变量访问 PLC 地址。例如，允许通过 HMI 设备输入过程值或通过按钮直接修改控制程序的过程值，可通过链接到 HMI 设备的 PLC 中的 PLC 变量表来进行寻址。PLC 变量通过符号名称链接到 HMI 变量。这意味着不必在更改 PLC 变量表中的地址时调整 HMI 设备。

要求 HMI 画面处于打开状态。

若要将"设备开 / 关"（Machine ON/OFF）按钮与 PLC 变量"ON_OFF_Switch"连接，请按以下步骤操作：

a. 删除 HMI 画面中的标准文本域"欢迎进入 ..."（Welcome...）。

b. 创建一个按钮，如图 5-12 所示。

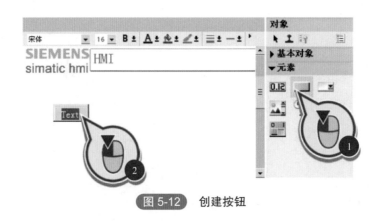

图 5-12　创建按钮

c. 在巡视窗口中，选择"按内容调整对象大小"（Fit Object To Contents）选项，以根据文本长度自动调整按钮的大小，如图 5-13 所示。

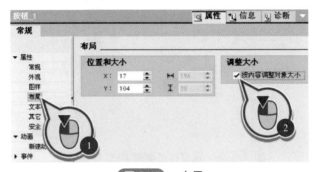

图 5-13　布局

d. 使用文本"设备开/关"（Machine ON/OFF）来标记该按钮，如图 5-14 所示。

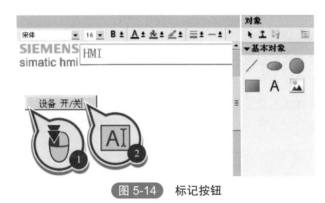

图 5-14　标记按钮

e. 将"取反位"（InvertBit）函数分配给该按钮的触发事件"按下"（Pressing），如图 5-15 所示。

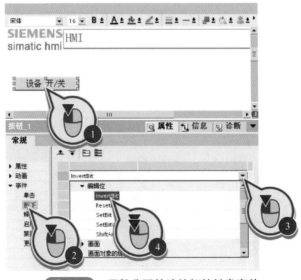

图 5-15　函数分配给该按钮的触发事件

f. 将"取反位"（InvertBit）函数与 PLC 变量"ON_OFF_Switch"链接，如图 5-16 所示。

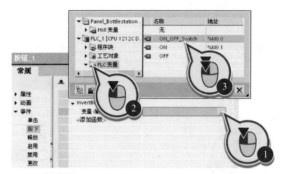

图 5-16　取反位函数与 PLC 变量链接

这样已经将"设备开/关"（Machine ON/OFF）按钮与 PLC 变量"ON_OFF_Switch"连接。当按下 HMI 设备上的该按钮时，PLC 变量的位值将被设置为"1"（设备启动）；当再次按下该按钮时，PLC 变量的位值将被设置为"0"（设备关闭）。

❷ 创建和组态图形对象"LED"　以下步骤将介绍如何使用"圆"对象来设置两种状态LED（红色/绿色）以及如何根据 PLC 变量"ON_OFF_Switch"的值使其动态化。

要求 HMI 画面处于打开状态。

要创建 LED 并使其动态化，请按以下步骤操作：

a. 按住 Shift 键，在"设备开/关"（Machine ON/OFF）按钮的下面绘制两个圆，如图 5-17 所示。

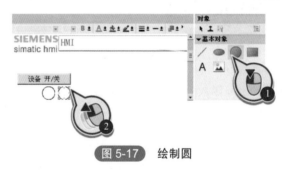

图 5-17　绘制圆

b. 将背景色绿色和宽度为"2"的边框分配给第一个圆，如图 5-18 所示。

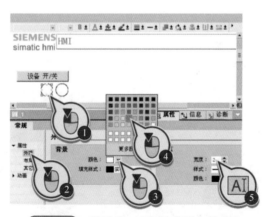

图 5-18　设置第一个圆的背景色及宽度

c.将背景色红色和同样宽度为 "2" 的边框分配给第二个圆，如图 5-19 所示。

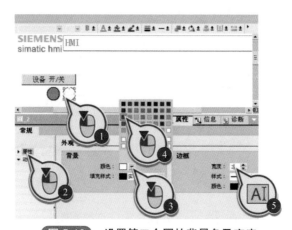

图 5-19　设置第二个圆的背景色及宽度

d. 为绿色 LED 创建一个类型为 "外观"（Appearance）的新动画，如图 5-20 所示。

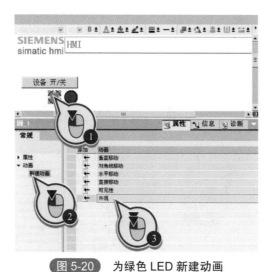

图 5-20　为绿色 LED 新建动画

e.将该动画链接到 PLC 变量 "ON_OFF_Switch"，如图 5-21 所示。

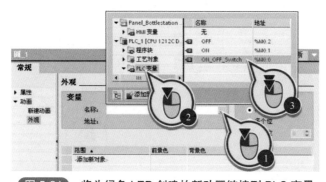

图 5-21　将为绿色 LED 创建的新动画链接到 PLC 变量

f. 改变绿色 LED 的外观以反映该 PLC 变量的状态，如图 5-22 所示。只要控制程序将 PLC 变量的位值设置为"1"，绿色 LED 就会闪烁。

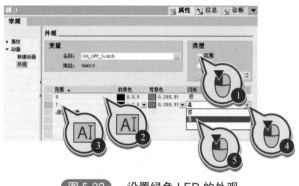

图 5-22　设置绿色 LED 的外观

g. 为红色 LED 创建一个类型为"外观"（Appearance）的新动画，如图 5-23 所示。

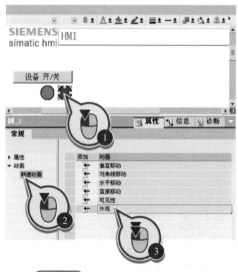

图 5-23　为红色 LED 新建动画

h. 同时将该动画链接到 PLC 变量"ON_OFF_Switch"，如图 5-24 所示。

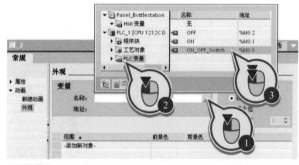

图 5-24　将为红色 LED 创建的新动画链接到 PLC 变量

i. 改变红色 LED 的外观以反映该 PLC 变量的状态, 如图 5-25 所示。只要控制程序将 PLC 变量的位值设置为 "0", 红色 LED 就会闪烁。

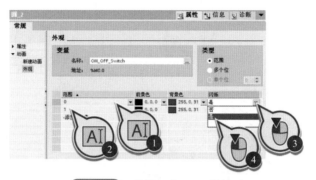

图 5-25　设置红色 LED 的外观

使用图形对象 "圆" 创建了状态 LED 并使其动态化。在初始状态下, 红色 LED 闪烁。

● 如果通过 "设备开 / 关" (Machine ON/OFF) 按钮启动控制程序, 则会将变量 "ON_OFF_Switch" 的位值设置为 "1" 并且绿色 LED 闪烁。

● 当再次按下 "设备开 / 关" (Machine ON/OFF) 按钮停止控制程序时, 会将变量 "ON_OFF_Switch" 的位值设置为 "0" 并且红色 LED 闪烁。

[例1]　如何创建图形对象 "传送带"。

以下步骤将介绍如何将逻辑运算链接到图形文件夹以导入图形对象。通过逻辑运算导入图形对象 "传送带" (Conveyor.Simple.wmf)。

要求 HMI 画面处于打开状态。

若要导入图形对象, 应按以下步骤操作:

❶ 将 Internet 地址中的 ZIP 文件 "WinCC-Graphics" 复制到本地硬盘并提取该文件。请单击 "信息" 图标查看相关 ZIP 文件。

❷ 打开 "工具箱" (Toolbox) 任务卡中的 "图形" (Graphics) 窗格并创建一个新的链接, 如图 5-26 所示。

图 5-26　创建一个新的链接

❸ 为该链接设定一个名称, 然后选择之前提取的文件夹 "WinCC-Graphics", 如图 5-27 所示。

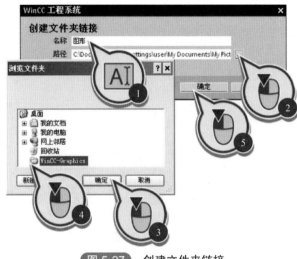

图 5-27　创建文件夹链接

在新创建的链接下将显示两个图形。

④ 禁用"大图标"（Large Icons）选项，如图 5-28 所示。

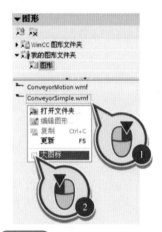

图 5-28　禁用"大图标"选项

⑤ 将图形对象"ConveyorSimple.wmf"放置在 HMI 画面中，如图 5-29 所示。

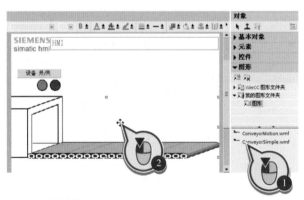

图 5-29　将图形对象放置在 HMI 画面中

⑥ 通过缩放调整该图形对象，如图 5-30 所示。

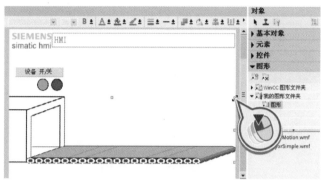

图 5-30　缩放调整图形对象

这样已经将静态图形对象"传送带"复制到项目中。移动或删除文件夹"WinCC-Graphics"时，只会丢失链接。图形对象仍然保留在项目中。

以下步骤将介绍如何创建带有运动动画的图形对象"瓶子"。在动画中，奶瓶通过传送带从左向右移动。使用一个内部 HMI 变量使对象动态化。

内部 HMI 变量与 PLC 之间不存在连接。它们存储在 HMI 设备的内存中。只有 HMI 设备能够对这些变量进行读写访问。例如，可通过创建内部 HMI 变量进行独立于控制程序的本地计算。

要求 HMI 画面处于打开状态。若要创建图形对象"瓶子"并组态水平运动，应按以下步骤操作：

❶ 通过拖放操作将 WinCC 图形文件夹"符号工厂图形"（Symbol Factory Graphics）→"符号工厂 256 色"（SymbolFactory 256 Colors）→"食品"（Food）中的图形对象"瓶子"复制到"传送带"对象上方的画面空闲区域，如图 5-31 所示。定位瓶子时，请确保将其放在 HMI 画面的空闲区域中。如果直接将瓶子拖动到传送带上，传送带将被瓶子替换。

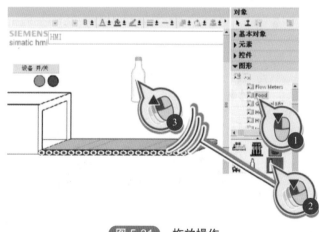

图 5-31　拖放操作

❷ 对瓶子进行缩放以使其高度低于洞的高度，如图 5-32 所示。

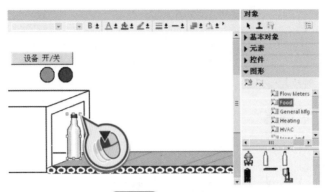

图 5-32　缩放操作

❸ 为图形对象"瓶子"创建水平运动动画，如图 5-33 所示。

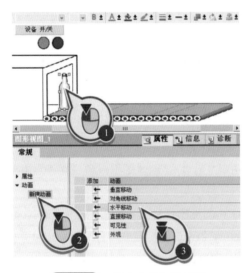

图 5-33　创建水平运动动画

瓶子的透明副本显示在工作区中，该副本通过箭头连接到源对象。

❹ 将透明的瓶子移动到传送带的末端，如图 5-34 所示。

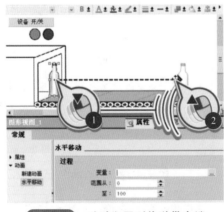

图 5-34　移动瓶子到传送带末端

系统在巡视窗口中自动输入最后位置的像素值。

⑤ 在巡视窗口中为运动动画创建一个新的 HMI 变量，如图 5-35 所示。

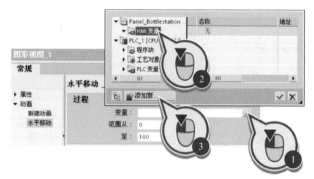

图 5-35　创建一个新的 HMI 变量

⑥ 使用 "Position_Bottle" 作为该变量的名称，使用 "Short" 作为数据类型，如图 5-36 所示。

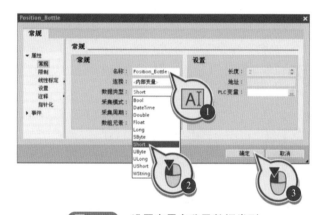

图 5-36　设置变量名称及数据类型

将瓶子的位置链接到该变量。如果当前程序中的变量值发生了改变，瓶子的位置也会随之改变。要仿真运动，变量 "Position_Bottle" 的值必须自动更改。该变量的值应该在加载 HMI 画面后自动增加。只要值达到 100，它就将重新从 0 开始。变量的数值更改是通过 HMI 画面的属性进行仿真的。

⑦ 首先，将 "仿真变量"（Simulate Tag）功能添加给 HMI 画面的事件 "加载"（Loaded），如图 5-37 所示。

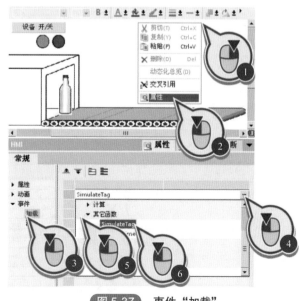

图 5-37　事件 "加载"

❽ 将变量 "Position_Bottle" 分配给 "仿真变量"（SimulateTag）函数，如图 5-38 所示。

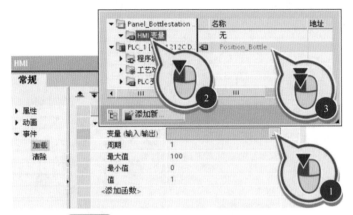

图 5-38　将变量分配给 "仿真变量" 函数

❾ 保存项目。

这样已经创建了带有运动动画的图形对象 "瓶子"。在将 HMI 画面加载到 HMI 设备时，变量 "Position_Bottle" 的值会在每个基本周期（200 ms）后加 1。当值达到 100 时，会将变量值设置为 "0"。瓶子的位置取决于变量值。例如，如果变量值为 50，则瓶子位于传送带的中间。

加载 HMI 画面时，会自动启动瓶子的运动动画。以下步骤将介绍如何根据 PLC 变量 "ON_OFF_Switch" 的值来组态画面中动态化瓶子的可见性。

要求 HMI 画面处于打开状态。若要组态 HMI 画面中瓶子的可见性，应按以下步骤操作：

❶ 为图形对象 "瓶子" 创建一个新动画 "可见性"，如图 5-39 所示。

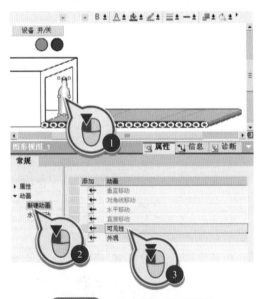

图 5-39　新建动画 "可见性"

② 将 PLC 变量 "ON_OFF_Switch" 分配给该动画，如图 5-40 所示。

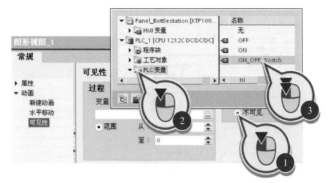

图 5-40　将 PLC 变量 "ON_OFF_Switch" 分配给该动画

③ 将范围为 "0" 到 "0" 的变量的可见性切换为 "不可见"（Invisible），如图 5-41 所示。

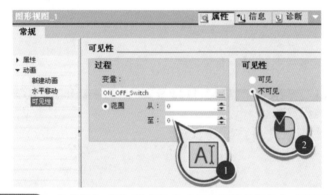

图 5-41　将范围为 "0" 到 "0" 的变量的可见性切换为 "不可见"

④ 单击工具栏上的 "保存"（Save）按钮以保存该项目。

已经组态了画面中瓶子的可见性。当机器打开并且变量 "ON_OFF_Switch" 的过程值为 "1" 时，瓶子是可见的。

可将项目加载到 HMI 设备并在运行系统中执行。为此，组态设备和 HMI 设备之间必须建立连接。

HMI 设备用于在过程及生产自动化中操作和监视任务。如果在项目中使用 HMI 设备，请确保已在 HMI 设备和 PLC 之间建立了连接。由于项目的 HMI 画面主要使用 PLC 变量，因此只有当 HMI 设备和 PLC 之间已经建立连接时才会执行对象的动画。

要求：

● 已经建立了与 HMI 设备的连接。

● 已正确组态 HMI 设备。

● HMI 设备处于传送模式。

将项目加载到 HMI 设备的步骤如下：

① 启动将软件加载到 HMI 设备的过程，如图 5-42 所示。项目在加载过程之前自动编译。

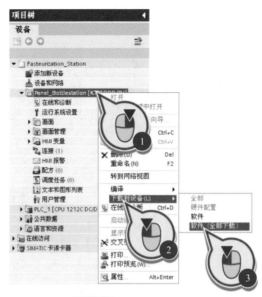

图 5-42 启动加载过程

❷ 可以覆盖之前加载到 HMI 设备中的软件，如图 5-43 所示。

图 5-43 加载操作

5.3 触摸屏仿真与运行

如果没有使用 HMI 设备，则可以使用运行系统仿真器仿真所有使用的 PLC 变量。

使用运行系统仿真器仿真独立于程序的已连接 PLC 变量的过程值。可使用运行系统仿真器表选择 PLC 变量并修改它们的值。尽管变量是由运行系统中的 PLC 程序进行设置的，HMI 画面中的对象仍会做出响应。

若要启动 HMI 画面的仿真，应按以下步骤操作：

❶ 通过菜单栏启动仿真运行系统，如图 5-44 所示。HMI 窗口必须处于活动状态。如果菜单未激活，则先单击 HMI 画面中的空闲区域。

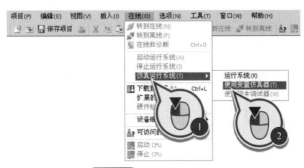

图 5-44　仿真运行系统

此时会启动仿真运行系统仿真。启动仿真后，"运行系统仿真器"（RT Simulator）窗口中将显示 HMI 画面，同时红色 LED 灯会闪烁（机器关闭）。

② 启动机器，如图 5-45 所示。

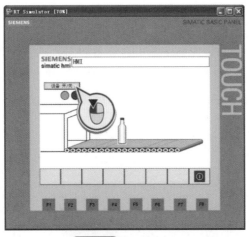

图 5-45　启动机器

运动仿真已启动，同时绿色 LED（而不是红色 LED）闪烁。如果再次单击"设备开 / 关"（Machine ON/OFF）按钮，瓶子将不再可见，同时红色 LED（而不是绿色 LED）闪烁。要退出仿真运行系统，应关闭窗口或单击"退出运行系统"（Exit runtime）按钮。

西门子 S7-1200/1500 PLC 的通信功能

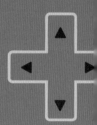

6.1 PROFINET IO 系统组态

PROFINET 是一种用于基于工业以太网的工业自动化的综合标准。PROFINET IO 既可以使用工业以太网的网线将分布式现场设备（IO 设备）连接到中央控制器（IO 控制器），也可以通过工业无线网进行连接。PROFINET IO 还允许快速合并当前的 PROFIBUS 网断。其组态与 PROFIBUS DP 的组态类似，通常由 STEP7 进行组态。

（1）分配设备名称和 IP 地址　首次为 IO 控制器分配 IP 地址和子网掩码，在分配 PROFINET 接口参数时，必须指定 IP 地址是在项目中设置（即在硬件配置中设置）还是在设备上设置，如图 6-1 所示。

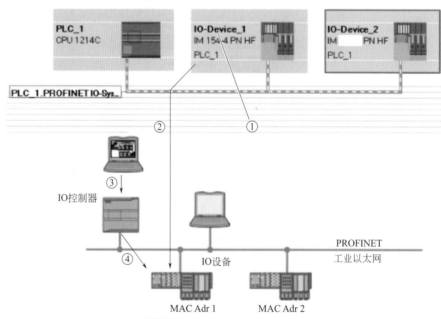

图 6-1　分配设备名称和 IP 地址

①每个设备收到一个名称；STEP 7 自动分配一个 IP 地址。②STEP 7 根据该名称生成一个 PROFINET 设备名称，用户可以将其分配给一个在线 IO 设备（MAC 地址）并将其写入设备。③将组态装载到 IO 控制器。
④IO 控制器将在启动期间向分配了 PROFINET 设备名称的 IO 设备分配一个适当的 IP 地址。

并可以手动更改名称和 IP 地址。首先在组态中更改设备名称，以便随后通过存储卡将其分配给 IO 设备或通过 PG/PC 在线分配。

（2）创建 PROFINET IO 系统　要创建一个 PROFINET IO 系统，需要具有一个 PROFINET IO 控制器和至少一个 PROFINET IO 设备。通过 PROFINET 接口连接 IO 控制器和 IO 设备后，就建立了一个控制器 - 设备连接。

IO 控制器可通过 PROFINET 接口连接以下设备：

❶ 带有永久集成或插接式 PROFINET 接口的 CPU。

❷ 连接一个 CPU 的 CP。

❸ 分配给 CPU/FM 的接口模块。

❹ 带 PROFINET 接口的接口模块。

在网络视图中，若要使用诸如 CPU 1217C 创建一个 PROFINET IO 系统，应按以下步骤操作：

❶ 从硬件目录中选择一个 CPU 1217C 作为 IO 控制器。

❷ 将 CPU 拖放到网络视图中的任意区域。

❸ 右键单击该 CPU 的 PROFINET 接口。

❹ 从快捷菜单中选择"创建 IO 系统"（Create IO System）。

随后，将创建一个以 CPU 1217C 为 IO 控制器的 PROFINET IO 系统并作为唯一节点。如果连接 IO 设备的 PROFINET 接口与 IO 控制器的 PROFINET 接口，则该 IO 从站将自动添加到 IO 系统中。如果 IO 控制器和 IO 设备间无子网，则会在 IO 控制器和 IO 设备间创建一个新的子网。

若要在 DP 主站系统中将 CPU 1217C 作为一个智能 IO 设备，应按以下步骤操作：

❶ 单击 IO 控制器或 IO 设备的 PROFINET 接口。

❷ 按住鼠标左键，并在所选 PROFINET 接口和指定通信伙伴的 PROFINET 接口间拖放建立一条连接。

或者按下面步骤操作：

❶ 单击 IO 设备 CPU 1217C 上的超链接。

❷ 在显示的 IO 控制器列表中选择所需 IO 控制器。

智能 IO 设备 CPU 1217C 将包含在该 PROFINET IO 系统中，并将 CPU 1217C 作为 IO 控制器，如图 6-2 所示。

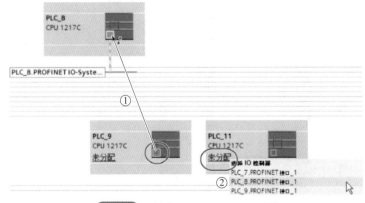

图 6-2　创建 PROFINET IO 系统

①拖动连接 IO 设备和 IO 控制器的 PROFINET 接口。②单击未分配 IO 设备的连接，打开一个 IO 控制器选择列表。

如果需要，在巡视窗口的"属性"（Properties）下修改以太网子网或 IO 控制器的属性。

6.2 基于以太网的开放式用户通信

（1）开放式用户通信　开放式用户通信是通过 S7-1200/1500 PLC 和 S7-300/400 PLC CPU 集成的 PN/IE 接口进行程序控制通信过程的名称。这种通信过程可以使用各种不同的连接类型。

开放式用户通信的主要特点是在所传送的数据结构方面具有高度的灵活性。这就允许 CPU 与任何通信设备进行开放式数据交换，前提是这些设备支持该集成接口可用的连接类型。此通信仅由用户程序中的指令进行控制，因此可建立和终止事件驱动型连接。在运行期间，也可以通过用户程序修改连接。

对于具有集成 PN/IE 接口的 CPU，可使用 TCP、UDP 和 ISO-on-TCP 连接类型进行开放式用户通信。通信伙伴可以是两个 SIMATIC PLC，也可以是 SIMATIC PLC 和相应的第三方设备。

（2）开放式用户通信的指令　基于以太网的开放式用户通信（图 6-3）基本包括四个步骤：建立连接、接收数据、发送数据和断开连接。各个步骤均由相应的功能块（指令）来实现。

若要创建连接，在打开程序编辑器后，可使用"指令"→"通信"→"开放式用户通信"（Instructions → Communication → Open User Communication）任务卡中提供的各种指令，如图 6-4 所示。

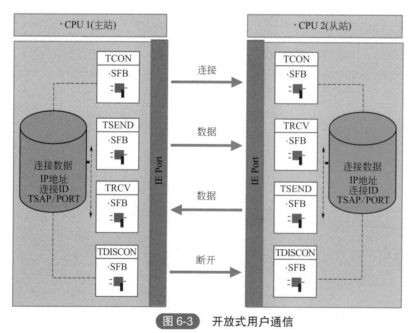

图 6-3　开放式用户通信　　　　图 6-4　通信指令

第1章

第2章

第3章

第4章

第5章

第6章

第7章

第8章

第9章

附录

6.3 S7 协议通信

对于 S7 通信，S7-1200 PLC 的 PROFINET 通信口只支持 S7 通信的服务器端，所以在编程和建立连接方面，S7-1200 PLC 的 CPU 不用做任何工作，只需在 S7-300 PLC 的 CPU 一侧建立单边连接，并使用单边编程方式 PUT、GET 指令进行通信，如图 6-5 所示。

所完成的通信任务主要包括：

❶ S7-300 PLC 的 CPU 读取 S7-1200 PLC 的 CPU 中的 DB2 的数据到 S7-300 PLC 的 DB11 中。

❷ S7-300 PLC 的 CPU 将本地 DB12 中的数据写到 S7-1200 PLC 的 CPU 中的 DB3 中。

（1）GET：从远程 CPU 读取数据　使用 GET 指令（图 6-6），可以从远程 CPU 读取数据。

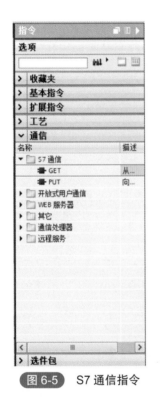

图 6-5　S7 通信指令

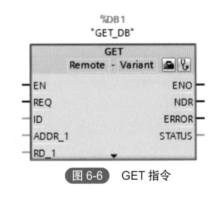

图 6-6　GET 指令

在控制输入 REQ 的上升沿启动指令，要读出的区域的相关指针（ADDR_i）随后会发送给伙伴 CPU。伙伴 CPU 则可以处于 RUN 模式或 STOP 模式。

伙伴 CPU 返回数据：如果回复超出最大用户数据长度，那么将在 STATUS 参数处显示错误代码 "2"。下次调用时，会将所接收到的数据复制到已组态的接收区（RD_i）中。

如果状态参数 NDR 的值变为 "1"，则表示该动作已经完成。

只有在前一读取过程已经结束之后，才可以再次激活读取功能。如果读取数据时访问出错，或如果未通过数据类型检查，则会通过 ERROR 和 STATUS 输出错误和警告。GET 指令不会记录伙伴 CPU 上所寻址到的数据区域中的变化。

GET 指令的参数如表 6-1 所示。

表6-1　GET指令的参数

参数	声明	数据类型	存储区	说明
REQ	Input	BOOL	I、Q、M、D、L 或常量	控制参数 request，在上升沿时激活数据交换功能
ID	Input	WORD	I、Q、M、D、L 或常量	用于指定与伙伴 CPU 连接的寻址参数
NDR	Output	BOOL	I、Q、M、D、L	状态参数 NDR： • 0：作业尚未开始或仍在运行 • 1：作业已成功完成
ERROR	Output	BOOL	I、Q、M、D、L	状态参数 ERROR 和 STATUS，错误代码： • ERROR=0
STATUS	Output	WORD	I、Q、M、D、L	STATUS 的值为： ○ 0000H：既无警告也无错误 ○ <>0000H：警告，详细信息请参见 STATUS • ERROR=1 出错，STATUS 提供了有关错误类型的详细信息
ADDR_1	InOut	REMOTE		指向伙伴 CPU 上待读取区域的指针。
ADDR_2	InOut	REMOTE	I、Q、M、D	指针 REMOTE 访问某个数据块时，必须始终指
ADDR_3	InOut	REMOTE		定该数据块。
ADDR_4	InOut	REMOTE		示例：P#DB10.DBX5.0 字节 10
RD_1	InOut	VARIANT		
RD_2	InOut	VARIANT	I、Q、M、D、I	指向本地 CPU 上用于输入已读数据的区域的指针
RD_3	InOut	VARIANT		
RD_4	InOut	VARIANT		

（2）PUT：将数据写入远程 CPU　可使用 PUT 指令将数据写入一个远程 CPU。

在控制输入 REQ 的上升沿启动指令，写入区指针（ADDR_i）和数据（SD_i）随后会发送给伙伴 CPU。伙伴 CPU 则可以处于 RUN 模式或 STOP 模式。

从已组态的发送区域中（SD_i）复制了待发送的数据。伙伴 CPU 将发送的数据保存在该数据提供的地址之中，并返回一个执行应答。

如果没有出现错误，下一次指令调用时会使用状态参数 DONE ＝"1"来进行标识。上一作业已经结束之后，才可以再次激活写入过程。

如果写入数据时访问出错，或如果未通过执行检查，则会通过 ERROR 和 STATUS 输出错误和警告。

PUT 指令的参数如表 6-2 所示。

表6-2　PUT指令的参数

参数	声明	数据类型	存储区	说明
REQ	Input	BOOL	I、Q、M、D、L 或常量	控制参数 request，在上升沿时激活数据交换功能
ID	Input	WORD	I、Q、M、D、L 或常量	用于指定与伙伴 CPU 连接的寻址参数

续表

参数	声明	数据类型	存储区	说明
DONE	Output	BOOL	I、Q、M、D、L	状态参数 DONE： • 0：作业未启动，或者仍在执行之中 • 1：作业已执行，且无任何错误
ERROR	Output	BOOL	I、Q、M、D、L	状态参数 ERROR 和 STATUS，错误代码： • ERROR=0 STATUS 的值为： ○ 0000H：既无警告也无错误 ○ <>0000H：警告，详细信息请参见 STATUS • ERROR=1
STATUS	Output	WORD	I、Q、M、D、L	出错，有关该错误类型的详细信息，请参见 STATUS
ADDR_1	InOut	REMOTE		指向伙伴 CPU 上用于写入数据的区域的指针。
ADDR_2	InOut	REMOTE	I、Q、M、D	指针 REMOTE 访问某个数据块时，必须始终指定该数据块。
ADDR_3	InOut	REMOTE		示例：P#DB10.DBX 5.0 字节 10。 传送数据结构（例如 Struct）时，参数 ADDR_i
ADDR_4	InOut	REMOTE		处必须使用数据类型 CHAR
SD_1	InOut	VARIANT		指向本地 CPU 上包含要发送数据的区域的指针。
SD_2	InOut	VARIANT	I、Q、M、D、L	仅支持 BOOL、BYTE、CHAR、WORD、INT、DWORD、DINT 和 REAL 数据类型。
SD_3	InOut	VARIANT		传送数据结构（例如 Struct）时，参数 SD_i 处必
SD_4	InOut	VARIANT		须使用数据类型 CHAR

6.4 PROFIBUS-DP 与 AS-i 网络通信

（1）AS-i 通信　分布式 I/O 是指由一个 DP 主站和多个 DP 从站组成的 DP 主站系统，主站和从站通过总线连接并且通过 PROFIBUS DP 协议互相通信。

AS-i 通信是通过 S7-1200 PLC 的 AS-i 主站通信模块 CM1243-2 和 AS-i 网络连接到 S7-1200 PLC 的 CPU。

执行器 / 传感器接口（或者说 AS-i）是自动化系统中低级别的单一主站网络连接系统。CM 1243-2 作为网络中的 AS-i 主站，仅需一条 AS-i 电缆，即可将传感器和执行器（AS-i 从站设备）经由 CM 1243-2 连接到 CPU。CM 1243-2 可处理所有 AS-i 网络协调事务，并通过为其分配的 I/O 地址传输从执行器和传感器到 CPU 的数据和状态信息。根据从站类型，可以访问二进制值或模拟值。AS-i 从站是 AS-i 系统的输入和输出通道，并且只有在由 CM 1243-2 调用时才会激活。

图 6-7 中，S7-1200 PLC 是控制 AS-i 数字量 / 模拟量 I/O 模块从站设备的 AS-i 主站。

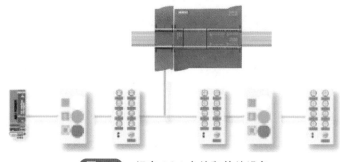

图 6-7　组态 AS-i 主站和从站设备

AS-i 主站 CM 1243-2 作为通信模块集成到 S7-1200 PLC 自动化系统中。

（2）添加 AS-i 主站 CM 1243-2 和 AS-i 从站　使用硬件目录将 AS-i 主站 CM 1243-2 模块添加到 CPU。这些模块连接到 CPU 的左侧，可使用三个 AS-i 主站 CM1243-2 模块。若要将模块插入硬件组态中，可在硬件目录中选择模块，然后双击该模块或将其拖到高亮显示的插槽中，如表 6-3 所示。

表6-3　向设备组态添加 AS-i 主站 CM 1243-2 模块

模块	选择模块	插入模块	结果
CM 1243-2 AS-i 主站			

同样也使用硬件目录添加 AS-i 从站。例如，要添加"紧凑型数字量输入 I/O 模块"从站，应在硬件目录中展开下列容器：

❶ 现场设备。

❷ AS-interface 接口从站。

接下来，从零件号列表中选择"3RG9 001-OAAO0"（AS-i SM-U，4DI），并按表 6-4 添加"紧凑型数字量输入 I/O 模块"从站。

表6-4　向设备组态添加 AS-i 从站

插入 AS-i 从站		结果	

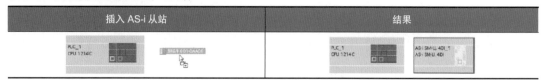

（3）组态两个 AS-i 设备之间的逻辑网络连接　组态 AS-i 主站 CM 1243-2 后，便可以组态网络连接。在"设备和网络"（Devices And Networks）门户中，使用"网络视图"（Network View）创建项目中各设备之间的网络连接。若要创建 AS-i 连接，在各设备上选择黄色的（AS-i）框，拖出一条线连接到第二个设备上的 AS-i 框。松开鼠标按钮，即可创建 AS-i 连接。

❶ 组态 AS-i 主站 CM 1243-2 的属性　要组态 AS-i 接口的参数，应单击 AS-i 主站 CM 1243-2 模块上的黄色 AS-i 框，巡视窗口的"属性"（Properties）选项卡将显示该 AS-i 接口。在 STEP

7 巡视窗口中，可以查看、组态以及更改常规信息、地址和操作参数，如表 6-5 所示。

表6-5　主站CM 1243-2的属性

属性	说明
常规	AS-i 主站 CM 1243-2 的名称
操作参数	AS-i 主站的响应参数
I/O 地址	从站 I/O 地址的地址区域
AS-i 接口（X1）	分配的 AS-i 网络

❷ 为 AS-i 从站分配 AS-i 地址

a. 组态 AS-i 从站接口。

若要组态 AS-i 接口的参数，请单击 AS-i 从站上的黄色 AS-i 框（图 6-8），巡视窗口的"属性"（Properties）选项卡将显示该 AS-i 接口。

图 6-8　AS-i 接口

① AS-i 接口。

b. 分配 AS-i 从站地址。

在 AS-i 网络中，每个设备都分配有一个 AS-i 从站地址。此地址的范围可从 0 到 31；但是地址 0 只预留给新从站设备。从站地址从 1（A 或 B）一直到 31（A 或 B），总计多 62 台从站设备。

"标准"AS-i 设备使用完整地址，其数字地址不带 A 或 B 标识。"A/B 节点"AS-i 设备的每个地址都有 A 或 B，这样 31 个地址全都可以使用两次。地址空间范围为 1A ～ 31A 再加 1B ～ 31B。

1 ～ 31 范围内的任何地址都可分配给 AS-i 从站设备；即无论是从站从地址 21 开始，还是为各从站分配地址 1，都无关紧要。

图 6-9 中，三个 AS-i 设备的地址分别为"1"（标准类型设备）、"2A"（A/B 节点类型设备）和"3"（标准类型设备）。

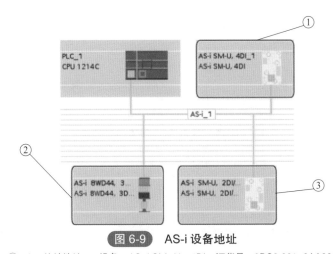

图 6-9　AS-i 设备地址

① AS-i 从站地址 1；设备：AS-i SM-U，4DI；订货号：3RG9 001-0AA00。

② AS-i 从站地址 2A；设备：AS-i 8WD44，3DO，A/B；订货号：8WD4 428-0BD。

③ AS-i 从站地址 3；设备：AS-i SM-U，2DI/2DO；订货号：3RG9 001-0AC00。

输入 AS-i 设备从站地址，如图 6-10 所示。

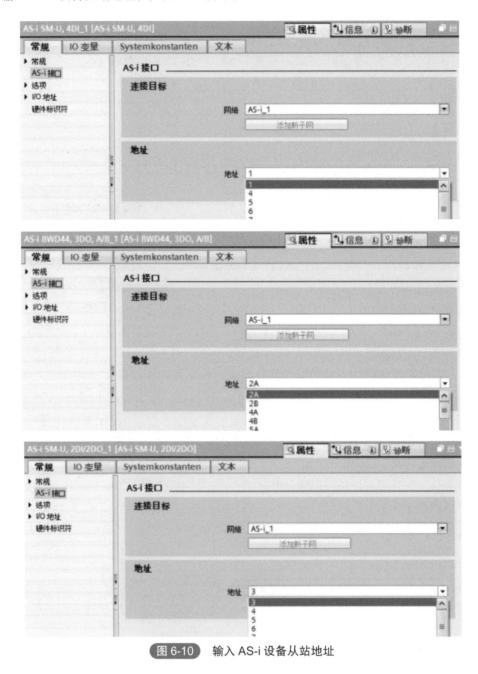

图 6-10　输入 AS-i 设备从站地址

AS-i 接口参数如表 6-6 所示。

表6-6　AS-i接口参数

参数	说明
网络	设备所连接到的网络的名称
地址	为从站设备分配的 AS-i 地址范围是从 1（A 或 B）到 31（A 或 B），总计 62 台从站设备

（4）在用户程序和 AS-i 从站之间交换数据

❶ STEP 7 基本组态　AS-i 主站在 CPU 的 I/O 区域中预留一个 62 字节的数据区。在此将按照字节访问数字量数据；对于每个从站，都有一个字节的输入数据和一个字节的输出数据。并在 AS-i 主站 CM 1243-2 的巡视窗口中，指示 AS-i 数字量从站到所分配字节数据位的 AS-i 连接分配，如图 6-11 所示。

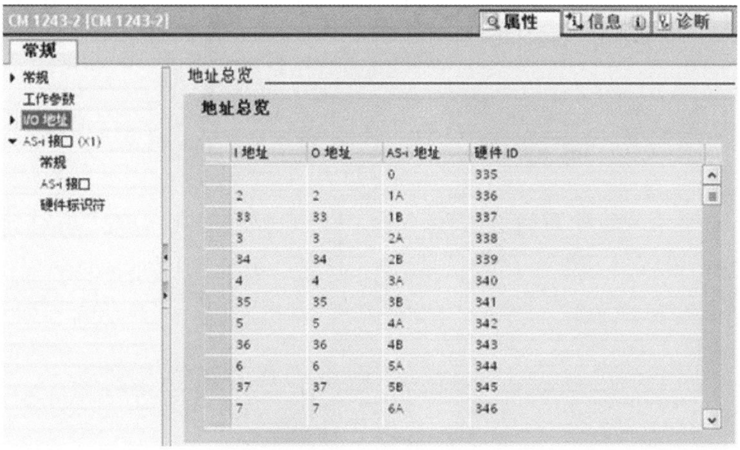

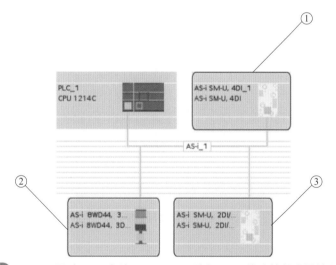

图 6-11　I/O 地址总览

❷ 使用 STEP 7 组态从站　在循环操作中，CPU 通过 AS-i 主站 CM1243-2 访问 AS-i 从站的数字量输入和输出，如图 6-12 所示。可以通过 I/O 地址或数据记录传输访问数据。

图 6-12　CPU 通过 AS-i 主站 CM 1243-2 访问 AS-i 从站的数字量输入和输出

①AS-i 从站地址 1；②AS-i 从站地址 2A；③AS-i 从站地址 3。

在此将按照字节访问数字量数据（即每个 AS-i 数字量从站都对应一个字节）。在 STEP 7 中组态 AS-i 从站时，将在相应 AS-i 的巡视窗口中显示访问用户程序中数据的 I/O 地址。

上述 AS-i 网络中的数字量输入模块（AS-i SM-U、4DI）已分配了从站地址 1。单击该数字量输入模块，设备"属性"（Properties）的"AS-i 接口"（AS-i interface）选项卡将显示从站地址 1，如图 6-13 所示。

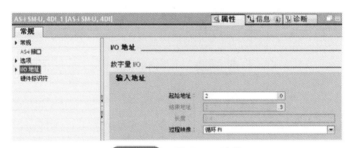

图 6-13　"AS-i 接口"显示从站地址 1

上述 AS-i 网络中的数字量输入模块（AS-i SM-U、4DI）已分配了 I/O 地址 2。单击该数字量输入模块，设备"属性"（Properties）的"I/O 地址"（I/O Addresses）选项卡将显示 I/O 地址，如图 6-14 所示。

图 6-14　显示 I/O 地址

可以通过对 I/O 地址进行相应位逻辑运算（如"AND"）或位分配，来访问用户程序中 AS-i 从站的数据。以下一段小程序举例说明了如何进行分配。

在本程序（图 6-15）中将轮询输入 I2.0。在 AS-i 系统中，该输入属于从站 1（第 2 个输入字节，第 0 位）。随后设置的输出 Q4.3 对应于 AS-i 从站 3（第 4 个输出字节，第 3 位）。

图 6-15　程序轮询访问 AS-i 从站的数据

如果在 STEP 7 中已将该 AS-i 从站组态为模拟量从站，那么就可以通过 CPU 的过程映像访问 AS-i 从站的模拟量数据。

如果没有在 STEP 7 中组态模拟量从站，那么只能通过非周期性函数（数据记录接口）访问 AS-i 从站的数据。在 CPU 的用户程序中，可以使用 RDREC（读取数据记录）和 WRREC（写入数据记录）分布式 I/O 指令读取和写入 AS-i 调用。

在 S7 站的启动过程中，可以通过 AS-i 主站 CM 1243-2 上的 CPU 传输通过 STEP 7 指定并下载到 S7 站中的 AS-i 从站的组态信息。

6.5 S7-1200 PLC 与 G150 变频器的协议通信及实例

6.5.1 PROFINET 通信功能概述

SINAMICS G150 的控制单元 CU320-2PN 支持基于 PROFINET 的周期过程数据交换和变频器参数访问。

（1）周期过程数据交换 PROFINET IO 控制器可以将控制字和主给定值等过程数据周期性地发送至变频器，并从变频器周期性地读取状态字和实际转速等过程数据。

（2）变频器参数访问 提供 PROFINET IO 控制器访问变频器参数的接口，可以通过非周期通信方式访问变频器的参数。PROFINET IO 控制器通过非周期通信访问变频器数据记录区，每次可以读或写多个参数。

下面通过示例介绍 S7-1200 与 G150 CU320-2PN 的 PROFINET PZD 通信，以组态标准报文 1 为例介绍通过 S7-1200 如何控制变频器的启停、调速以及读取变频器状态字和电机实际转速。

6.5.2 S7-1200 与 G150 的 PROFINET PZD 通信实例

（1）硬件列表与软件列表 如表 6-7、表 6-8 所示。

表6-7 硬件列表

设备	订货号	版本
S7-1214C DC/DC/DC	6ES7 214-1AE30-0XB0	V2.2
G150	6SL3710-1GE32-1AA3 K95	V4.7

表6-8 软件列表

软件名称	版本
TIA Portal	V13
Starter	V4.4

（2）硬件组态

❶ 创建 S7-1200 PLC 新项目（图 6-16）

打开 TIA PORTAL 软件：

a. 选择创建新项目；

b. 输入项目名称；

c. 点击"创建"按钮，创建一个新的项目。

❷ 添加 S7-1200 PLC 的 CPU 1214C DC/DC/DC（图 6-17）

a. 打开项目视图，点击"添加新设备"，弹出"添加新设备"对话框；

b. 设备树中选择"S7-1200"→"CPU"→"CPU 1214C DC/DC/DC"→"6ES7 214-1AE30-

MM420变频器的应用1

MM420变频器的应用2

137

0XB0";

　　c. 选择 CPU 版本号；

　　d. 点击"确定"按钮。

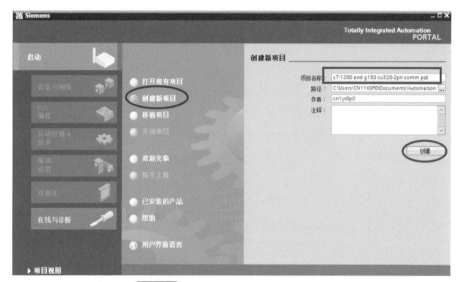

图 6-16　创建 S7-1200 PLC 新项目

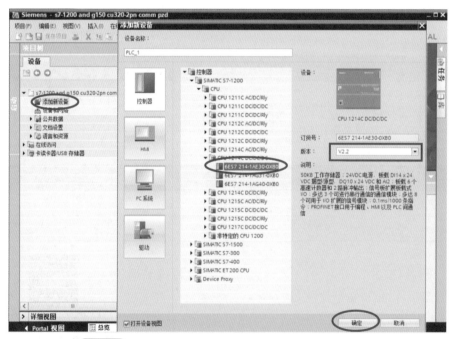

图 6-17　添加 S7-1200 PLC 的 CPU 1214C DC/DC/DC

❸ 添加 G150 站（图 6-18）

a. 点击"设备和网络"，进入"网络视图"页面；

b. 将硬件目录中"其它现场设备"→"PROFINET IO"→"Drives"→"Siemens AG"→
"SINAMICS"→"SINAMICS G130/G150 CU320-2 PN V4.7"模块拖拽到网络视图空白处；

c. 点击蓝色提示"未分配"以插入站点，选择主站"PLC_1.PROFINET 接口 _1"，完成与 IO 控制器的网络连接。

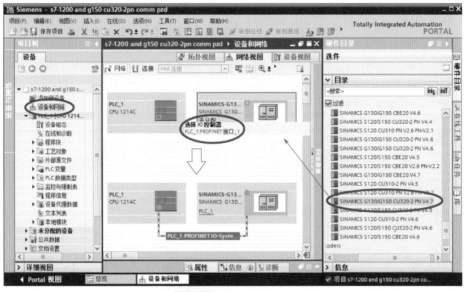

图 6-18　添加 G150 站

❹ 组态 S7-1200 PLC 的设备名称和分配 IP 地址（图 6-19）

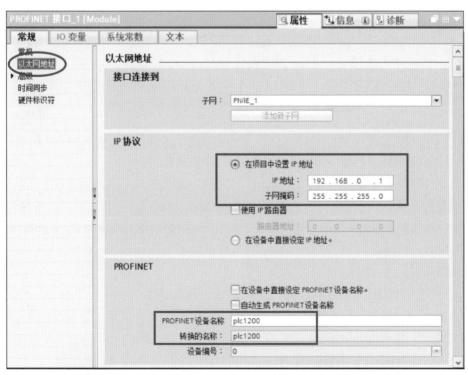

图 6-19　设置 CPU 1214C DC/DC/DC 的设备名称和分配 IP 地址

a. 选择 CPU 1214C DC/DC/DC，点击 "以太网地址"；

b. 分配 IP 地址；

c. 设置其设备名称为 "plc1200"。

❺ 组态 G150 的设备名称和分配 IP 地址（图 6-20）

a. 选择 G150，点击 "PROFINET 接口 [X1]"；

b. 分配 IP 地址；

c. 设置其设备名称为 "g150pn"。

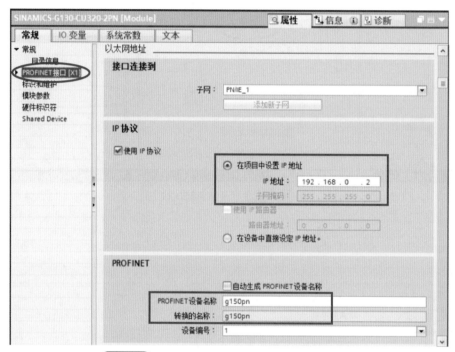

图 6-20 设置 G150 的设备名称和分配 IP 地址

❻ 组态 G150 的报文（图 6-21） 完成上面的操作后，硬件组态中 S7-1200 PLC 和 G150 的 IP 地址和设备名称就已经设置好了。现在组态 G150 的报文：

a. 将硬件目录中 "模块" → "DO Vector" 拖拽到 "设备概览" 视图的插槽中；

b. 将硬件目录中 "子模块" → "Standard telegram1，PZD-2/2" 拖拽到 "设备概览" 视图的插槽中，系统自动分配了输入、输出地址，本示例中分配的输入地址为 IW68、IW70，输出地址为 QW64、QW66；

c. 编译项目。

（3）下载硬件配置 如图 6-22 所示。

❶ 鼠标单击 "PLC_1" 选项；

❷ 点击 "下载到设备" 按钮；

❸ 选择 PG/PC 接口的类型、PG/PC 接口和接口 / 子网的链接；

❹ 点击 "开始搜索" 按钮，选中搜索到的设备 "PLC_1"，点击 "下载" 按钮，完成下载操作。

图 6-21　组态 G150 的报文

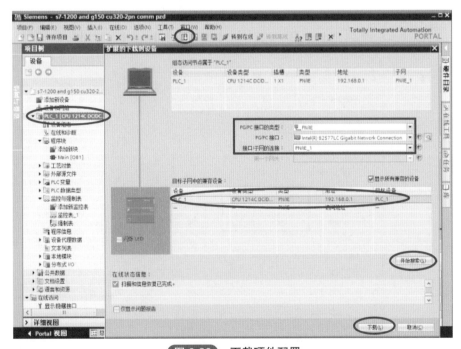

图 6-22　下载硬件配置

（4）SINAMICS G150 的配置　在完成 S7-1200 PLC 的硬件配置下载后，S7-1200 PLC 与 G150 还无法进行通信，必须为 G150 分配设备名称和 IP 地址，保证为 G150 实际分配的设备名称与硬件组态中为 G150 分配的设备名称一致。

❶ 搜索 G150 站点　打开 Starter 软件，新建一个项目（图 6-23）：

a. 点击 "Accessible Nodes"，搜索在线的站点；

b. 右键点击搜索到的 G150 站点，选择 "Edit Ethernet node..."，弹出 "Edit Ethernet node"

对话框。

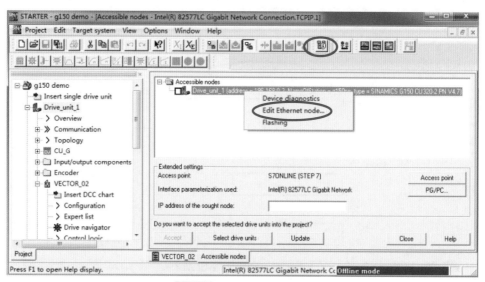

图 6-23　搜索 G150 站点

❷ 配置 G150　在"Edit Ethernet node"对话框（图 6-24）中设置 IP 地址、子网掩码和设备名称：

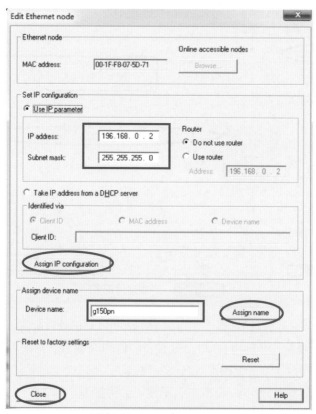

图 6-24　配置 G150 站点

a. 设置 G150 的 IP 地址和子网掩码；

b. 点击"Assign IP configuration"按钮；

c. 设置 G150 的"Device name"为"g150pn"；

d. 点击"Assign name"按钮；

e. 点击"Close"按钮关闭对话框。

❸ G150 调试　完成 G150 配置之后，可以重新在"Project"菜单中选择"Accessible Nodes"选项，将在线的 G150 上载到 PG/PC 中，可使用"Automatic configuration"对驱动装置在线进行自动配置，并完成静态识别和控制器优化。然后为驱动器配置报文（图 6-25），配置结束后执行"Copy RAM to ROM"将参数存储至 CF 卡中。

设置 P0922=1，选择"标准报文 1，PZD2/2"。

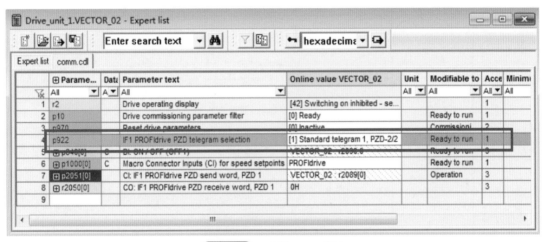

图 6-25　设置 G150 报文

（5）通过标准报文 1 控制电机的启停及速度　S7-1200 通过 PROFINET PZD 通信方式将控制字 1（STW1）和主设定值（NSOLL_A）周期性地发送至变频器，变频器将状态字 1（ZSW1）和实际转速（NIST_A）发送到 S7-1200。

❶ 控制字：常用控制字如下，有关控制字 1（STW1）详细定义参考下节 PROFINET 报文结构及控制字和状态字。

a. 047E（十六进制）——OFF1 停车。

b. 047F（十六进制）——正转启动。

❷ 主设定值：速度设定值要经过标准化，变频器接收十进制有符号整数 16384（4000H，十六进制）对应于 100% 的速度，接收的最大速度为 32767（200%）。参数 P2000 中设置 100% 对应的参考转速。

❸ 反馈状态字详细定义参考下节 PROFINET 报文结构及控制字和状态字。

❹ 反馈实际转速同样需要经过标准化，方法同主设定值。

示例：通过 TIA PORTAL 软件"监控表"模拟控制变频器启停、调速和监控变频器运行状态。

PLC I/O 地址与变频器过程值如表 6-9 所示。

表6-9　PLC I/O地址与变频器过程值

数据方向	PLC I/O 地址	变频器过程数据	数据类型
PLC → 变频器	QW64	PZD1 – 控制字 1（STW1）	U16（16bit）
	QW66	PZD2 – 主设定值（NSOLL_A）	有符号整数（16bit）
变频器→ PLC	IW68	PZD1 – 状态字 1（ZSW1）	U16（16bit）
	IW70	PZD2 – 实际转速（NIST_A）	有符号整数（16bit）

❶ 程序　如图 6-26 所示。

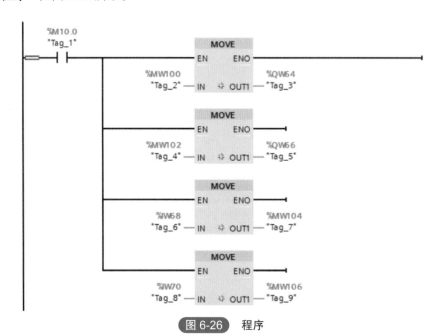

图 6-26　程序

❷ 启动变频器　首次启动变频器需将控制字 1（STW1）16#047E 写入 QW64 使变频器运行准备就绪，然后将 16#047F 写入 QW64 启动变频器。

❸ 停止变频器　将 16#047E 写入 QW64 停止变频器。

❹ 调整电机转速　将主设定值（NSOLL_A）十六进制 2000 写入 QW66，设定电机转速为 750r/min。

❺ 读取 IW68 和 IW70 分别可以监视变频器状态字和电机实际转速，如图 6-27 所示。

图 6-27　PROFINET 报文结构及控制字和状态字

6.5.3　报文结构

报文结构如表 6-10 所示。

表6-10　报文结构

报文	PZD1	PZD2	PZD3	PZD4	PZD5	PZD6	PZD7	PZD8	PZD9	PZD10
1	STW1	NSOLL_A								
	ZSW1	NIST_A								
2	STW1	NSOLL_B		STW2						
	ZSW1	NIST_B		ZSW2						
3	STW1	NSOLL_B		STW2	G1_STW					
	ZSW1	NIST_B		ZSW2	G1_ZSW	G1_XIST1		G1_XIST2		
4	STW1	NSOLL_B		STW2	G1_STW	G2_STW				
	ZSW1	NIST_B		ZSW2	G1_ZSW	更多相关信息，请参见功能图 FP2420				
20	STW1	NSOLL_A								
	ZSW1	NIST_A_GLATT	IAIST_GLATT	MIST_GLATT	PIST_GLATT	MELD_NAMUR				
220	STW1_BM	NSOLL_B		STW2_BM	M_ADD	M_LIM	未指定	未指定	未指定	未指定
	ZSW1_BM	NIST_A	IAIST	MIST	WARN_CODE	FAULT_CODE	ZSW2_BM	未指定	未指定	未指定
352	STW1	NSOLL_A	PCS7_3	PCS7_4	PCS7_5	PCS7_6				
	ZSW1	NIST_A_GLATT	IAIST_GLATT	MIST–GLATT	WARN_CODE	FAULT_CODE				
999	STW1	未指定	未指定	未指定	未指定	未指定	未指定	未指定	未指定	未指定
	ZSW1	未指定	未指定	未指定	未指定	未指定	未指定	未指定	未指定	未指定

控制字和设定值一览如表 6-11 所示。

表6-11　控制字和设定值一览

缩写	描述	参数	功能图
STW1	控制字 1（接口模式 SINAMICS，p2038 =0）	参见表 6-10 "控制字 1（接口模式 SINAMICS，p2038=0）"	FP2442
STW1	控制字 1（接口模式 VIKNAMUR，p2038=2）	参见表 6-10 "控制字 1（接口模式 VIKNAMUR，p2038=2）"	FP2441
STW1_BM	控制字 1 金属工业（接口模式 SINAMICS，p2038=0）	参见表 6-10 "控制字 1（接口模式 SINAMICS，p2038=0）"	FP2425

缩写	描述	参数	功能图
STW2	控制字 2（接口模式 SINAMICS，p2038=0）	参见表 6-10 "控制字 2（接口模式 SINAMICS，p2038=0）"	FP2444
STW2_BM	控制字 2 金属工业（接口模式 SINAMICS，p2038=0）	参见表 6-10 "控制字 2（接口模式 SINAMICS，p2038=0）"	FP2426
NSOLL_A	转速设定值 A（16 位）	p1070	FP3030
NSOLL_B	转速设定值 B（32 位）	p1155	FP3080
PCS7_x	PCS7 专用设定值		

控制字和实际值一览如表 6-12 所示。

表6-12　控制字和实际值一览

缩写	描述	参数	功能图
ZSW1	状态字 1（接口模式 SINAMICS，p2038=0）	参见表 6-10 "状态字 1（接口模式 SINAMICS，p2038=0）"	FP2452
ZSW1	状态字 1（接口模式 VIK-NAMUR，p2038=2）	参见表 6-10 "状态字 1（接口模式 VIK-NAMUR，p2038=2）"	FP2451
ZSW1_BM	状态字 1 金属工业（接口模式 SINAMICS，p2038=0）	参见表 6-10 "状态字 1（接口模式 SINAMICS，p2038=0）"	FP2428
ZSW2	状态字 2（接口模式 SINAMICS，p2038=0）	参见表 6-10 "状态字 2（接口模式 SINAMICS，p2038=0）"	FP2454
ZSW2_BM	状态字 2 金属工业（接口模式 SINAMICS，p2038=0）	参见表 6-10 "状态字 2（接口模式 SINAMICS，p2038=0）"	FP2429
NIST_A	转速实际值 A（16 位）	r0063[0]	FP4715
NIST_B	转速实际值 B（32 位）	r0063	FP4710
IAIST	电流实际值	r0068[0]	FP6714
MIST	力矩实际值	r0080[0]	FP6714
PIST	功率实际值	r0082[0]	FP6714
NIST_GLATT	经过滤波的转速实际值	r0063[1]	FP4715
IAIST_GLATT	经过滤波的电流实际值	r0068[1]	FP6714
MIST_GLATT	经过滤波的力矩实际值	r0080[1]	FP6714
PIST_GLATT	经过滤波的功率实际值	r0082[1]	FP6714
MELD_NAMUR	VIK-NAMUR 信息位条	r3113，参见表 6-10 "NAMUR 信息位条"	—
WARN_CODE	报警代码	r2132	FP8065
ERROR_CODE	故障代码	r2131	FP8060

控制字如表 6-13 所示。

表6-13　控制字

控制字位	含义	参数设置
0	ON/OFF1	P840=r2090.0
1	OFF2 停车	P844=r2090.1
2	OFF3 停车	P848=r2090.2
3	脉冲使能	P852=r2090.3
4	使能斜坡函数发生器	P1140=r2090.4
5	继续斜坡函数发生器	P1141=r2090.5
6	使能转速设定值	P1142=r2090.6
7	打开抱闸	P0855=r2090.7
8	JOG1	P1055=r2090.8
9	JOG2	P1056=r2090.9
10	通过 PLC 控制	P854=r2090.10
11	未使用	
12	转速控制器使能	P0856=r2090.12
13	未使用	
14	闭合抱闸	P0858=r2090.14
15	未使用	

状态字如表 6-14 所示。

表6-14　状态字

状态字位	含义	参数设置
0	接通就绪	r899.0
1	运行就绪	r899.1
2	运行使能	r899.2
3	JOG 当前有效	r2139.3
4	OFF2 激活	r899.4
5	OFF3 激活	r899.5
6	禁止合闸	r899.6
7	驱动就绪	r2139.7
8	控制器使能	r2197.7
9	控制请求	r899.9

续表

状态字位	含义	参数设置
10	未使用	
11	脉冲使能	r899.11
12	打开抱闸装置	r899.12
13	抱闸装置闭合指令	r899.13
14	制动控制的脉冲使能	r899.14
15	制动控制的设定值使能	r899.15

6.6 S7-1200 PLC 与 RF260R 的通信及实例

6.6.1 RF200 识别系统入门

RF200 识别系统的读写器及数据载体如图 6-28 所示。

图 6-28 RF200 识别系统的读写器及数据载体

RFID 系统 SIMATIC RF200 是一种紧凑型低成本读写装置，尤其适合在工业生产中的小型装配线和内部物流系统中使用。

通过 RF200 可极为经济有效地实现 HF 范围（13.56MHz，ISO 15693）内的中等性能识别任务。RF200 读写装置可与 MOBY D 产品系列（MDS D×××）中的所有 ISO 数据载体一起使用。

可以使用可用于所有 MOBY 和 SIMATIC RF 系统（ASM 456、ASM475、SIMATIC RF1××C）的通信模块来连接到 SIMATIC S7-300、PROFIBUS、PROFINET 和 TCP/IP（XML）。

SIMATIC RF200 识别系统具有以下功能：

❶ 13.56MHz 工作频率（工作原理符合 ICO 15693）。

❷ 无源（不带电池）、免维护的数据载体（MDS D×××），存储容量高达 2000 字节 FRAM。

❸ 坚固耐用的紧凑部件，防护等级为 IP67。

❹ 借助于经过反复验证的函数块（FC44、FC45、FB45），可简便集成到 SIMATIC、PROFIBUS、PROFINET 和 TCP/IP 中。

RF200 识别系统的优点：

❶ 价格合理、节省空间的紧凑部件。

❷ 可与 MOBY D 系列中价格具有吸引力且不带电池的 ISO 15693 数据载体一起使用，投资和运行成本都较低。

❸ 拥有工业识别领域内完整和可扩展的产品系列，可实现灵活和经济的解决方案。

❹ 通过无缝集成到全集成自动化系统中而简化组态、调试、诊断和维护。

❺ 通过 PROFIBUS 和 PROFINET 通信模块与自动化系统（如 SIMATIC、SIMOTION 或 SINUMERIK）进行集成总线连接。

❻ 通过随时可用的函数块进行简便的 S7 软件集成。

RF200 识别系统因以下方面而具有较高投资安全性：

❶ 开放式 ISO 15693 标准。

❷ 西门子 RFID 系统之间具有软件兼容性。

❸ 采用标准化的通信接口。

❹ 通过各种通信模块，可连接到不同厂商的不同总线系统以及不同 PC 环境，因而具有开放性。

❺ 全球服务与支持。

RFID 系统 SIMATIC RF200 主要用于对容器、托盘和工件托架等进行非接触式识别，其性能（数据传输速率、存储器容量）符合 ISO 15693 标准。

SIMATIC RF200 的主要应用领域：

❶ 组装和搬运系统、装配线（识别工件载体），尤其是小型线。

❷ 生产物流（物料流控制、容器识别），内部物流。

❸ 零件识别（例如，将数据载体安装到产品或托盘上）。

❹ 输送系统（例如，悬挂式单轨输送系统）。

该系统具有丰富的通信模块、函数块和功能强大的驱动程序和功率库，使得其在应用程序中的集成快捷、简便。而且 SIMATIC RF200 是全集成自动化的一部分，可非常容易地融入 SIMATIC 环境中。

RF200 的通用技术特点如表 6-15 所示。

表6-15　RF200 的通用技术特点

技术特点	说明
传输频率	13.56MHz
范围	最大 130mm
协议（空中接口）	ISO 15693 ISO 18000-3
存储器容量	最大 992 字节（EEPROM）/2000 字节（FRAM）
阅读器与数据载体之间的数据传输速率	—
读	最大 1.5kB/s

续表

技术特点	说明
写	最大 0.5kB/s
多标签 / 批量处理能力	X
特点	设计极为紧凑 用于成本极低的 RFID 解决方案

6.6.2 S7-1200 PLC 与 RF260R 的通信

（1）S7-1200 PLC 与 RF260R 设备的基本连接　S7-1200 PLC 与 RF260R 设备的基本连接如图 6-29 所示。

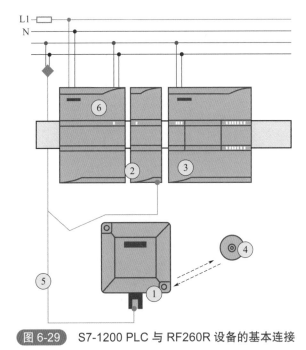

图 6-29　S7-1200 PLC 与 RF260R 设备的基本连接

①RF260R 读写器。②RS232 模块。③S7-1200 PLXC。④MDSD××× 数据载体。⑤连接电源和通信电缆。⑥电源模块。

S7-1200PLC 通过 RS232 模块与 RF260R 读写器连接起来，使用的连接电缆是 RS232 电缆。如果是其他型号的，例如 RF200 或 RF300R，可以使用 RS232 转 RS422 转换器来进行连接。RF260R 读写器通过 S7-1200 PLC 的专用软件库和 MDSD××× 数据载体进行读写通信。

（2）S7-1200 PLC 与 RF260R 通信的原理　S7-1200 PLC 使用专用的软件库通过 RS232 模块和 RF200 或 RF300R 进行通信，其中使用的协议是 3964R 协议。

❶ 读取数据　RF260R 读取数据不是直接写到 S7-1200 PLC 的控制器中，而是这些数据存储在 RS232 模块的内部缓冲区中。首先 S7-1200 PLC 被通知需要接收数据，然后 S7-1200 PLC 把需要的数据从 RS232 模块的缓冲区中取走，如图 6-30 所示。

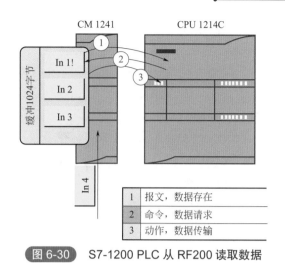

图 6-30 S7-1200 PLC 从 RF200 **读取数据**

❷ 写入数据　写入数据的机制，是写入数据尽可能快速地独立发送，这样如果在 CPU 的一个扫描周期中，RS232 模块的缓冲区中有多个数据时，那么这些数据将同时被发送，如图 6-31 所示。

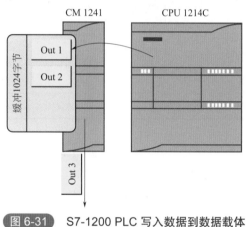

图 6-31 S7-1200 PLC **写入数据到数据载体**

❸ 3964R 协议　3964R 协议在 OSI 第一层上的执行：3964R 协议传输数据是全双工模式，因此在双方向上独立传输；S7-1200 串口通信模块支持全双工模式，发送和接收数据独立进行；对于 CPU 扫描来说，发送和接收机制是异步和独立传输的。

3964R 协议在 OSI 第二层上的执行：3964R 协议是在两个主站（主协议）之间进行通信的点到点传输协议，这两个节点都可以进行主动数据发送。

基于 W7-1200 串口通信模块的全双工通信模式，与 RF260R 的通信方式与 S7-200 PLC 的通信方式是相反的，包括：发送字符或数据到 RF260R；检测或接收 RF260R 的字符或数据。

该协议定义了发送和接收数据过程的控制字符以及 RFID 报文，3964R 协议对于 RF260R 到 S7-1200 PLC 的控制器的响应报文使用奇校验方式，如图 6-32 所示。

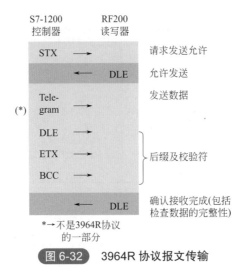

图 6-32 3964R 协议报文传输

3964R 协议在 OCI 第三层或第四层上的执行（RFID 报文）如表 6-16 所示。

表6-16 3964R协议报文传输

序号	命令	描述
1	复位	此命令复位 RF200 读写器，删除所有的没有执行的命令，同时执行参数的传输，响应报文包含一个启动报文
2	读	该命令请求从当前区域存在的 RFID 数据载体中读取定义的数据，响应报文包含请求的数据
3	写	该命令写数据到当前区域存在的 RFID 数据载体中，响应报文包括一个确认报文

（3）S7-1200 PLC 与 RF260R 通信的软件库 S7-1200 PLC 使用专用的软件库通过 RS232 通信模块和 RF200 进行数据的读取和写入，读取数据的命令以及写入数据的命令在软件库中都已经做了定义，使用命令时需要对应写入的数据区域和读取的数据区域。

在 S7-1200 PLC 和 RFID 读写器之间的通信使用的专用软件库是执行 3964R 协议的基础，RF260R 或 RF380R 能够直接连接是因为有 RS232 接口，其他的 RF200、RF300R、RF600R 也能够使用这个软件库来进行读写的操作，但是必须有一个 RS422 到 RS232 的转换器。

一个 S7-1200 PLC 最多可以连接 3 个 RFID 读写器，因为一个 S7-1200 PLC 最多可以连接 3 个 RS232 通信模块。

❶ 软件库的程序块 软件库的结构及描述可参见对应版本的用户手册说明。

为了和每一个 RFID 读写器进行数据交换，功能块"com_serial"必须被循环调用，因此对于每一次调用使用的背景数据块建议使用名字如"com_serial_DB_X"，这样可以方便地监控每一个读写器进行数据通信时的状态。

全局数据块"rfid_serial_Read_X"和"rfid_serial_write_X"是 S7-1200 PLC 程序和 RFID 读写器的数据载体之间读取和写入数据的用户接口。

"chart_cmd_return_X"监控表允许对"com_serial"功能块直接访问输入和输出参数。使用"chart_rs232blocks_X"监控表可以对点到点通信模块 RS232 模块进行监控。

对 RFID 标签直接读取数据或者写入数据，在监控表"chart_data_raed_X"和"chart_data_write_X"中可以进行。

> **提示:**
>
> X表示通道A、B、C，一个RS232模块是一个通道，每个通道连接一个RFID读写器，一个 S7-1200 PLC 最多可以连接 3 个 RS232 模块。

❷ 软件库的资源　RFID 软件程序块在存储器中的大小，一个通道占用大约 9.86KB，两个通道占用大约 11.385KB，三个通道占用大约 12.829KB。

可以使用的 PLC 剩余的存储量大小依赖于所使用的 S7-1200 PLC 的类型，如图 6-33 所示。

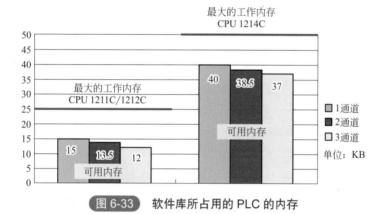

图 6-33　软件库所占用的 PLC 的内存

❸ 软件库的功能块"com_serial"FB164　可参见对应版本的用户手册说明。

每个参数组的描述如表 6-17 所示。

表6-17　软件库的功能块FB164每个参数组的描述

参数组	名称	描述
①	Config	S7-1200 和 RFID 读写器进行通信的参数配置
②	Reset	对 RFID 读写器进行复位
③	Read	从数据载体读取数据
④	Write	写数据到数据载体上

（4）S7-1200 和 RFID 读写器进行通信的参数配置

❶ 启动过程　启动过程如图 6-34 所示。

设置 RS232 模块的参数如下所示：

传输速率：115.2kb/s。

数据位：8 位。

奇偶校验：奇校验。

停止位：1 位。

❷ 对 RFID 读写器进行复位　对 RFID 读写器的复位过程如图 6-35 所示。

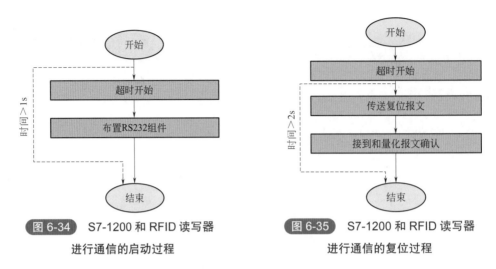

图 6-34　S7-1200 和 RFID 读写器
进行通信的启动过程

图 6-35　S7-1200 和 RFID 读写器
进行通信的复位过程

在所有别的报文之前，必须要发送复位报文。如有任何错误，可以在任何时候发送复位报文。

a. 发送复位报文：复位命令配置 RFID 读写器，传输的参数决定了设备的系统模式如表 6-18 所示。表中的参数可以改变。

表6-18　软件库中不同的复位命令

序号	参数	描述
1	Cmd_reset_ scam_time	只对 RF600 读写器，使用该参数设置无线电的模式
2	Cmd_reset_presence	对 RFID 所有读写器，检测 RFID 数据载体是否离开 RFID 读写器时，发送到场报文
3	Cmd_reset_err_led	只对 RF300 读写器，RF 读写器发生错误时，LED 指示灯指示错误的类型，LED 灯可以通过复位报文来复位
4	Cmd_reset_rf_power	只对 RF380 读写器，RF380 的发送功率能够被改变
5	Cmd_reset _mod_pattern	只对 RF600 读写器，选择 RF600 调制器的模式
6	Cmd_reset_air_interface	对 RF300 读写器，选择数据载体的类型；对 RF600 读写器，选择 ETSI 格式的通道

b. 接收和评估确认信息：在 RFID 收到复位报文后，立即对 RS232 模块发送一个确认信息。

在确认时传输的固件版本，由用户程序决定，在确认有效后，程序结束。

❸ 从数据载体读取数据　使用读报文，数据从数据载体中读取回来，如图 6-36 所示。

读命令必须存储在 RFID 读写器中，除非一个数据载体进入读写器区域，主要原因是 RFID 的确认信息能够立刻或者在一定的时间内到达 S7-1200 PLC 控制器中，延时时间可以独立设定或者被禁止。

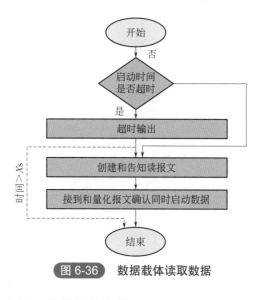

图 6-36　数据载体读取数据

a. 创建发送报文：在报文中传输的参数 "_adderess" 和 "_length" 决定了从数据载体中读取的数据存储区域。参数的值由所使用的数据载体决定。例如，RF340 数据载体有一个 8KB 的 FRAM 和一个 20B 的 EEPROM 存储容量，如图 6-37 所示。

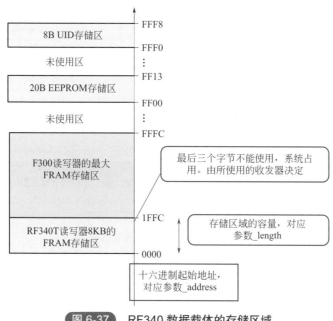

图 6-37　RF340 数据载体的存储区域

一次任务最多可以读 120 个字节，这是由 RFID 软件库所决定的。

b. 接收和评估用户数据以及确认：如果读报文的确认被接受，所需要的用户数据就会解包存储在全局数据块 "rfid_serial_read_X" 中，用户程序可以使用这些数据。

全局数据块不是数据载体的存储表，读取的数据载体的数据总是存储在以数组 .data（0）开始的数据中。

c. 写数据到数据载体上：如图 6-38 所示。

写命令必须存储在 RFID 读写器中，除非一个数据载体进入读写器区域，主要原因是用户数据的写命令能够立刻或者在一定的时间内到达数据载体中，延时时间可以独立设定或者被禁止。

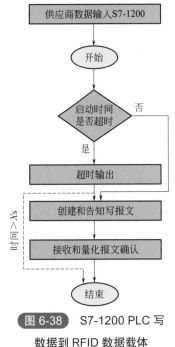

图 6-38　S7-1200 PLC 写数据到 RFID 数据载体

（5）在 S7-1200 PLC 中准备和发送用户数据　在写命令发送之前，用户数据首先要发送到全局数据块中使用的通道"rfid_serial_write_X"中。发果发送一个双整数一个字，那么六个字节的数据 data（0）……data（5）需要在全局数据块"rfid_serial_write_X"中设定。

全局数据块不是数据载体的存储表，用户数据总是存储在以 data（0）开始的数据中，与参数的地址"_address"16#0000 不同。

a. 创建和发送写报文：参数"_address"和"_lengrth"决定了数据载体需要被写入的存储区域，参数的值由所使用的数据载体决定。一次任务最多可以写 120 个字节，这是由 RFID 软件库所决定的。

b. 接收和评估用户数据以及确认信息：在收到写报文后，RFID 读写器对 RS232 通信模块返回一个确认信息。

c. 数据的执行：在读写器和数据载体之间以及读写器处理过程的时间，还有完整的写时间，读取时间，以及 S7-1200 PLC 的传输时间，依据不同的环境、不同的负载、不同的变量，这些时间都有可能不同。最好确定读写的时间，需要测试至少 50 次。

表 6-19 所示是 S7-1200 PLC CPU 1214C 通过 RS232 模块和 RF260R 的读写时间。

表6-19　S7-1200 PLC CPU 1214C通过RS232模块和RF260R的读写时间

类型	字节数量	测量时间
读取	1	平均 89ms，最大 110ms
	120	平均 198ms，最大 261ms
写入	1	平均 93ms，最大 109ms
	120	平均 151ms，最大 569ms

（6）S7-1200 PLC 软件库的使用

❶ 集成软件库到 STEP 7 V11 SP2 中　为了使用 RFID 软件库，需要首先把软件库集成到 STEP 7 V11 SP2 中，具体集成的步骤如下。

a. 从网上下载 CE-X16_S7-1200_rfid_serial_library.zip，然后解压缩后如图 6-39 所示。

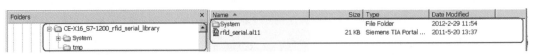

图 6-39　CE-X16_S7-1200_rfid_serial_library.zip 解压缩后的文件

b. 打开 STEP 7 V11 SP2。

c. 点击 "全局库" 按钮，打开全局库，如图 6-40 所示。

图 6-40 打开全局库

d. 然后选择解压缩后的库文件，打开库文件中的执行文件，如图 6-41 所示。

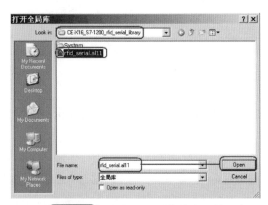

图 6-41 打开 RFID 软件库文件

e. RFID 软件库装载到 STEP 7 V11 的全局库中，如图 6-42 所示。

图 6-42 RFID 软件库文件集成后的显示

❷ 软件库的使用

a. 打开 STEP 7 V11 SP2，新建一个 S7-1200 项目，添加硬件设备 CPU 1214C，如图 6-43 所示。

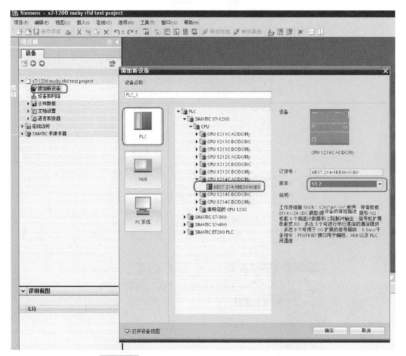

图 6-43　添加 CPU 1214C AC/DC/RLY

b. 点击程序块，打开 OB1 组织块，如图 6-44 所示。

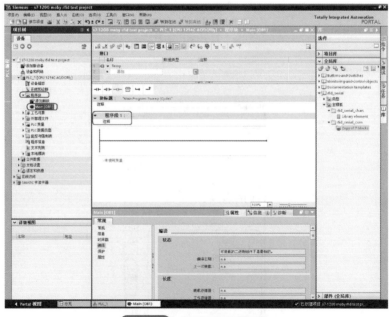

图 6-44　打开 OB1 组织块

c. 点击库文件"rfid_serial"中的库文件夹"rfid_serial_com",拷贝这些文件到程序块文件夹下,如图 6-45 所示。

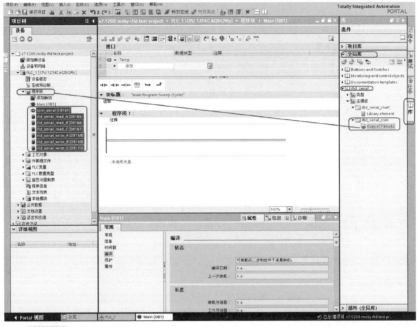

图 6-45 拷贝 RFID 软件库文件"rfid_serial_com"到程序块文件夹下

d. 点击库文件"rfid_serial"中的库文件夹"rfid_serial_chart",拷贝这些文件到监控表中,如图 6-46 所示。

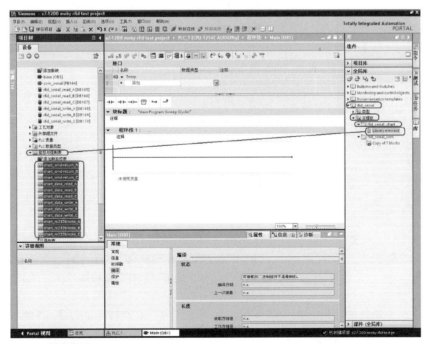

图 6-46 拷贝 RFID 软件库文件"rfid_serial_chart"到监控表中

e. 拖拽"com_serial"功能块到 OB1 中。

f. 选择背景数据块的名字和数据块编号，然后点击"确定"按钮，如图 6-47 所示。

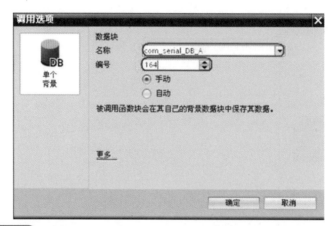

图 6-47　选择"com_serial"功能块的背景数据块的名字和数据块号

　　g. 软件库中的功能块的符号以及编号能够自己设定，但是需要注意监控表中相对应的符号名，如图 6-48 所示。

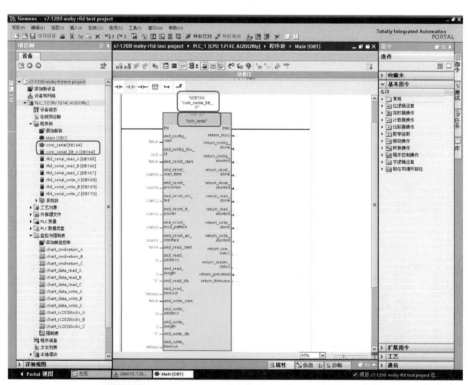

图 6-48　选择"com_serial"功能块的符号及编号

　　❸ 检查和更新软件库的版本　如果在已有的项目中更改软件库的版本，需要按照下述步骤来执行：

　　a. 首先检查本项目库文件的版本号，如图 6-49 所示。

图 6-49 库文件的版本号

b. 打开功能块或者数据块的属性窗口，检查当前的版本号。

c. 如果需要更新软件库的版本号，需要添加新的版本的库文件。

d. 删除本项目中程序块下所有相关的库文件，不要删除 OB1，如图 6-50 所示。

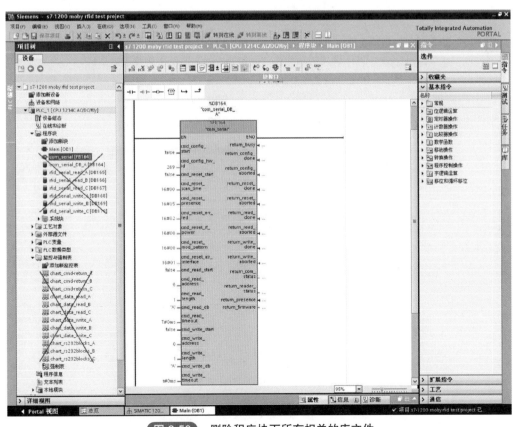

图 6-50 删除程序块下所有相关的库文件

e. 添加"rfid_serial_com"库文件到程序块下。

f. 在 OB1 中调用的功能块"com_serial"显示丢失背景数据块,如图 6-51 所示。

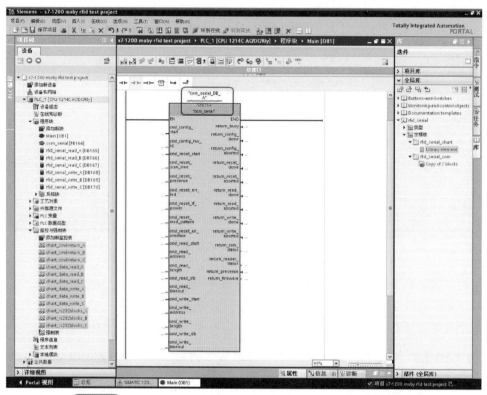

图 6-51　OB1 调用的功能块"com_serial"显示丢失背景数据块

g. 手动添加背景数据块。选择数据块类型为"com_serial"的背景数据块,定义数据块编号,如图 6-52 所示。

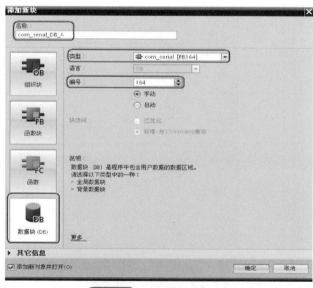

图 6-52　添加背景数据块

h. 更新完成。所有的库文件都已经更新完成。

（7）S7-1200 软件库的详细描述

❶ 软件库的接口功能块　如图 6-53 所示。

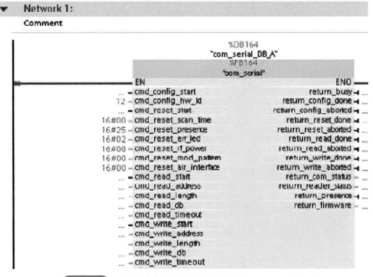

图 6-53　软件库的接口功能块 "com_serial"

❷ RFID 软件库的报警信息和故障原因　功能块 "com_rerial" 数据块指示了出现故障的原因，符号表地址是 "return_com_status"。

状态字的输出是一个十进制的形式。另外，RFID 读写器的错误状态也有输出，输出的状态字是十六进制形式，所有的变量地址是 "return_reder_stetus"。

（8）S7-1200 PLC 与 RF260R 的配置

❶ S7-1200 PLC 与 RF260R 的接线图　如图 6-54 所示。

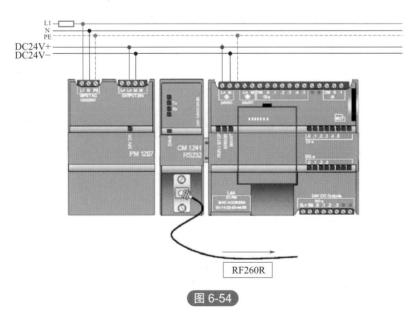

图 6-54

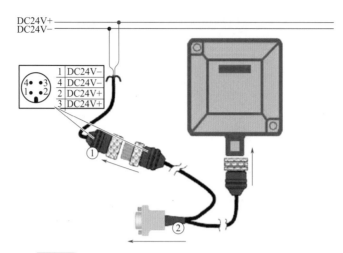

图 6-54 S7-1200 PLC RS232 模块与 RF260R 的接线图

❷ S7-1200 PLC 与 RF260R 连接的硬件和软件

a. 硬件部分：S7-1200 PLC 与 RF260R 连接的硬件列表如表 6-20 所示（表中器件供参考）。

表6-20　S7-1200 PLC与RF260R连接的硬件列表

硬件	数量	订货号	注释
SIMATIC PM 1207	1	6ES7241－1AH30－0XB0	2.5A
SIMATIC CPU 1211C	1	6ES7211－1AD30－0XB0	
SIMATIC CM 1241	1	6ES7241－1AH30－0XB0	RS232
SIMATIC RF260R	1	6GT2821－6AE00	读写器
SIMATIC MDSD126	3	6GT2600－0AC00	收发器
SIMATIC RF300 连接线	1	6GT2891－0KH50	
保护开关	1	5SX2116－6	1 pol B，16A
4 芯电缆接口	1		
以太网电缆	1		

注意：

这种解决方案对于别的 RFID 读写器 RF200、RF300 或 RF600（甚至 1 个系统的不同模块）都是可行的，如果是 RS422 连接形式则需要一个 RS232/RS422 转换器。

---

b. 软件部分：S7-1200 PLC 与 RF260R 连接的软件列表如表 6-21 所示。

表6-21　S7-1200 PLC与RF260R连接的软件列表

软件部分	数量	订货号
SIMATIC STEP7 Basic V11	1	6ES7822－0AA01－0YA0

（9）S7-1200 PLC 与 RF260R 通信的编程

❶ S7-1200 PLC STEP 7 V11 建立项目以及参数设置

a. 进行硬件配置，添加 CPU 和 RS232 模块，如图 6-55 所示。

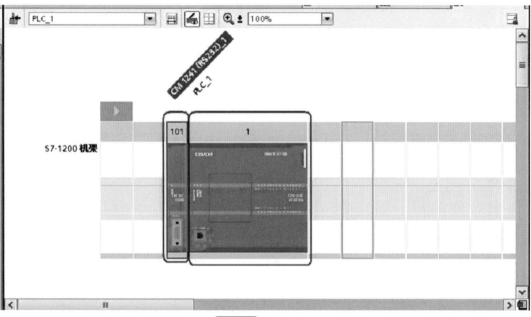

图 6-55　硬件配置

b. RS232 模块的参数设置，如图 6-56 所示。

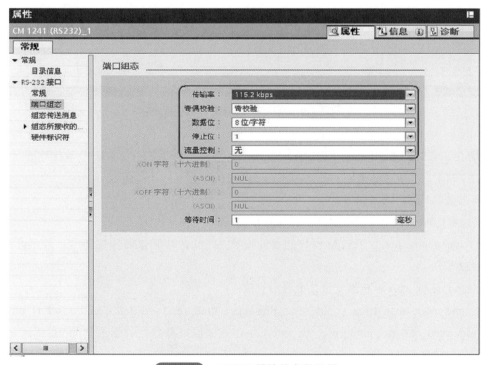

图 6-56　RS232 模块的参数设置

RF260R 的传输速率只有 19200、57600、115200Baud，因此 RS232 模块的传输速率也只能在这三种速率之间选择，设置其他的速率都会导致不能通信。

❷ 调用 RFID 库文件到主程序中　根据最新的库文件版本，调用新的库文件到相应的 CPU 硬件版本下，如图 6-57 所示。

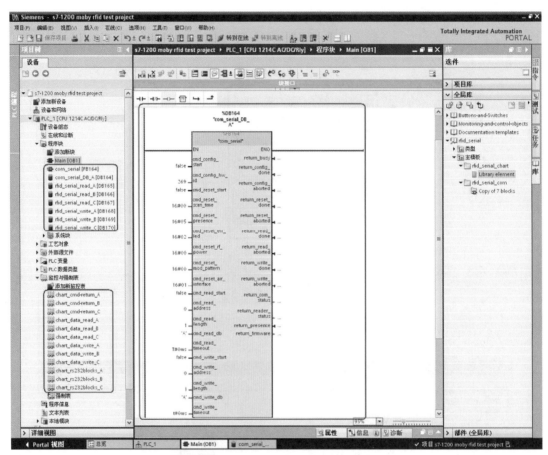

图 6-57　调用 RFID 库文件到主程序中

❸ 在 S7-1200 PLC 中编写 RFID 调用程序　在 S7-1200 PLC 中，对 RFID 软件库进行编程，编写相应的配置、复位、读取、写入程序以及相应的状态监控，如图 6-58 所示。

各参数的具体含义及设置如下：

a. cmd_config_start：布尔变量，上升沿有效。

b. cmd_config_hwid：RS232 模块的硬件编号，在此选择 RS232 模块即可，最多可添加 3 个 RS232 模块。

c. cmd_reset_start：布尔变量，上升沿有效。

d. cmd_reset_scan_time、cmd_reset_presence、cmd_reset_err_led、cmd_reset_rf_power、cmd_reset_mod_pattern、cmd_reset_air_interface：复位接口参数，对于不同的 RFID 读写操作不同的参数相对应。

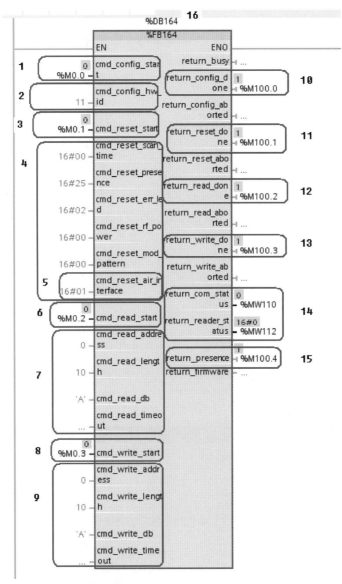

图 6-58   对 RFID 软件库进行编程

e. 对于 RF260R。

cmd_reset_presence：设置为 16#25 表示对于数据载体是否存在状态进行显示。

cmd_reset_err_led：设置为 16#02 表示对读写器上的错误指示灯进行复位。

cmd_reset_air_interface：设置为 16#01 表示对于灵敏据载体的类型设置位 ISO 标签类型。

f. cmd_read_start：布尔变量，上升沿有效。

g. cmd_read_address：设置为 0，表示从数据载体上的 0 地址开始读。

cmd_read_legth：读取的字节长度。

cmd_read_db：读取的数据旋转的数据块。

cmd_read_time：等待确认报文的时间。

h. cmd_write_start：布尔变量，上升沿有效。

i. cmd_read_address：设置为 0，表示从数据载体上的 0 地址开始读。

cmd_write_length：写入的字节长度。

cmd_write_db：写入的数据旋转的数据块。

cmd_write_time：等待确认报文的时间。

j. return_config_done：设置完成的标志，读写器第一次上电后，必须进行初始化设置。

设置是否完成，依此位的标志来表示，只有此变量为 1，才能进行下一步操作。

k. return_reset_done：复位完成的标志，设置完成后才能进行复位操作。

l. return_read_done：读取完成的标志，复位完成后才能进行读取操作。

m. return_write_done：写入完成的标志，复位完成后才能进行写入操作。

n. return_com_status, return_reader_status：程序错误和读写器的错误状态。

o. return_presence：RFID 数据载体是否到达读写器的区域。

p. DB164：FB164 功能块的背景数据块。

❹ 编程对于 RFID 读写器的初始化

a. 进行 config 操作。config done 完成标志位必须为 1，才表示配置完成，否则必须修改配置参数，直到配置完成。没有进行初始化之前的状态（图 6-59）是：RF260R 读写器的状态 LED 指示灯每 0.5s 闪烁一次。

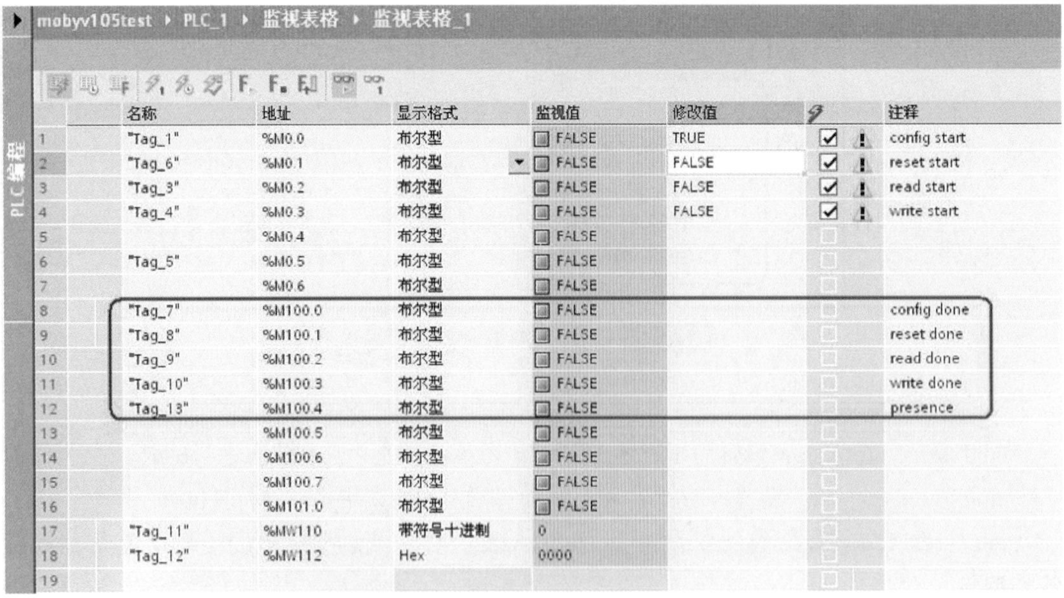

图 6-59　进行配置和初始化之前的状态

进行 config 操作，如图 6-60 所示。

进行 config 操作后，config done 完成标志位为 1，此时 RF260R 的指示灯还没有变化，还在每 0.5s 闪烁一次，表示初始化还没有完成，如图 6-61 所示。

	名称	地址	显示格式	监视值	修改值		注释
1	"Tag_1"	%M0.0	布尔型	TRUE	TRUE	✓ ↓	config start
2	"Tag_6"	%M0.1	布尔型	FALSE	FALSE	✓ ↓	reset start
3	"Tag_3"	%M0.2	布尔型	FALSE	FALSE	✓ ↓	read start
4	"Tag_4"	%M0.3	布尔型	FALSE	FALSE	✓ ↓	write start
5		%M0.4	布尔型	FALSE			
6	"Tag_5"	%M0.5	布尔型	FALSE			
7		%M0.6	布尔型	FALSE			
8	"Tag_7"	%M100.0	布尔型	TRUE			config done
9	"Tag_8"	%M100.1	布尔型	FALSE			reset done
10	"Tag_9"	%M100.2	布尔型	FALSE			read done
11	"Tag_10"	%M100.3	布尔型	FALSE			write done
12	"Tag_13"	%M100.4	布尔型	FALSE			presence
13		%M100.5	布尔型	FALSE			
14		%M100.6	布尔型	FALSE			
15		%M100.7	布尔型	FALSE			
16		%M101.0	布尔型	FALSE			
17	"Tag_11"	%MW110	带符号十进制	0			
18	"Tag_12"	%MW112	Hex	0000			

图 6-60　config 操作后的状态显示（1）

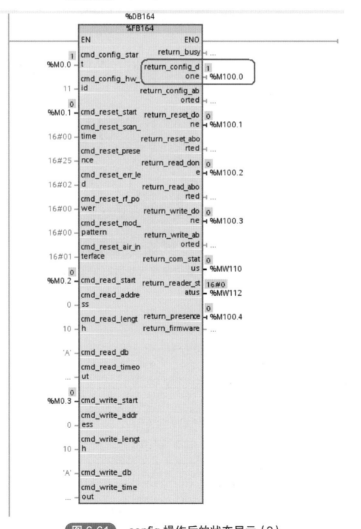

图 6-61　config 操作后的状态显示（2）

169

b. 进行 reset 操作，如图 6-62 所示。

图 6-62　reset 操作后的状态显示（1）

reset 操作后，reset done 完成标志位为 1，此时 RF260R 的指示灯有变化了，每 0.5s 闪烁一次的指示灯变成常绿的了，表示初始化成功完成，如图 6-63 所示。

图 6-63　RF260R 在复位参数成功后的 LED 状态指示

reset 操作后的状态显示如图 6-64 所示。

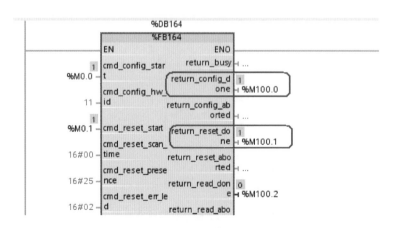

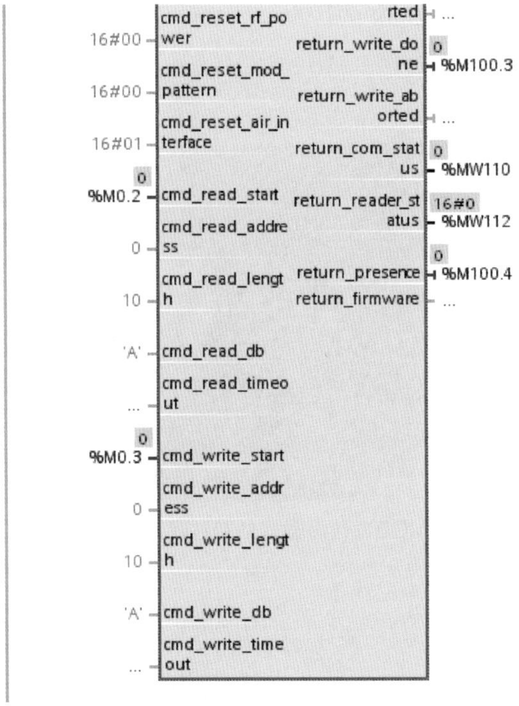

图 6-64 reset 操作后的状态显示（2）

❺ 编程从 S7-1200 PLC 写数据到 RF260R 的数据载体 初始化成功后，可以进行从 S7-1200 PLC 到 MOBY 数据载体之间的读写操作。此时把 MOBY D MDS D126 旋转到 RF260R 的读写区域内，可以看到数据载体是否存在的状态，如图 6-65 所示。

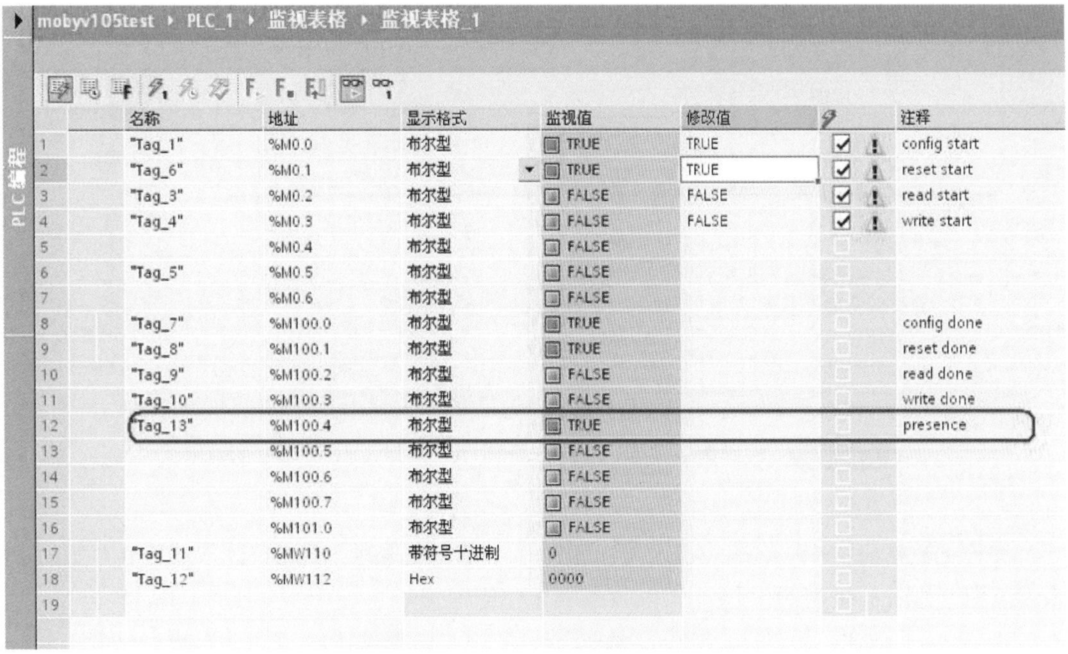
mobyv105test ▸ PLC_1 ▸ 监视表格 ▸ 监视表格_1

	名称	地址	显示格式	监视值	修改值		注释
1	"Tag_1"	%M0.0	布尔型	TRUE	TRUE	☑	config start
2	"Tag_6"	%M0.1	布尔型	TRUE	TRUE	☑	reset start
3	"Tag_3"	%M0.2	布尔型	FALSE	FALSE	☑	read start
4	"Tag_4"	%M0.3	布尔型	FALSE	FALSE	☑	write start
5		%M0.4	布尔型	FALSE			
6	"Tag_5"	%M0.5	布尔型	FALSE			
7		%M0.6	布尔型	FALSE			
8	"Tag_7"	%M100.0	布尔型	TRUE			config done
9	"Tag_8"	%M100.1	布尔型	TRUE			reset done
10	"Tag_9"	%M100.2	布尔型	FALSE			read done
11	"Tag_10"	%M100.3	布尔型	FALSE			write done
12	"Tag_13"	%M100.4	布尔型	TRUE			presence
13		%M100.5	布尔型	FALSE			
14		%M100.6	布尔型	FALSE			
15		%M100.7	布尔型	FALSE			
16		%M101.0	布尔型	FALSE			
17	"Tag_11"	%MW110	带符号十进制	0			
18	"Tag_12"	%MW112	Hex	0000			
19							

图 6-65 MOBY 数据载体的存在状态

实际的 MOBY 数据载体放置到 RF260R 的检测范围之内后，RF260R 的状态指示灯由常绿变成橙色，如图 6-66 所示。

图 6-66   MOBY 数据载体的存在状态

在数据块"rfid_serial_write_A"中写入 10 个字节的数据，如图 6-67 所示。

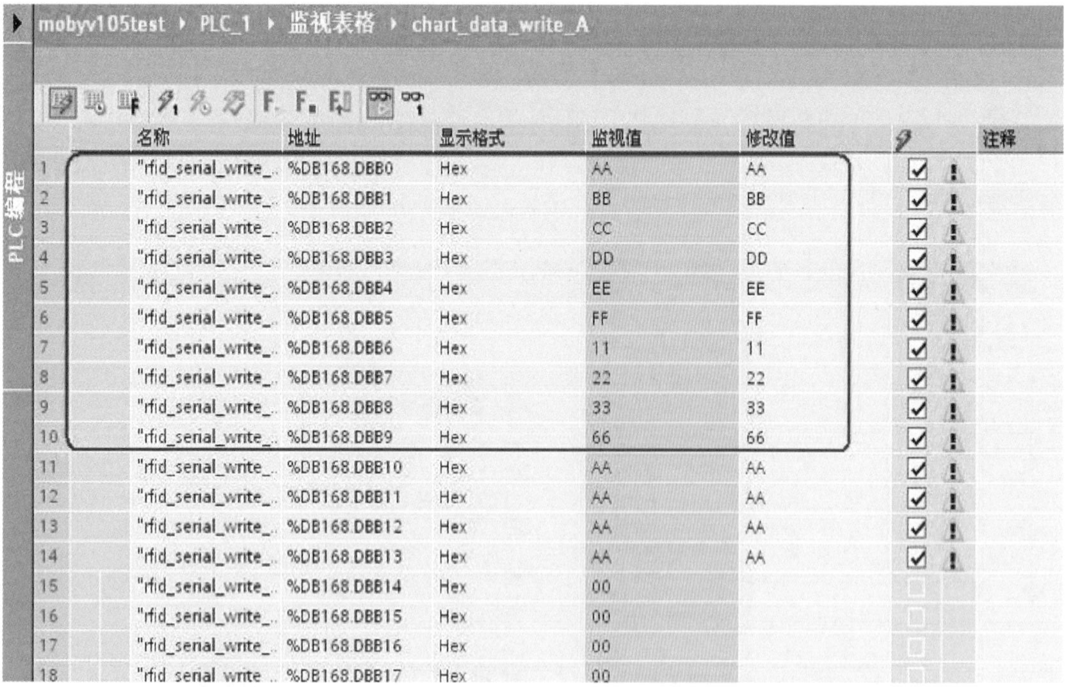

	名称	地址	显示格式	监视值	修改值			注释
1	"rfid_serial_write_..	%DB168.DBB0	Hex	AA	AA	✓	!	
2	"rfid_serial_write_..	%DB168.DBB1	Hex	BB	BB	✓	!	
3	"rfid_serial_write_..	%DB168.DBB2	Hex	CC	CC	✓	!	
4	"rfid_serial_write_..	%DB168.DBB3	Hex	DD	DD	✓	!	
5	"rfid_serial_write_..	%DB168.DBB4	Hex	EE	EE	✓	!	
6	"rfid_serial_write_..	%DB168.DBB5	Hex	FF	FF	✓	!	
7	"rfid_serial_write_..	%DB168.DBB6	Hex	11	11	✓	!	
8	"rfid_serial_write_..	%DB168.DBB7	Hex	22	22	✓	!	
9	"rfid_serial_write_..	%DB168.DBB8	Hex	33	33	✓	!	
10	"rfid_serial_write_..	%DB168.DBB9	Hex	66	66	✓	!	
11	"rfid_serial_write_..	%DB168.DBB10	Hex	AA	AA	✓	!	
12	"rfid_serial_write_..	%DB168.DBB11	Hex	AA	AA	✓	!	
13	"rfid_serial_write_..	%DB168.DBB12	Hex	AA	AA	✓	!	
14	"rfid_serial_write_..	%DB168.DBB13	Hex	AA	AA	✓	!	
15	"rfid_serial_write_..	%DB168.DBB14	Hex	00				
16	"rfid_serial_write_..	%DB168.DBB15	Hex	00				
17	"rfid_serial_write_..	%DB168.DBB16	Hex	00				
18	"rfid_serial_write_..	%DB168.DBB17	Hex	00				

图 6-67   在数据块"rfid_serial_write_A"中写入 10 个字节的数据

编程把数据块"rfid_serial_write_A"的 10 个字节的数据写入数据载体从地址 0 开始的 10 个字节中，如图 6-68 所示。

进行写入操作，状态标志位 return_write_done 为 1，表示写入完成，如图 6-69 所示。

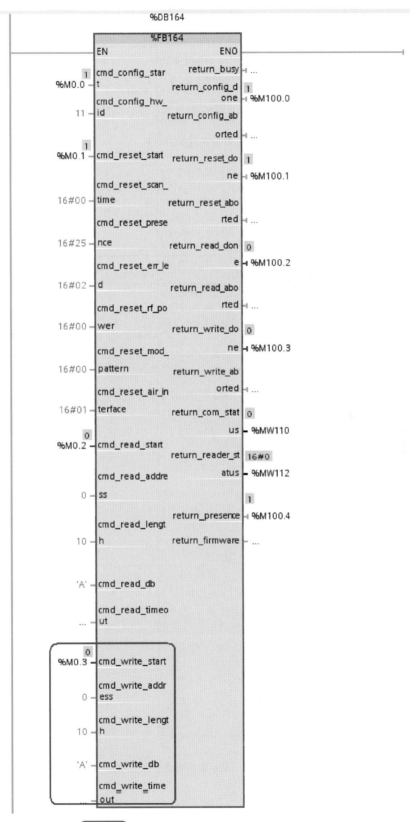

图 6-68　编程对数据载体写入 10 个字节的数据

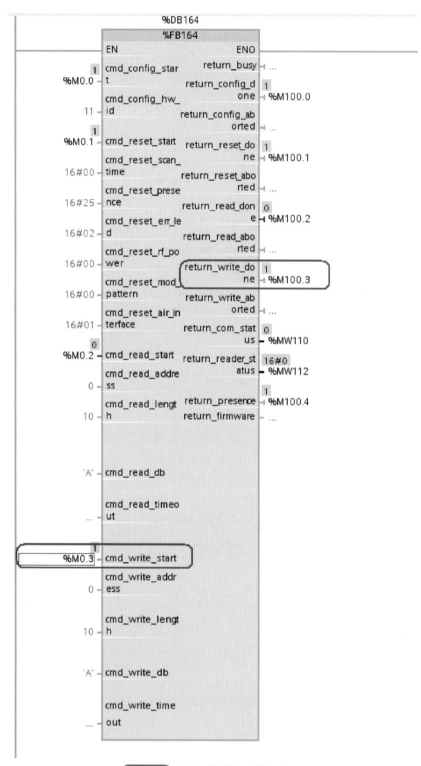

图 6-69　写入数据完成状态显示

❻ 编程从 RF260R 的数据载体读数据到 S7-1200 中　编程从 MOBY 数据载体的从地址 0
开始的 10 个字节读取到数据块"rfid_serial_read_A"中，如图 6-70 所示。

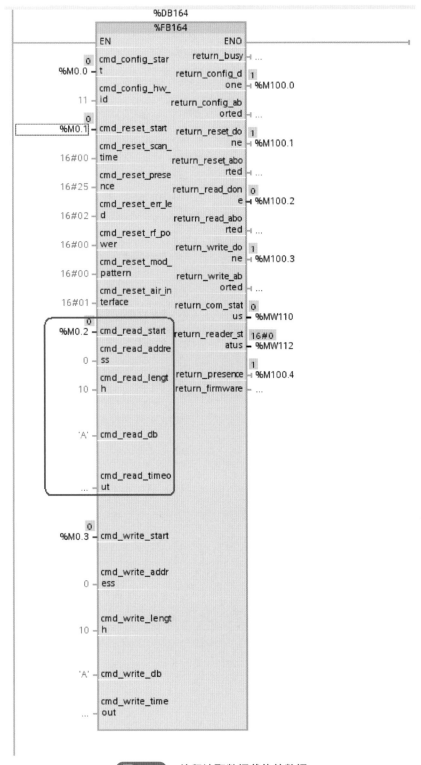

图 6-70　编程读取数据载体的数据

　　进行读取操作，读取操作完成后，return_read_done 完成标志位为 1，表示读取操作完成，如图 6-71 所示。

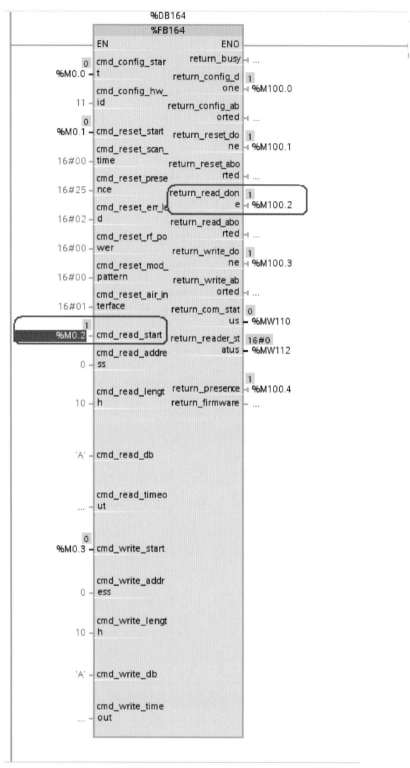

图 6-71　读取数据完成状态显示

　　在监控表中读取到的"rfid_serial_read_A"中的前 10 个数据即是 MOBY D 数据载体中的数据，可以看到和我们写入的数据是一致的，表示读取成功，如图 6-72 所示。

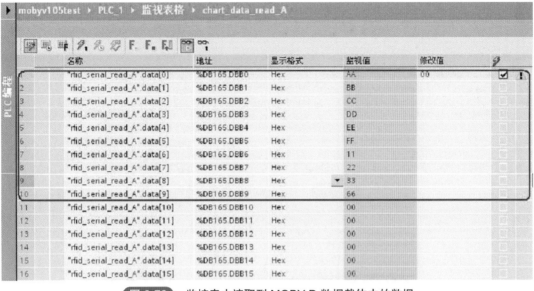

图 6-72　监控表中读取到 MOBY D 数据载体中的数据

❼ 编程 RF260R 的数据载体和 S7-1200 PLC 的读写数据注意事项

a. 注意 S7-1200 PLC 的工作存储器的容量。

b. 注意读写的时间问题。

c. 注意读写的最大字节，每次进行读写最多 120 个字节。

d. 注意不同的数据载体的读写地址的区别。

e. 注意不同的读写器对应的数据载体的区别。

f. 注意自动与手动读写的区别。

6.6.3　S7-1200 PLC 与 RF260R 的通信应用实例

S7-1200 PLC 与 RF260R 的通信应用，西门子提供了一个示例程序，在网上下载此压缩程序 CE_S16_S7_1200_rfid_serial_startup，然后解压后即可使用。

（1）下载到 S7-1200 PLC CPU 中　解压后使用的程序软件，如图 6-73 所示。

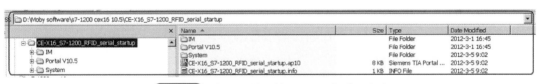

图 6-73　解压后使用的 RFID 示例应用程序

下载时注意 S7-1200 PLC CPU 的类型和版本号，以及示例程序的版本号。

（2）设置 PC/PG 接口连接　在控制面板中设置 PC/PG 的接口，打开控制面板中的 Set PG/PC Interface，如图 6-74 所示。

图 6-74 打开 PC/PG 的接口界面

在 PC/PG 的接口窗口中将 PC/PG 接口连接设置为 S7ONLINE（STEP7）——TCP/IP，如图 6-75 所示。

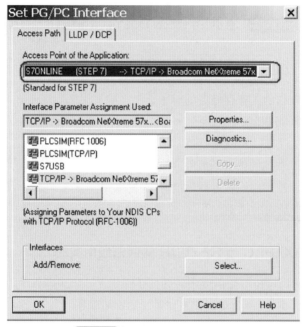

图 6-75 设置 PC/PG 的接口

（3）运行 HMI RUNTIME 程序　下载示例程序到 S7-1200 CPU 中，运行 S7-1200 CPU，此时点击 HMI 程序，运行工具栏上的 RT（RUNTIME）按钮，如图 6-76 所示。

（4）示例程序的运行界面　在运行了 RUNTIME 程序后，在窗口显示示例程序运行界面，如图 6-77 所示。

（5）在示例程序的运行界面进行读写 MOBY RF260R 读写器的读写操作

❶ 配置参数　在进行读写器的操作之前，必须配置参数，只有配置参数完成，才能进行下述的操作。配置完成后，出现配置完成标志，如图 6-78 所示。

❷ 复位操作　配置参数完成后，进行 MOBY 读写器的初始化操作。初始化操作完成后，出现复位完成标志后，即可进行 MOBY 读写器的读写操作，如图 6-79 所示。

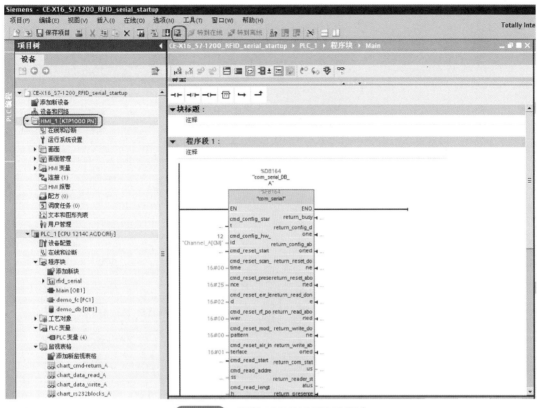

图 6-76　运行 HMI RUNTIME 程序

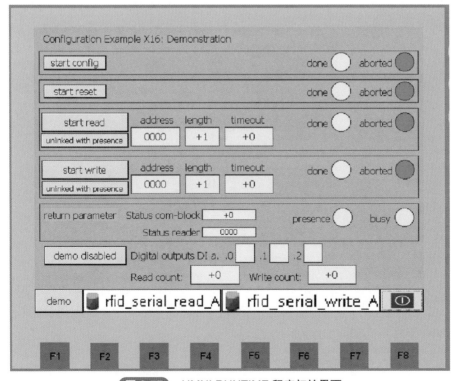

图 6-77　HMNI RUNTIME 程序初始界面

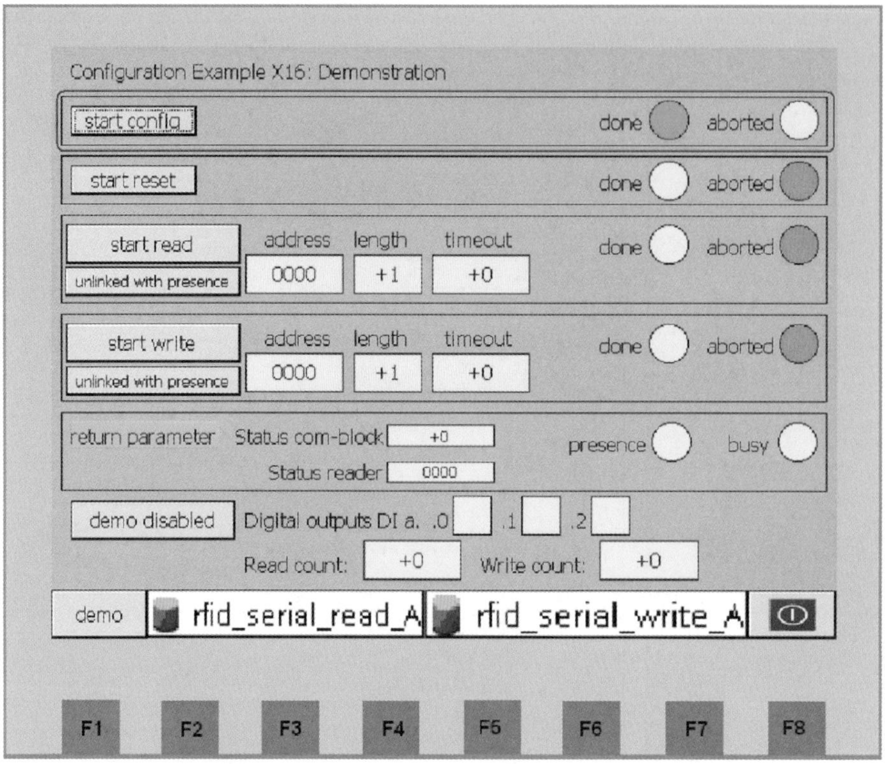

图 6-78　HMI RUNTIME 程序配置通信参数后界面

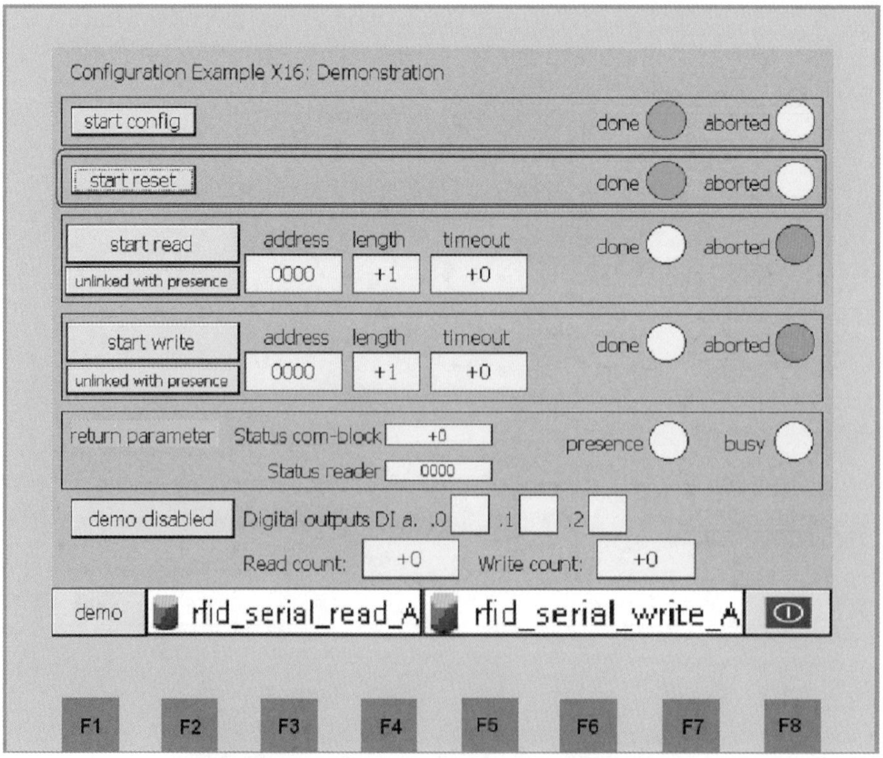

图 6-79　HMI RUNTIME 程序复位参数后界面

第6章
西门子 S7-1200/1500 PLC 的通信功能

第1章
第2章
第3章
第4章
第5章
第6章
第7章
第8章
第9章
附录

进行完复拉操作后，MOBY 读写器 RF260R 上的指示灯，由每 0.5s 闪烁一次变成了常绿显示，如图 6-80 所示。

图 6-80　RF260R 在复位参数后的 LED 状态指示

❸ 读取操作　从 MOBY 的数据载体 MDS D126 上读取数据到 S7-1200 PLC CPU 中。

把 MOBY 的数据载体 MDS D126 放到 MOBY RF260R 的读取范围之内，此时我们在运行界面上可以看到 MOBY 的数据载体 MDS D126 的存在状态，如图 6-81 所示。

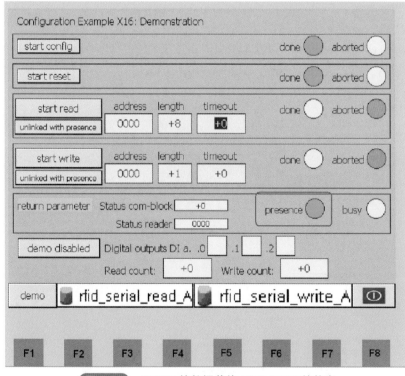

图 6-81　MOBY 的数据载体 MDS D126 的状态

点击 "start read" 进行读取操作，"address" 表示 MOBY 的数据载体 MDS D126 的起始地址。不同的数据载体，它的地址可能是不同的。读取完成后，有读取完成标识以及读取完成次数，如图 6-82 所示。

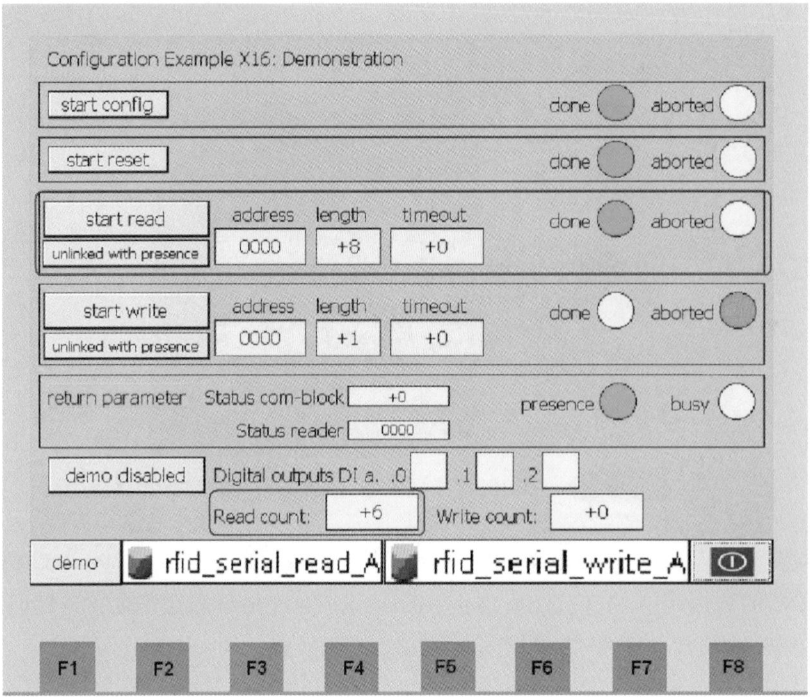

图 6-82　从 S7-1200 PLC 读取完成 MOBY 的数据载体 MDS D126 的状态

点击"unlinked with presence"，可以对 MOBY 的数据载体进行自动读取或手动读取的切换。

读取完成后，可以在 rfid_serial_read_A 中看到读取的 MOBY 数据载体上的数据，如图 6-83 所示。

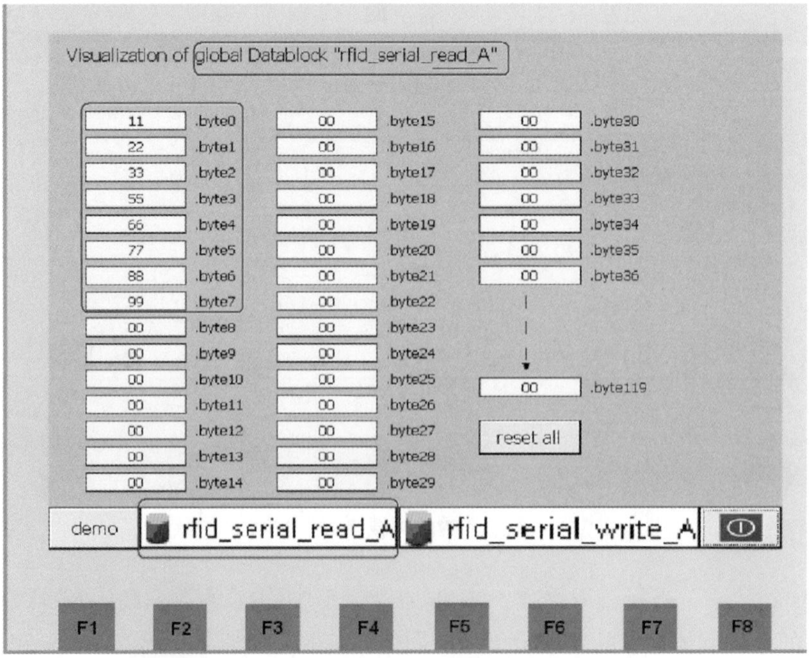

图 6-83　读取 MOBY 的数据载体 MDS D126 的数据

❹ 写入操作　从 S7-1200 PLC CPU 中写数据到 MOBY 的数据载体中。

首先从 rfid_serial_write_A 中输入数据，这表示将要被写入 MOBY 数据载体的数据，如图 6-84 所示。

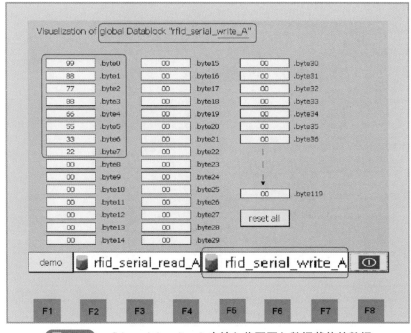

图 6-84　rfid_serial_write_A 中输入将要写入数据载体的数据

点击"start write"，写入数据到 MOBY 的数据载体中。写入完成后，有写入完成标识以及写入完成的次数，如图 6-85 所示。

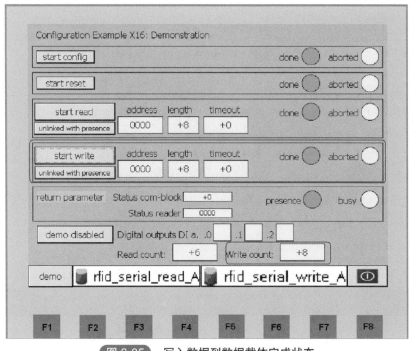

图 6-85　写入数据到数据载体完成状态

❺ 状态显示   如图 6-86 所示。

a. Return parameter：表示返回的状态。

b. Com-block：表示通信的状态。

c. Reader：表示读写器的状态。

d. Demo disabled：表示操作界面禁止。

e. Digit outpts DI/DO：表示 PLC 实际的输入 / 输出显示。

f. Power button：表示关闭操作界面。

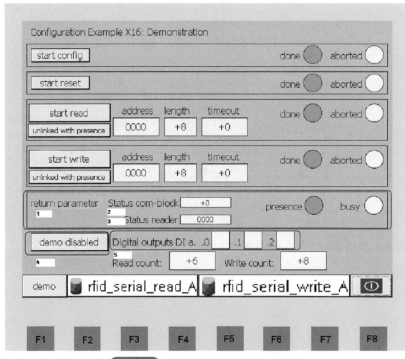

图 6-86   示例程序界面的显示状态

（6）实际使用时的注意事项

❶ 下载的 CPU 与该示例程序所使用的 CPU 是否是相同类型。

❷ 下载的 CPU 与该示例程序所使用的 CPU 硬件版本是否相同。

❸ 下载的示例程序所使用的软件库版本与当前的 CPU 硬件版本是否相同。

❹ 所使用的 MOBY 读写器是否与示例程序中所使用的相同。

❺ 所使用的 MOBY 数据载体是否与示例程序中所使用的相同。

（7）S7-1200 PLC 的硬件版本与 RFID 软件库版本之间的对应关系   S7-1200 PLC 的硬件版本以及 STEP 7 V11 与 RFID 软件库之间的版本关系如表 6-22 所示。

表6-22   S7-1200 PLC的硬件版本以及 STEP 7 V11 与 RFID 软件库之间的版本关系

序号	S7-1200 CPU 硬件版本	STEP 7 版本	RFID 软件库版本
1	CPU 版本 V1. 0.0 没有错误	STEP7 V10. 5	V2.3

续表

序号	S7-1200 CPU 硬件版本	STEP 7 版本	RFID 软件库版本
2	CPU 版本 V1.0.0. 没有错误 V2.2.0. 没有错误	STEP7 V11 SP2	V2.4
3	V2.1.2 不能下载 V2.0.2 不能下载 V2.0.3 不能下载	STEP7 V11 SP2	V2.4

注意:

对于 S7-1200 PLC CPU 下载 RFID 软件库时，会出现如图 6-87 所示故障显示，中英文界面都是这种情况。

图 6-87　RFID 软件库下载时出现错误

在没有恢复工厂设置以前，会出现如图 6-88 所示故障显示。

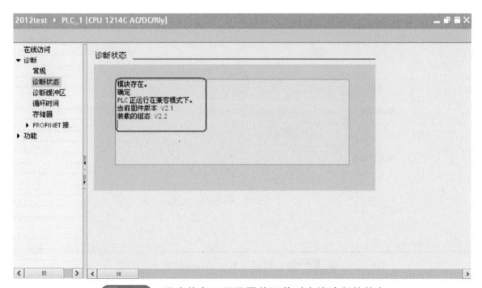

图 6-88　没有恢复工厂设置前下载时在线诊断的状态

恢复工厂设置后重新下载时，出现不能下载的情况，诊断不出故障原因，如图 6-89 所示。

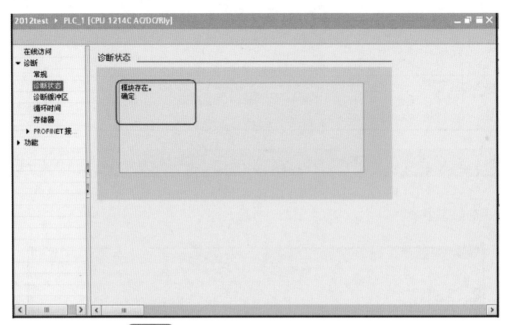

图 6-89　恢复工厂设置后下载时在线诊断的状态

诊断时，可以看到 CPU 的硬件版本与所配置的硬件版本一致，如图 6-90 所示。

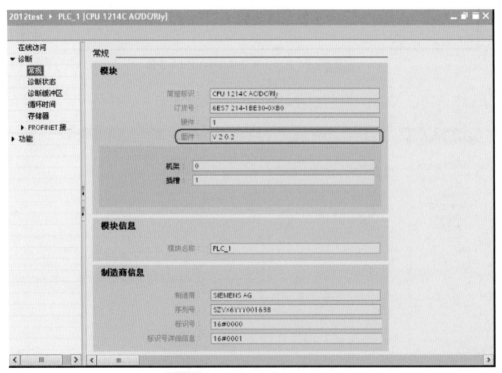

图 6-90　在线诊断的 CPU 的版本

对于 S7-1200 PLC CPU V2.2.0 以前的版本，RFID 软件库有的可以下载，有的不可以下载，建议将 CPU 版本升级到 V2.2.0，V2.2.0 版本经过测试后，可以确认没有错误，可以编程、下载、调试。

在编程调试时，注意不同的 CPU、不同的操作软件，以及不同的软件库之间可能设置的参数也不尽相同，具体的设置要根据实际情况来决定。

6.7 S7-1500 PLC 与 G150 的 PROFINET PZD 通信控制实例

（1）硬件列表 如表 6-23 所示。

表6-23 硬件列表

设备	订货号	版本
S7-1500 PLC CPU 1513-1 PN	6ES7513-1AL00-0AB0	V1.5
G150	6SL3710-1GE32-1AA3+K95	

（2）S7-1500 PLC 硬件组态 打开 TIA PORTAL 软件，创建 S7-1500 项目，如图 6-91 所示。

❶ 选择创建新项目。

❷ 输入项目名称。

❸ 点击 "Create" 按钮。

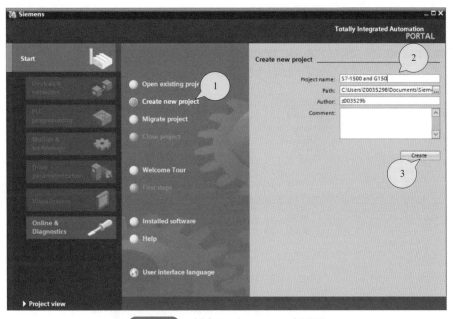

图 6-91 创建 S7-1500 PLC 新项目

1）添加 S7-1500 PLC CPU 1513-1PN 创建项目后：

❶ 依次点击 "Devices & networks" 和 "Add new device" 选项，弹出添加新设备对话框；

❷ 在设备树中选择相应的 CPU，本示例选择 CPU 1513-1 PN（图 6-92）；

❸ 选择 CPU 版本号；

❹ 选择 "Open device view"；

❺ 点击 "Add" 按钮。

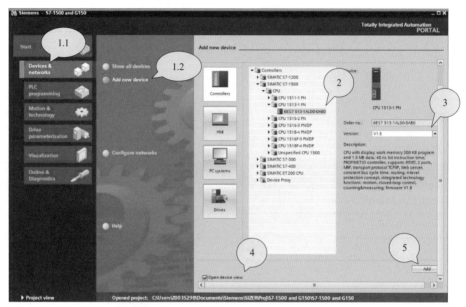

图 6-92　添加 S7-1500 PLC CPU 1513-1 PN

2）添加 G150 从站　如图 6-93 所示：

图 6-93　添加 G150 从站

❶ 点击"Network view"（网络视图）按钮进入网络视图页面；

❷ 将硬件目录中"Other Field Devices"→"PROFINET IO"→"Drives"→"Siemens AG"→"SINAMICS"→"SINAMICS G130/G150 V4.7"→"6SL3 040-1MA01-0AAx"模块拖拽到网络视图空白处；

❸ 点击蓝色提示"Not Assigned"以插入站点，选择主站"PLC_1.PROFINET interface"，完成与主站网络的连接。

完成连接后如图 6-94 所示。

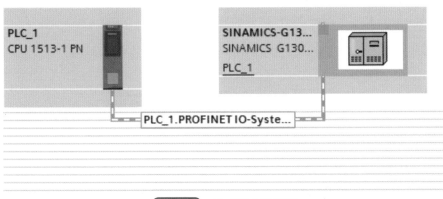

图 6-94　完成连接的状态

3）组态 S7-1500 PLC 的设备名称（Device Name）和分配 IP 地址　如图 6-95 所示：

❶ 点击 CPU 1513-1 PN，设置其设备名称为"plc1500"；

❷ 分配 IP 地址。

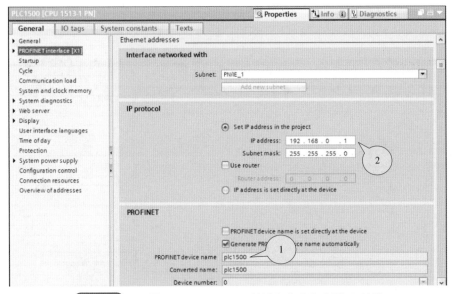

图 6-95　设置 CPU 1513-1 PN 的设备名称和分配 IP 地址

4）组态 G150 的设备名称和分配 IP 地址　如图 6-96 所示：

❶ 点击 G150，设置其设备名称为"g150pn"；

❷ 分配 IP 地址。

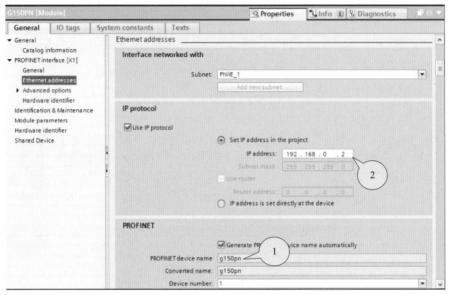

图 6-96　组态 G150 的设备名称和分配 IP 地址

5）组态与 G150 驱动对象的通信报文　如图 6-97 所示，鼠标双击添加的 G150 从站，打开设备视图：

❶ 双击列表添加"DO VECTOR"，硬件列表出现"SubModules"；

❷ 将硬件目录中"SubModules"下的"Standard telegram1，PZD-2/2"模块拖拽到"Device overview"（设备概览）视图的第 1 个插槽中，系统自动分配了输入、输出地址，本示例中分配的输入地址为 IW68、IW70，输出地址为 QW64、QW66。之后编译项目。

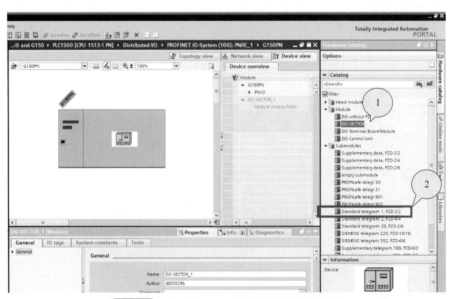

图 6-97　组态与 G150 驱动对象的通信报文

6）下载硬件配置 如图 6-98 所示：

❶ 鼠标单击"PLC 1500"选项；

❷ 点击"下载到设备"按钮；

❸ 选择"Type of PG/PC interface""PG/PC interface""Connection to interface/subnet"。
之后点击串口下方"Download"按钮。

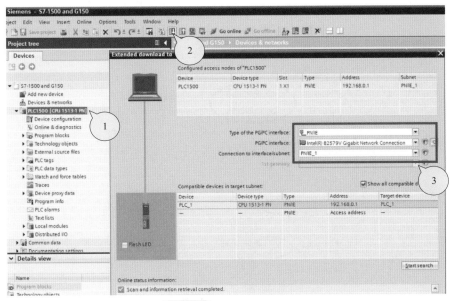

图 6-98 下载硬件配置

7）SINAMICS G150 的配置 在完成 S7-1500 的硬件配置下载后，还必须为 G150 分配设备名称和 IP 地址，保证为 G150 实际分配的设备名称与硬件组态中为 G150 分配的设备名称一致。

使用 STARTER 软件分配 G150 的设备名称，如图 6-99 所示：

❶ 选择搜索到的 G150，右键点击"Edit Ethernet Node..."，弹出如图 6-100 所示的"Edit Ethernet node"（网络节点编辑）对话框；

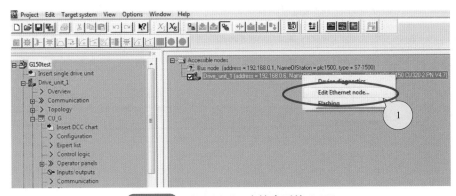

图 6-99 STARTER 中搜索到的 G150

❷ 输入 IP 地址和子网掩码；

❸ 点击"Assign IP Configuration"按钮；

❹ 输入设备名称；

❺ 点击"Assign name"按钮。

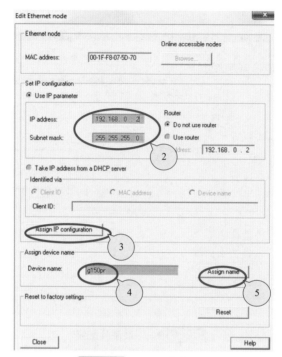

图 6-100　网络节点编辑

8）设置 G150 的命令源和报文类型

❶ 在线访问 G150；

❷ 选择"Expert list"，如图 6-101 所示；

❸ 设置 P0922=1，选择"标准报文 1，PZD2/2"。

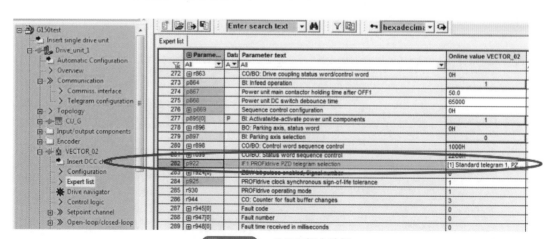

图 6-101　G150 报文选择

状态字说明如表 6-24 所示。

表6-24　状态字说明

参数号	参数值	说明
P1070[0]	r2050.1	
P2051[0]	r2089.0	变频器发送第 1 个过程值为状态字
P2051[1]	r63.1	变频器发送第 2 个过程值为转速实际值

（3）通过标准报文 1 控制电机启停及速度　S7-1500 通过 PROFINET PZD 通信方式将控制字 1（STW1）和主设定值（NSOLL_A）周期性地发送至变频器，变频器将状态字 1（ZSW1）和实际转速（NIST_A）发送到 S7-1200。

控制字：常用控制字如下，有关控制字 1（STW1）详细定义请参考 PROFINET 报文结构及控制字和状态字。

047E（十六进制）——OFF1 停车。

047F（十六进制）—— 正转启动。

主设定值：速度设定值要经过标准化，变频器接收十进制有符号整数 16384［4000H（十六进制）］对应于 100% 的速度，接收的最大速度为 32767（200%）。

参数 P2000 中设置 100% 对应的参考转速。

反馈状态字详细定义请参考 PROFINET 报文结构及控制字和状态字。反馈实际转速同样需要经过标准化，方法同主设定值。

示例：通过 TIA PORTAL 软件"监控表"模拟控制变频器启停、调速和监控变频器运行状态。

PLC I/O 地址与变频器过程值如表 6-25 所示。

表6-25　PLC I/O 地址与变频器过程值

数据方向	PLC I/O 地址	变频器过程数据	数据类型
PLC →变频器	QW64	PZD1- 控制字 1（STW1）	十六进制（16bit）
	QW66	PZD2- 主设定值（NSOLL_A）	有符号整数（16bit）
变频器→PLC	IW68	PZD1- 状态字 1（ZSW1）	十六进制（16bit）
	IW70	PZD2- 实际转速（NIST_A）	有符号整数（16bit）

❶ 启动变频器　首次启动变频器需将控制字 1（STW1）16#047E 写入 QW64 使变频器运行准备就绪，然后将 16#047F 写入 QW64 启动变频器。

❷ 停止变频器　将 16#047E 写入 QW64 停止变频器。

❸ 调整电机转速　将主设定值（NSOLL_A）十六进制 2000 写入 QW66，设定电机转速为 750r/min。

❹ 读取 IW68 和 IW70 中的数值分别可以监视变频器状态和电机实际转速。

监控表如图 6-102 所示。

图 6-102 监控表

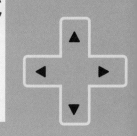

Chapter

第 7 章

西门子 S7-1200/1500 PLC 在 PID 闭环控制中的应用

7.1 模拟量闭环控制系统

如果某个物理值（例如温度、压力或速度）在过程中必须具有特定值，并且该值会根据无法预见的外部条件而变化，则必须使用控制器。

（1）PID 控制器　PID 控制器是由比例、积分和微分单元组成的。它在控制回路中连续检测受控变量的实际测量值，并将其与期望设定值进行比较。PID 使用所生成的控制偏差来计算控制器的输出，以便尽可能快速平稳地将受控变量调整到设定值。

（2）控制回路　控制回路是由受控对象、控制器、测量元件（传感器）和控制元件组成的。

7.2 PID_Compact 指令

（1）PID_Compact V2 的指令说明　PID_Compact 指令提供了一种可对具有比例作用的执行器进行集成调节的 PID 控制器。该指令存在下列工作模式：未激活、预调节、精确调节、自动模式、手动模式、带错误监视的替代输出值。

❶ 调用　在周期中断 OB 的恒定时间范围内调用 PID_Compact 指令。如果将 PID_Compact 指令作为多重背景数据块调用，将不会创建任何工艺对象。没有参数分配接口或调试接口可用，必须直接在多重背景数据块中为 PID_Compact 指令分配参数，并通过监视表格进行调试。

❷ 下载到设备　仅当完全下载 PID_Compact 指令后，才能更新保持性变量的实际值。

❸ 启动　CPU 启动时，PID_Compact 指令以保存在 Mode 输入 / 输出参数中的工作模式启动。要在启动期间切换到"未激活"工作模式，应设置 RunModeByStartup = FALSE。

❹ 对错误的响应　在自动模式下和调试期间，对错误的响应（表7-1）取决于 SetSubstitute Output 和 ActivateRecoverMode 变量。在手动模式下，该响应与 SetSubstituteOutput 和 ActivateRecover Mode 变量无关。如果 ActivateRecoverMode=TRUE 变量，则该响应还取决于所发生的错误。

表7-1 对错误的响应

SetSubstituteOutput	ActivateRecoverMode	组态编辑器 ＞输出值 ＞将 Output 设置为	响应
不相关	FALSE	零（未激活）	切换到"未激活"模式（State=0）值 0.0 0 传送到执行器
FALSE	TRUE	错误未决时的当前输出值	切换到"带错误监视的替代输出值"模式（State=5）当错误未决时，当前输出值会传送到执行器
TRUE	TRUE	错误未决时的替代输出值	切换到"带错误监视的替代输出值"模式（State=5）当错误未决时，Substitute Output 中的值会传送到执行器

在手动模式下，PID_Compact 指令使用 ManualValue 作为输出值，除非 ManualValue 无效。如果 ManualValue 无效，将使用 SubstituteOutput。如果 ManualValue 和 SubstituteOutput 无效，将使用 Config.OutputLowerLimit。

Error 参数指示是否存在错误处于未决状态。当错误不再处于未决状态时，Error=FALSE。ErrorBits 参数显示了已发生的错误。通过 Reset 或 ErrorAck 的上升沿来复位 ErrorBits。

（2）PID_Compact V2 的工作模式

❶ 监视过程值的限值　在 Config.InputUpperLimit 和 Config.InputLowerLimit 变量中指定过程值的上限和下限。如果过程值超出这些限值，将出现错误（ErrorBits=0001h）。

在 Config.InputUpperWarning 和 Config.InputLowerWarning 变量中指定过程值的警告上限和警告下限。如果过程值超出这些警告限值，将发生警告（Warning =0040h），并且 InputWarning_H 或 InputWarning_L 输出参数会更改为 TRUE。

❷ 限制设定值　可在 Config.SetpointUpperLimit 和 Config.SetpointLowerLimit 变量中指定设定值的上限和下限。PID_Compact 指令会自动将设定值限制在过程值的限值范围内。可以将设定值限制在更小的范围内，PID_Compact 指令会检查此范围是否处于过程值的限值范围内。如果设定值超出这些限值，上限和下限将用作设定值，并且输出参数 SetpointLimit_H 或 SetpointLimit_L 将设置为 TRUE。

在所有操作模式下均限制设定值。

❸ 限制输出值　在 Config.OutputUpperLimit 变量和 Config.OutputLowerLimit 变量中指定输出值的上限和下限。Output、ManualValue 和 SubstituteOutput 限制为这些值。输出值限值必须与控制逻辑相匹配。

有效的输出值限值取决于所用的 Output，如表 7-2 所示。

表7-2 有效的输出值限值

Output	-100.0 至 100.0%
Output_PER	−100.0 至 100.0%
Output_PWM	0.0 至 100.0%

规则：OutputUpperLimit>OutputLowerLimit。

④ 替代输出值　出现错误时，PID_Compact 指令可输出在 SubstituteOutput 变量处定义的替代输出值。代输出值必须处于输出值的限值范围内。

⑤ 监视信号有效性　使用以下参数时，监视其有效性：

a. Setpoint。

b. Input。

c. Input_PER。

d. Disturbance。

e. ManualValue。

f. SubstituteOutput。

g. Output。

h. Output_PER。

i. Output_PWM。

⑥ PID_Compact 采样时间的监视　理想情况下，采样时间等于调用 OB 的周期时间。PID_Compact 指令测量两次调用之间的时间间隔。这就是当前采样时间。每次切换工作模式以及初始启动期间，平均值由前 10 个采样时间构成。当前采样时间与该平均值之间的差值过大时会触发错误（Error = 0800h）。

如果存在以下情况，调节期间将发生错误：

a. 新平均值 ≥ 1.1× 原平均值。

b. 新平均值 ≤ 0.9× 原平均值。

如果存在以下情况，将在自动模式下发生错误：

a. 新平均值 ≥ 1.5× 原平均值。

b. 新平均值 ≤ 0.5× 原平均值。

如果禁用采样时间监视（CycleTime.EnMonitoring=FALSE），则也可在 OB1 中调用 PID_Compact 指令。由于采样时间发生偏离，随后必须接受质量较低的控制。

⑦ PID 算法的采样时间　受控系统需要一定的时间来对输出值的变化做出响应。因此，建议不要在每次循环中都计算输出值。PID 算法的采样时间是两次计算输出值之间的时间。该时间在调节期间进行计算，并舍入为循环时间的倍数。PID_Compact 指令的所有其他功能会在每次调用时执行。

如果使用 Output_PWM，输出信号的精度将由 PID 算法采样时间与 OB 的周期时间之比来确定。该周期时间至少应为 PID 算法采样时间的 10 倍。

⑧ 控制逻辑　通常，可通过增大输出值来增大过程值。这种做法称为常规控制逻辑。对于制冷和放电控制系统，可能需要反转控制逻辑。PID_Compact 指令不使用负比例增益。如果 InvertControl=TRUE，则不断增大的控制偏差将导致输出值减小。在预调节和精确调节期间还会考虑控制逻辑。

（3）PID_Compact V2 的输入参数　如表 7-3 所示。

表7-3　PID_Compact V2的输入参数

参数	数据类型	默认值	说明
Setpoint	REAL	0.0	PID 控制器在自动模式下的设定值
Input	REAL	0.0	用户程序的变量用作过程值的源。 如果正在使用参数 Input，则必须设置 Config.InputPerOn=FALSE
Input_PER	INT	0	模拟量输入用作过程值的源。 如果正在使用参数 Input_PER，则必须设置 Config InputPerOn=TRUE
Disturbance	REAL	0.0	扰动变量或预控制值
ManualEnable	BOOL	FALSE	①出现 FALSE → TRUE 沿时会激活"手动模式"，而 State=4 和 Mode 保持不变。 只要 ManualEnable=TRUE，便无法通过 ModeActivate 的上升沿或使用调试对话框来更改工作模式。 ② 出现 TRUE → FALSE 沿时会激活由 Mode 指定的工作模式。 建议只使用 ModeActivate 更改工作模式
ManualValue	REAL	0.0	手动值。 该值用作手动模式下的输出值。 允许介于 Config OutputLowerLimit 与 Config OutputUpperLimit 之间的值
ErrorAck	BOOL	FALSE	FALSE → TRUE 沿：将复位 ErrorBits 和 Warning
Reset	BOOL	FALSE	重新启动控制器。 ① FALSE → TRUE 沿： a. 切换到"未激活"模式。 b. 将复位 ErrorBits 和 Warnings。 ② 只要 Reset = TRUE： a. PID_Compact 指令将保持在"未激活"模式下（State=0）。 b. 无法通过 Mode 和 ModeActivate 或 ManualEnable 更改工作模式。 c. 无法使用调试对话框。 ③ TRUE → FALSE 沿： a. 如果 ManualEnable=FALSE，则 PID_Compact 指令会切换到保存在 Mode 中的工作模式。 b. 如果 Mode=3，会将积分作用视为已通过变量 IntegralResetMode 进行组态
ModeActivate	BOOL	FALSE	FALSE → TRUE 沿：PID_Compact 指令将切换到保存在 Mode 参数中的工作模式

（4）PID_Compact V2 的输出参数　如表 7-4 所示。

表7-4　PID_Compact V2的输出参数

参数	数据类型	默认值	说明
ScaledInput	REAL	0.0	标定的过程值
Output	REAL	0.0	REAL 形式的输出值
Output_PER	INT	0	模拟量输出值

续表

参数	数据类型	默认值	说明
Output_PWM	BOOL	FALSE	脉宽调制输出值。 输出值由变量开关时间形成。
SetpointLimit_H	BOOL	FALSE	如果 SetpointLimit_H=TRUE，则说明达到了设定值的绝对上限（Setpoint ≥ Config.SetpointUpperLimit）。 此设定值将限制为 Config.SetpointUpperLimit
SetpointLimit_L	BOOL	FALSE	如果 SetpointLimit_L=TRUE，则说明已达到设定值的绝对下限（Setpoint ≤ Config.SetpointLowerLimit）。 此设定值将限制为 Config.SetpointLowerLimit
InputWarning_H	BOOL	FALSE	如果 InputWarning_H=TRUE，则说明过程值已达到或超出警告上限
InputWarning_L	BOOL	FALSE	如果 InputWarning_L=TRUE，则说明过程值已经达到或低于警告下限
State	INT	0	State 参数显示了 PID 控制器的当前工作模式。可使用输入参数 Mode 和 ModeActivate 处的上升沿更改工作模式。 ① State = 0：未激活。 ② State = 1：预调节。 ③ State = 2：精确调节。 ④ State = 3：自动模式。 ⑤ State = 4：手动模式。 ⑥ State = 5：带错误监视的替代输出值
Error	BOOL	FALSE	如果 Error=TRUE，则此周期内至少有一条错误消息处于未决状态
ErrorBits	DWORD	DW#16#0	ErrorBits 参数显示了处于未决状态的错误消息。通过 Reset 或 ErrorAck 的上升沿来保持并复位 ErrorBits

注：可同时使用"Output""Output_PER"和"Output_PWM"输出。

（5）PID_Compact V2 的输入/输出参数　如表 7-5 所示。

表7-5　PID_Compact V2 的输入/输出参数

参数	数据类型	默认值	说明
Mode	INT	4	在 Mode 上，指定 PID_Compact 指令将转换到的工作模式。 选项包括： ① Mode=0：未激活。 ② Mode=1：预调节。 ③ Mode=2：精确调节。 ④ Mode=3：自动模式。 ⑤ Mode=4：手动模式。 工作模式由以下沿激活： ① ModeActivate 的上升沿。 ② Reset 的下降沿。 ③ ManualEnable 的下降沿。 ④ 如果 RunModeByStartup=TRUE，则冷启动 CPU。保持 Mode。 有关工作模式的详细说明，请参见模式 V2 的参数状态

7.3 PID 参数整定

（1）PID 参数　PID 参数显示在"PID 参数"（PID Parameters）组态窗口中。在控制器
调节期间将调整 PID 参数以适应受控系统。用户不必手动输入 PID 参数。

PID 算法根据以下等式工作：

$$y = K_P \left[(bw - x) + \frac{1}{T_I s}(w - x) + \frac{T_D s}{aT_D s + 1}(cw - x) \right]$$

PID 参数如表 7-6 所示。

表 7-6　PID 参数

符号	说明
y	PID 算法的输出值
K_P	比例增益
s	拉普拉斯运算符
b	比例作用权重
w	设定值
x	过程值
T_I	积分作用时间
a	微分延迟系数（微分延迟 $T_1 = aT_D$）
T_D	微分作用时间
c	微分作用权重

所有 PID 参数均具有保持性。如果手动输入 PID 参数，则必须完整下载 PID_Compact
指令。

❶ 比例增益　该值用于指定控制器的比例增益。PID_Compact 指令不使用负比例增益。
在"基本设置"→"控制器类型"下，控制逻辑会反转。

❷ 积分作用时间　积分作用时间用于确定积分作用的时间特性。积分作用时间 =0.0 时，
将禁用积分作用。

❸ 微分作用时间　微分作用时间用于确定微分作用的时间特性。微分作用时间 =0.0 时，
将禁用微分作用。

❹ 微分延迟系数　微分延迟系数用于延迟微分作用的生效。

微分延迟 = 微分作用时间 × 微分延迟系数

0.0：微分作用仅在一个周期内有效，因此几乎不产生影响。

0.5：此值经实践证明，对于具有一个优先时间常量的受控系统非常有用。

>1.0：系数越大，微分作用的生效时间延迟越久。

❺ 比例作用权重　比例作用随着设定值的变化而减弱。

第 7 章
西门子 S7-1200/1500 PLC 在 PID 闭环控制中的应用

第1章

第2章

第3章

第4章

第5章

第6章

第7章

第8章

第9章

附录

允许使用 0.0 ～ 1.0 之间的值。

1.0：应对设定值变化的比例作用完全有效。

0.0：应对设定值变化的比例作用无效。

当过程值变化时，比例作用始终完全有效。

❻ 微分作用权重　微分作用随着设定值的变化而减弱。

允许使用 0.0 ～ 1.0 之间的值。

1.0：设定值变化时微分作用完全有效。

0.0：设定值变化时微分作用不生效。

当过程值变化时，微分作用始终完全有效。

（2）参数设置的经验　如表 7-7 所示。

表 7-7　参数设置的经验

控制器结构	设置
P	$CAIN \approx Y_{max} \times T_u \ [\ ℃\ ]$
PI	$CAIN \approx 1.2 \times v_{max} \times T_u \ [\ ℃\ ]$ $T_I \approx 4 \times T_u \ [\ min\ ]$
PD	$CAIN \approx 0.83 \times v_{max} \times T_u \ [\ ℃\ ]$ $T_D \approx 0.25 \times v_{max} \times T_u \ [\ min\ ]$ $TM\_LAC \approx 0.5 \times T_D \ [\ min\ ]$
PID	$CAIN \approx 0.83 \times v_{max} \times T_u \ [\ ℃\ ]$ $T_I \approx 2 \times T_u \ [\ min\ ]$ $T_D \approx 0.4 \times T_u \ [\ min\ ]$ $TM\_LAC \approx 0.5 \times T_D \ [\ min\ ]$
PD/PID	$CAIN \approx 0.4 \times v_{max} \times T_u \ [\ ℃\ ]$ $T_I \approx 2 \times T_u \ [\ min\ ]$ $T_D \approx 0.4 \times T_u \ [\ min\ ]$ $TM\_LAC \approx 0.5 \times T_D \ [\ min\ ]$

除了 $v_{max} = \Delta_x / \Delta_t$，还可以使用 X_{max} / T_g。

如果控制器具有 PID 结构，则积分作用时间的设置和微分作用时间的设置通常会相互结合。比率 T_I/T_D 介于 4 和 5 之间，这对于大多数受控系统都是最优的。在 PD 控制器中，不遵守微分作用时间 T_D 并不重要。

对于 PI 和 PID 控制器，如果大部分情况下选择的积分作用时间 T_I 过短，则会发生控制振荡。如果积分作用时间过长，则会降低干扰的稳定速度。不要希望进行第一次参数设置后，控制回路工作状态就能达到"最优"状态。经验表明，当系统处于 $T_u/T_g > 0.3$ "难以控制"状态时，进行调整是很必要的。

（3）手动调节 PID 参数要求　手动设置 PID/PI 控制器，请按以下步骤操作（要求必须在参数分配期间选择"PID 控制器"控制算法）

❶ 选择想要调节通道的背景数据块。

❷ 单击"Start"图标。如果不存在在线连接，则将建立在线连接。系统会记录设定值、

过程值和调节变量的当前值。

③ 输入比例作用、积分作用、微分作用和延迟的相应值。

④ 在"调节"（Tuning）组中单击图标🔧，"将PID参数发送到FM"（Send PID Parameters To FM）。

⑤ 在"当前值"（Current Values）组中选中"更改设定值"（Change Setpoint）复选框。

⑥ 输入一个新设定值。

⑦ 必要时清除"手动模式"（Manual Mode）复选框，并在"当前值"（Current Values）组中单击图标🔧。

⑧ 这时控制器使用新参数工作并控制新设定值。

⑨ 根据趋势特性检查PID参数的质量。

⑩ 重复步骤③～⑧，直至对控制器结果满意为止。

7.4 应用实例

（1）实例介绍

① 在本例中，使用具有PID控制的SIMATIC S7-1200作为控制器。

② 本例中的测量元件是传感器，用于测量加热室内的温度。

③ 控制元件是由PLC直接控制的加热器。

图7-1接线图包含了一个典型的控制回路。

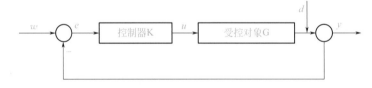

图 7-1 PID 典型控制回路

设定值"w"已预先定义。在下面的实例中，设定值是加热室中的期望温度75℃。可通过设定值（w）和实际值（y）来计算控制偏差（e）。控制器（K）可将控制偏差转换为受控变量（u）。受控变量通过受控对象（G）来更改实际值（y）。本例中的受控对象（G）为加热室中的温度调节，可以通过增加或减少能量输入进行控制。除受控对象（G）外，也可以通过干扰变量（d）改变实际值（y）。本例中的干扰变量可能是加热室中意外的温度变化。例如，由室外温度变化引起的温度变化。

在实例项目中，使用PID控制器尽可能快地达到所需的75℃温度，并尽可能保持设定值不变。在本例中，加热元件在关闭后继续发热，因此将超出设定值。该效应称为"过调"。如果实际值的控制和测量之间存在延时，则会发生过调。

图7-2显示了首次打开设备后可能的温度特征曲线。

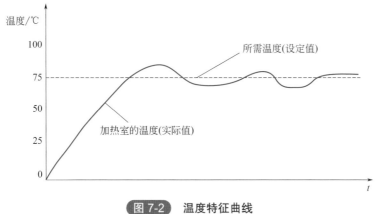

图 7-2　温度特征曲线

请按以下步骤操作以创建图 7-3 所示对象：

❶ 创建第二个组织块［OB200］，在其中将调用 PID 控制器的块。

❷ 创建工艺对象"PID_Compact"。

❸ 将仿真块"PROC_C"加载到组织块［OB200］。如果使用仿真块，无须使用 PLC 之外的其他硬件。

❹ 组态工艺对象"PID_Compact"。

a. 选择控制器的类型。

b. 输入控制器的设定值。

c. 将工艺对象"PID_Compact"的实际值和受控变量与仿真块"PROC_C"互连。

❺ 在工艺窗口的调试窗口中加载用户程序并执行控制器优化。

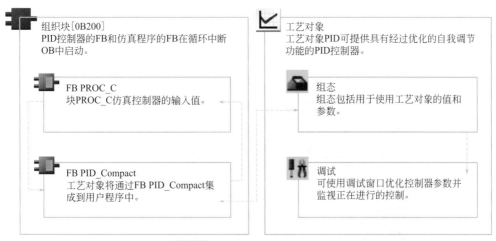

图 7-3　创建所有对象的总览

（2）创建 PID 控制器的组织块　在新的组织块中创建 PID 控制器的块。当前所创建的循环中断组织块将用作新的组织块。循环中断组织块可用于以周期性时间间隔启动程序，而与循环程序执行情况无关。循环中断 OB 将中断循环程序的执行将并会在中断结束后继续执行。图 7-4 显示了带有循环中断 OB 的程序执行。

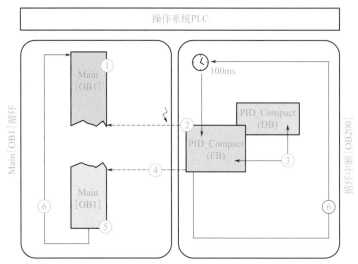

图 7-4　带有循环中断 OB 的程序执行

①程序从 Main［OB1］开始执行。②循环中断每 100 ms 触发一次，它会在任何时间（例如，在执行
Main［OB1］期间）中断程序并执行循环中断 OB 中的程序。在本例中，程序包含功能块
PID_Compact。③执行 PID_Compact 并将值写入数据块 PID_Compact（DB）。④执行循环
中断 OB 后，Main［OB1］将从中断点继续执行。相关值将保留不变。
⑤ Main［OB1］操作完成。⑥将重新开始该程序循环。

在实例项目中，使用循环中断 OB 调用工艺对象"PID_Compact"。工艺对象"PID_
Compact"是 PID 控制器在软件中的映像。可以使用该工艺对象组态 PID 控制器，然后激活该
控制器并控制其执行状态。

要创建 PID 控制器的循环中断 OB，请按以下步骤操作：

❶ 打开 Portal 视图。

❷ 向现有 PLC 中添加新块（图 7-5）。

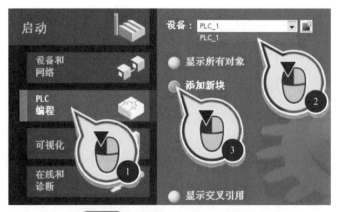

图 7-5　向现有 PLC 中添加新块

❸ 创建一个名为"PID"的循环中断 OB，如图 7-6 所示。请确保已选中"添加新对象并
打开（O）"（Add New And Open）复选框。

图 7-6　创建一个名为 PID 的循环中断 OB

在项目视图的程序编辑器中打开所创建的循环中断 OB。如果该块没有自动打开，则说明在对话框中没有选中"添加新对象并打开"（Add New And Open）复选框。在这种情况下，请切换到项目视图并打开项目树中的程序块。

下面将介绍如何在所创建的块中调用工艺对象"PID_Compact"。

（3）创建工艺对象 PID 控制器　要求：

❶ 已创建带有 PLC S7-1200 的项目。

❷ 已创建一个循环中断 OB 并在项目视图中将其打开。

要在循环中断 OB"PID［OB200］"中调用工艺对象"PID_Compact"，应按以下步骤操作：

❶ 在组织块"PID［OB200］"的第一个程序段中，创建工艺对象"PID_Compact"，如图 7-7 所示。

图 7-7　创建工艺对象

② 确定为工艺对象"PID_Compact"创建数据块,如图 7-8 所示。

图 7-8   为工艺对象"PID_Compact"创建数据块

已通过编程设定了在循环中断 OB"PID〔OB200〕"中调用工艺对象"PID_Compact"并且已创建数据块"PID_Compact_DB"。下面将介绍如何在程序中加载仿真块,以便仿真 PID 控制器的输入和输出值。

(4) 加载仿真块   以下步骤介绍了如何在实例项目中加载仿真块"PROC_C"。该块将仿真 PID 控制器的输入和输出值。要使用这些值,请在实例项目中载入库并在第二个程序段中创建该块。组织块"PID〔OB200〕"已在项目视图中打开。

要打开库并复制块,应按以下步骤操作:

① 将位于图 7-9 所示 Internet 地址中的文件"Simulation_Program_PID.ZIP"复制到本地硬盘并解压缩该文件。

② 解压缩文件"Simulation_Program_PID.ZIP"。

③ 使用"库"(Libraries)任务卡打开已解压缩文件目录中的全局库"Simulation_110"。

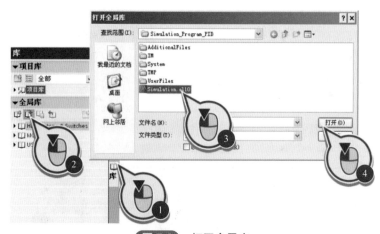

图 7-9   打开全局库

第7章

西门子 S7-1200/1500 PLC 在 PID 闭环控制中的应用

第1章

第2章

第3章

第4章

第5章

第6章

第7章

第8章

第9章

附录

❹ 将仿真块"PROC_C"复制到组织块"PID［OB200］"的第二个程序段中，如图 7-10 所示。

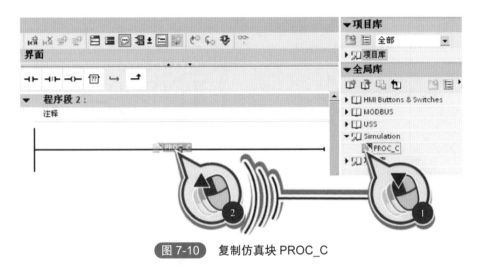

图 7-10　复制仿真块 PROC_C

❺ 确定为仿真块"PROC_C"创建数据块，如图 7-11 所示。

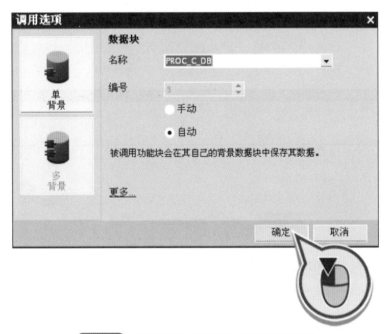

图 7-11　为仿真块"PROC_C"创建数据块

❻ 在 OUTV 参数中定义"temperature"变量，如图 7-12、图 7-13 所示。

参数 OUTV 的值存储在"temperature"变量中。该参数的值是"PROC_C"块仿真的温度值。

❼ 以相同的方式，在参数 INV 中定义变量"output_value"，如图 7-14 所示。

在实例项目中加载了用于仿真 PID 控制器的输入和输出值的块。

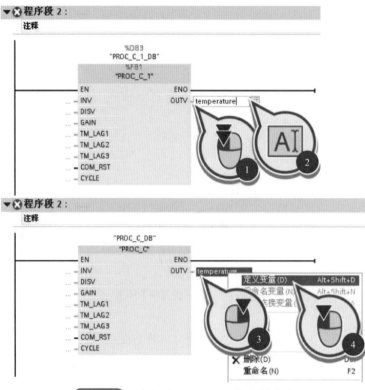

图 7-12 定义 "temperature" 变量（1）

图 7-13 定义 "temperature" 变量（2）

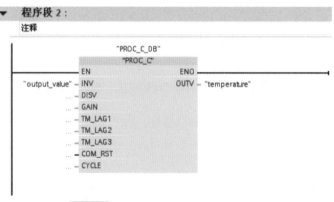

图 7-14 定义 "output_value" 变量

执行循环中断 OB "PID（OB200）"后，"PROC_C"块会仿真输入和输出值并将这些值加载到背景数据块 "PROC_C_DB"中。执行程序时，参数 INV 和 OUTV 的值会映射到变量中。

下面将使用工艺对象 "PID_Compact"组态 PID 控制器并将其输入和输出链接到仿真块的相应值。

（5）组态 PID 控制器　以下步骤将介绍如何使用工艺对象 "PID_Compact"组态 PID 控制器。

控制器类型用于预先选择需控制值的单位。在本例中，将单位为 "℃"的 "温度"（Temperature）用作控制器类型。

在该区域中，为设定值、实际值和工艺对象 "PID_Compact"的受控变量提供输入和输出参数。若要在没有其他硬件的情况下使用 PID 控制器，请将 "PID_Compact"的输入和输出参数链接到与仿真块 "PROC_C"互连的 "output_value"和 "temperature"变量（图 7-15）：

● 实际值由 "PROC_C"仿真并用作 "PID_Compact"的输入。

在本例中，实际值为映射到 "temperature"变量中的加热室中的测量温度。

● 受控变量由工艺对象 "PID_Compact"计算，是该块的输出参数。受控变量映射在 "output_value"变量中并用作 "PROC_C"的输入值。

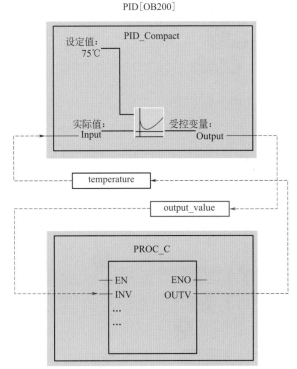

图 7-15　显示工艺对象 "PID_Compact"和仿真块 "PROC_C"的互相方式

要求：

● 循环中断 OB "PID［OB200］"处于打开状态。

● 已在组织块 "PID［OB200］"中调用了 "PID_Compact"块。

● 已在组织块 "PID［OB200］"中调用了 "PROC_C"仿真块。

若要组态工艺对象"PID_Compact"并将其与仿真块"PROC_C"互连，应按以下步骤操作：

❶ 在巡视窗口中打开 PID 控制器的组态，如图 7-16 所示。

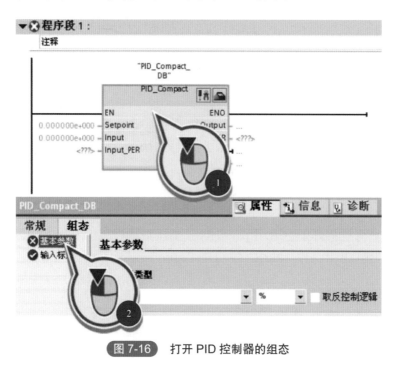

图 7-16　打开 PID 控制器的组态

❷ 选择控制器的类型，如图 7-17 所示。

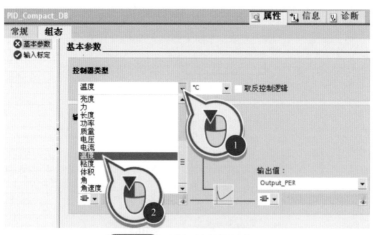

图 7-17　选择控制器的类型

❸ 输入控制器的设定值，如图 7-18 所示。

❹ 分别为实际值和受控变量选择"输入"（input）和"输出"（output），从而指定将使用用户程序的某个变量中的值，如图 7-19 所示。

❺ 将"temperature"变量与实际值互连，并将"output_value"变量与受控变量互连，如图 7-20 所示。输入变量的前几个字母时，Intellisense® 将进行相应的过滤。

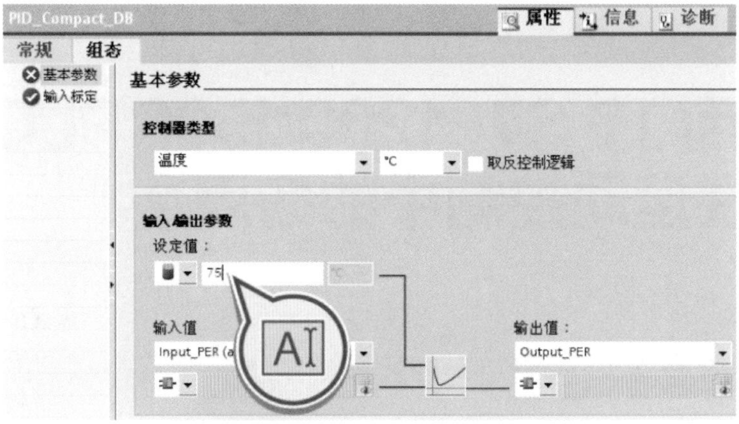

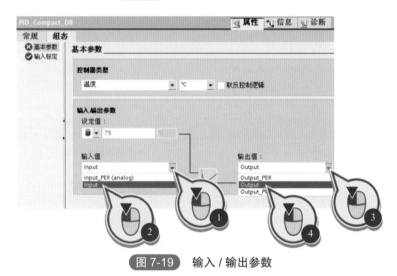

图 7-18　输入控制器的设定值

图 7-19　输入 / 输出参数

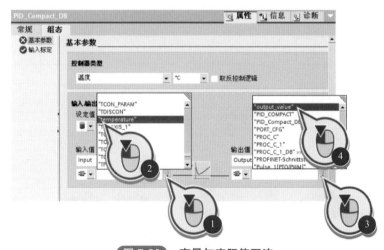

图 7-20　变量与实际值互连

　　至此，已将 PID 控制器（PID_Compact）与仿真块 "PROC_C" 互连。启动仿真后，PID 控制器会在每次调用组织块 "PID［OB200］" 时收到新的实际值。

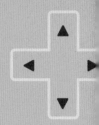

Chapter
第8章

西门子 S7-1200/1500 PLC 在运动控制中的应用

8.1 运动控制功能

运动控制（简称 MC）通常是指在复杂条件下，将预定的运动控制方案、规划指令转变成期望的机械运动，实现机械运动精度位置控制、速度控制、加速度控制、转矩或力的控制。其被广泛地应用在包装、印刷、纺织和装配工业中。按照使用动力源的不同，运动控制主要可分为以电动机作为动力源的电气运动控制、以气体和流体作为动力源的气液运动控制等。在所有动力源中，90% 以上来自电动机。电动机在现代化生产和生活中起到十分重要的作用，所以在这几种运动控制中，电气运动控制应用最为广泛。

电气运动控制是由电动机拖动发展而来的，电力拖动或电气传动是以电动机为对象的控制系统的统称。运动控制系统多种多样，但是从基本结构上看，一个典型的现代运动控制系统的硬件主要由上位机、运动控制器、功率驱动装置、电动机、执行机构和传感器反馈检测装置等部分组成，如图 8-1 ～图 8-3 所示。其中的运动控制器是指以中央逻辑控制单元为核心、以传感器为信号敏感元件、以电机或动力装置和执行单元为控制对象的一种控制装置。

```
控制器  ⇨  驱动器  ⇨  电动机  ⇨  机械
  ↑           ↑
  └───── 反馈：位置与速度 ─────┘
```

图 8-1　运动控制的组成

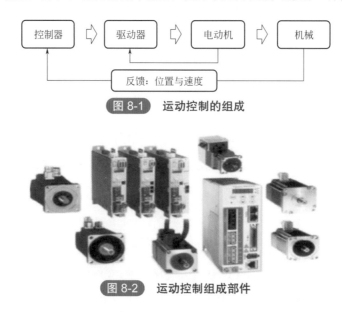

图 8-2　运动控制组成部件

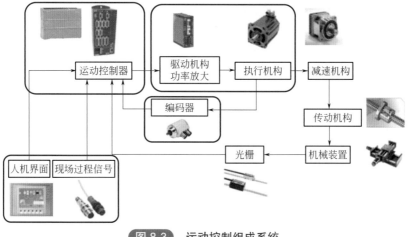

图 8-3　运动控制组成系统

8.2 运动控制方式

（1）运动控制方式　S7-1200/1500 PLC 运动控制根据所连接驱动方式的不同，分成如下三种运动控制方式。

❶ 通信（可以对速度、转矩、位置进行控制）　S7-1200/1500 PLC 通过基于 PROFIBUS/PROFINET 的 PROFIdrive 方式与支持 PROFIdrive 的驱动器连接，进行运动控制。S7-1200 最多带 16 个从站（如：V90），S7-1500 根据 PLC 型号不同所带的从站个数不一样。

❷ PTO（脉冲串输出）（可以对速度、位置进行控制）　S7-1200 PLC 通过发送 PTO 脉冲的方式控制驱动器，可以是脉冲 + 方向、A/B 正交、正 / 反脉冲的方式。S7-1200 最多只能通过 PTO 控制 4 个驱动，不能进行扩展；S7-1500 也有 PTO 功能，但比较简单，大多用 PROFIdrive 方式。

❸ 模拟量（可以对速度、转矩进行控制，应用较少）　S7-1200/1500 PLC 通过输出模拟量来控制驱动器。运动控制应用的基本硬件配置如图 8-4、图 8-5 所示。

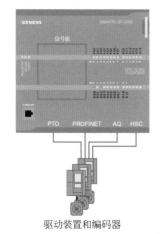

驱动装置和编码器

图 8-4　CPU S7-1200 进行运动控制应用的基本硬件配置

图 8-5　运动控制应用的基本硬件配置

（2）S7-1200/1500 PLC 主要的控制方式

❶ S7-1200 PLC 采用 PTO（脉冲串输出）+TO（Technology Objects，即：工艺对象组态）+MC 指令方式，驱动如果没有 PROFINET 通信，则采用这种方式。

❷ PROFINET（PROFIdrive 的一种）通信方式有 2 种模式：

a. 使用标准报文（V90 使用的是标准报文 3）+TO（Technology Objects，即：工艺对象组态）+MC 等 PLC Open 标准程序块进行控制。这种控制方式属于中央控制方式（位置控制在 PLC 中计算，占用 PLC 资源）。

b. 使用标准报文（V90 使用的是标准报文 111）+ 使用 FB284（SINA_POS）功能块，实现相对定位、绝对定位等位置控制。这种控制方式属于分布式控制方式（位置控制在驱动器中计算，对 PLC 的资源占有很少）。

S7-1500 PLC 基本采用 PROFINET（PROFIdrive 的一种）方式进行运行控制。

❸ S7-1500 与编码器的连接（图 8-6）

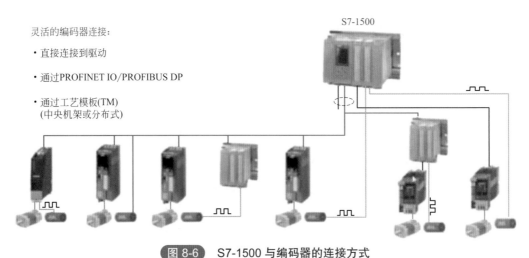

灵活的编码器连接：
- 直接连接到驱动
- 通过PROFINET IO/PROFIBUS DP
- 通过工艺模板(TM)
  (中央机架或分布式)

S7-1500

图 8-6　S7-1500 与编码器的连接方式

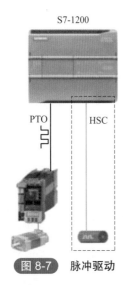

S7-1200

PTO　HSC

图 8-7　脉冲驱动

a. 将编码器连接到驱动上；

b. 通过 PN 或 PB 连接编码器；

c. 通过工艺模板连接编码器。

PTO 的控制方式是目前为止所有版本的 S7-1200 CPU 都有的控制方式，该控制方式由 CPU 向轴驱动器发送脉冲信号来控制轴的运行，如图 8-7 所示。

S7-1200 运动控制轴的资源个数（表 8-1）是由 S7-1200 PLC 硬件能力决定的，不是由单纯的添加 IO 扩展模块来扩展的，但是 S7-1211C 通过扩展 SB 信号板也可以带 4 个驱动器。目前为止，S7-1200 最大的轴个数为 4，该值不能扩展，添加 SB 信号板并不会超过 CPU 的总资源限制数。如果需要控制多个轴，并且对轴与轴之间的配合动作要求不高，则可以使用多个 S7-1200 CPU，这些 CPU 之间可以通过以太网的方式进行通信。

表8-1　S7-1200运动控制轴资源列表

CPU1215C (DC/DC/DC)	Q0.0	Q0.1	Q0.2	Q0.3	Q0.4	Q0.5	Q0.6	Q07	Q1.0	Q1.1
	PTO 0		PTO 1		PTO 2		PTO 3			
Firmware V3.0	脉冲信号	方向信号	脉冲信号	方向信号	脉冲信号	方向信号	脉冲信号	方向信号		
	100kHz	100kHz	100kHz	100kHz	20kHz	20kHz	20kHz	20kHz		
Firmware V4.0/4.1	用户可以灵活定义 PTO 0 ～ PTO 3 这 4 个轴的 DO 点分配									
	100kHz	100kHz	100kHz	100kHz	20kHz	20kHz	20kHz	20kHz	20kHz	20kHz

8.3　运动控制指令

（1）MC_Power：启用、禁用轴 V1...3（S7-1200）　"MC_Power"运动控制指令可启用或禁用轴。

❶ 要求

a. 已正确组态轴工艺对象。

b. 没有待决的启用 / 禁止错误。

❷ 超驰响应：运动控制命令无法中止"MC_Power"的执行。

禁用轴（输入参数"Enable"= FALSE）之后，将根据所选"StopMode"中止相关工艺对象的所有运动控制命令。

MC_Power 指令参数如表 8-2 所示。

表8-2　MC_Power指令参数

参数	声明	数据类型	默认值	说明	
Axis	INPUT	TO_Axis_1	—	轴工艺对象	
Enable	INPUT	BOOL	FALSE	TRUE	运动控制尝试启用轴
				FALSE	根据组态的"StopMode"中断当前所有作业。停止并禁用轴
StopMode	INPUT	INT	0	0	紧急停止。 如果禁用轴的请求处于待决状态，则轴将以组态的急停减速度进行制动。轴在变为静止状态后被禁用
				1	立即停止。 如果禁用轴的请求处于待决状态，则会在不减速的情况下禁用轴。脉冲输出立即停止
				2	带有加速度变化率控制的紧急停止。 如果禁用轴的请求处于待决状态，则轴将以组态的急停减速度进行制动。如果激活了加速度变化率控制，会将已组态的加速度变化率考虑在内。轴在变为静止状态后被禁用

参数	声明	数据类型	默认值	说明	
Status	OUTPUT	BOOL	FALSE	轴的使能状态	
				FALSE	禁用轴。 轴不会执行运动控制命令也不会接受任何新命令（例如：MC_Reset 命令）。 轴未回原点。 在禁用轴时，只有在轴停止之后，才会将状态更改为 FALSE
				TRUE	轴已启用。 轴已就绪，可以执行运动控制命令。 在启用轴时，直到信号"驱动器准备就绪"处于待决状态之后，才会将状态更改为 TRUE。在轴组态中，如果未组态"驱动器准备就绪"驱动器接口，那么状态将会立即更改为 TRUE
Busy	OUTPUT	BOOL	FALSE	TRUE	"MC_Power"处于活动状态
Error	OUTPUT	BOOL	FALSE	TRUE	运动控制指令"MC_Power"或相关工艺对象发生错误。错误原因请参见"ErrorID"和"ErrorInfo"的参数说明
ErrorID	OUTPUT	WORD	16#0000	参数"Error"的错误 ID	
ErrorInfo	OUTPUT	WORD	16#0000	参数"Error ID"的错误信息 ID	

❸ 启用带有已组态驱动器接口的轴：要启用轴，应按下列步骤操作。

a. 首先检查是否满足上述要求。

b. 使用所需值对输入参数"StopMode"进行初始化。将输入参数"Enable"设置为 TRUE。

将"启用驱动器"的使能输出更改为 TRUE，以接通驱动器的电源。CPU 将等待驱动器的"驱动器就绪"信号。

当 CPU 组态完成且输入端出现"驱动器就绪"信号时，将启用轴。输出参数"Status"和工艺对象变量 < 轴名称 >.StatusBits.Enable 的值为 TRUE。

❹ 启用不带已组态驱动器接口的轴：若要启用轴，应按下列步骤操作。

a. 首先检查是否满足上述要求。

b. 使用所需值对输入参数"StopMode"进行初始化。将输入参数"Enable"设置为 TRUE。轴已启用。输出参数"Status"和工艺对象变量 < 轴名称 >.StatusBits.Enable 的值为 TRUE。

❺ 禁用轴：若要禁用轴，应按下列步骤操作。

a. 停止轴。

可以通过工艺对象变量 < 轴名称 >.StatusBits.StandStill 识别轴何时处于停止状态。

b. 在轴停止后，将输入参数"Enable"设置为 FALSE。

c. 如果输出参数"Busy"和"Status"以及工艺对象变量 < 轴名称 >.StatusBits.Enable 的值均为 FALSE，则说明禁用轴已完成。

MC_Power 指令功能图和时序图分别如图 8-8、图 8-9 所示。

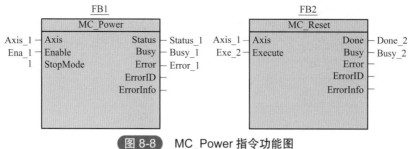

图 8-8　MC_Power 指令功能图

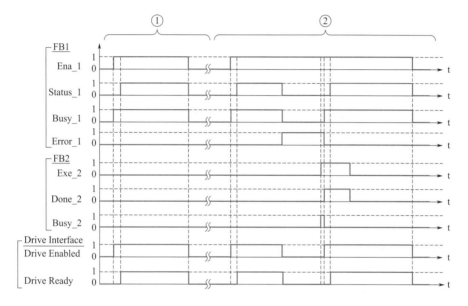

| ① | 启用轴之后再次禁用。驱动器将"驱动器准备就绪"信号发送回CPU后，可以通过"Status_1"标识已成功启用轴。 |
| ② | 在启用轴之后，如果发生错误，则会禁用轴。在消除错误并通过"MC_Reset"确认后，该轴再次被启用。 |

图 8-9　MC_Power 指令时序图

（2）MC_Reset：确认故障，重启工艺对象 V1...3（S7-1200）　运动控制指令"MC_Reset"可用于确认"伴随轴停止出现的运行错误"和"组态错误"。从版本 V3.0 开始，可在 RUN 运行模式下将轴组态下载到工作存储器。

❶ 要求

a. 已正确组态轴工艺对象。

b. 已经清除了引起这些需确认的待决组态错误的原因（例如，已将定位轴工艺对象中的加速度更改为有效值）。

❷ 超驰响应：任何其他运动控制命令均无法中止 MC_Reset 命令。

新的 MC_Reset 命令不会中止任何其他激活的运动控制命令。

MC_Reset 指令参数如表 8-3 所示。

表8-3 MC_Reset指令参数

参数	声明	数据类型	默认值	说明	
Axis	INPUT	TO_Axis_1	—	轴工艺对象	
Execute	INPUT	BOOL	FALSE	上升沿时启动命令	
Restart	INPUT	BOOL	FALSE	（从版本 V3.0 开始）	
				TRUE	将轴组态从装载存储器下载到工作存储器。仅可在禁用轴后，才能执行该命令。应参见有关下载到 CPU 的说明
				FALSE	确认待决的错误
Done	OUTPUT	BOOL	FALSE	TRUE	错误已确认
Busy	OUTPUT	BOOL	FALSE	TRUE	正在执行命令
Error	OUTPUT	BOOL	FALSE	TRUE	执行命令期间出错。错误原因请参见 "ErrorID" 和 "ErrorInfo" 的参数说明
ErrorID	OUTPUT	WORD	16#0000	参数 "Error" 的错误 ID	
ErrorInfo	OUTPUT	WORD	16#0000	参数 "ErrorID" 的错误信息 ID	

可通过 MC_Reset 参数，对需要进行确认的错误进行确认。

若要确认错误，应按下列步骤操作：

a. 首先检查是否满足上述要求。

b. 在输入参数 "Execute" 的上升沿开始确认错误。

c. 如果输出参数 "Done" 的值为 TRUE，同时工艺对象变量 < 轴名称 >.StatusBits.Error 的值为 FALSE，则说明错误已被确认。

（3）MC_Home：归位轴，设置归位位置 V1...3（S7-1200） 使用"MC_Home"运动控制指令可将轴坐标与实际物理驱动器位置匹配。轴的绝对定位需要回原点。可执行以下类型的回原点：

● 主动回原点（Mode=3）。

自动执行回原点步骤。

● 被动回原点（Mode=2）。

被动回原点期间，运动控制指令 "MC_Home" 不会执行任何回原点运动。用户需通过其他运动控制指令，执行这一步骤中所需的行进移动。检测到回原点开关时，轴即回原点。

● 直接绝对回原点（Mode=0）。

将当前的轴位置设置为参数 "Position" 的值。

● 直接相对回原点（Mode=1）。

将当前轴位置的偏移值设置为参数 "Position" 的值。

① 要求

a. 已正确组态轴工艺对象。

b. 轴已启用。

c. 以 Mode=0、1 或 2 启动时不会激活任何 MC_CommandTable 命令。

② 超驰响应：超驰响应取决于所选的模式（Mode=0、1）。

任何其他运动控制命令均无法中止 MC_Home 命令。

MC_Home 命令不会中止任何激活的运动控制命令。按照新的回原点位置（输入参数"Position"的值）进行回原点操作后，将继续执行与位置相关的运动命令。

Mode=2，可通过下列运动控制命令中止 MC_Home 命令：MC_Home 命令 Mode=2、3。

新的 MC_Home 命令可中止下列激活的运动控制命令：MC_Home 命令（Mode=2）。

按照新的回原点位置（输入参数"Position"的值）进行回原点操作后，将继续执行与位置相关的运动命令。

Mode=3，可通过下列运动控制命令中止 MC_Home 命令：

a. MC_Home 命令（Mode=3）。

b. MC_Halt 命令。

c. MC_MoveAbsolute 命令。

d. MC_MoveRelative 命令。

e. MC_MoveVelocity 命令。

f. MC_MoveJog 命令。

g. MC_CommandTable 命令。

新的 MC_Home 命令可中止下列激活的运动控制命令：

a. MC_Home 命令 Mode=2、3。

b. MC_Halt 命令。

c. MC_MoveAbsolute 命令。

d. MC_MoveRelative 命令。

e. MC_MoveVelocity 命令。

f. MC_MoveJog 命令。

g. MC_CommandTable 命令。

MC_Home 指令参数如表 8-4 所示。

表8-4　MC_Home指令参数

参数	声明	数据类型	默认值	说明
Axis	INPUT	TO_Axis_1	—	轴工艺对象
Execute	INPUT	BOOL	FALSE	上升沿时启动命令
Position	INPUT	REAL	0.0	Mode=0、2 和 3：完成回原点操作之后，轴的绝对位置。 Mode=1：对当前轴位置的修正值。 限值：$-1.0E+12 \leq Position \leq 1.0E+12$

219

续表

参数	声明	数据类型	默认值	说明	
Mode	INPUT	INT	0	回原点模式	
				0	绝对式直接回原点。 新的轴位置为参数 "Position" 位置的 值
				1	相对式直接回原点。 新的轴位置等于当前轴位置 + 参数 "Position" 位置的值
				2	被动回原点。 将根据轴组态进行回原点。回原点后，将新的轴位置设置为参数 "Position" 的值
				3	主动回原点。 按照轴组态进行回原点操作。回原点后，将新的轴位置设置为参数 "Position" 的值
Done	OUTPUT	BOOL	FALSE	TRUE	命令已完成
Busy	OUTPUT	BOOL	FALSE	TRUE	命令正在执行
CommandAborted	OUTPUT	BOOL	FALSE	TRUE	命令在执行过程中被另一命令中止
Error	OUTPUT	BOOL	FALSE	TRUE	执行命令期间出错。错误原因请参见 "ErrorID" 和 "ErrorInfo" 的参数说明
ErrorID	OUTPUT	WORD	16#0000	参数 "Error" 的错误 ID	
ErrorInfo	OUTPUT	WORD	16#0000	参数 "ErrorID" 的错误信息 ID	

若要使轴回原点，请按下列步骤操作：

a. 首先检查是否满足上述要求。

b. 使用这些值初始化所需的输入参数，然后在输入参数 "Execute" 的上升沿，开始回原点。

c. 如果输出参数 "Done" 和工艺对象变量 < 轴名称 >.StatusBits.HomingDone 的值为 TRUE，则说明回原点已完成。

（4）MC_Halt：停止轴 V1...3（S7-1200） 通过运动控制指令 "MC_Halt"，可停止所有运动并以组态的减速度停止轴。未定义停止位置。

① 要求

a. 已正确组态轴工艺对象。

b. 轴已启用。

② 超驰响应

a. 可通过下列运动控制命令中止 MC_Halt 命令：

● MC_Home 命令（Mode=3）。

● MC_Halt 命令。

- MC_MoveAbsolute 命令。
- MC_MoveRelative 命令。
- MC_MoveVelocity 命令。
- MC_MoveJog 命令。
- MC_CommandTable 命令。

b. 新的 MC_Halt 命令可中止下列激活的运动控制命令：

- MC_Home 命令（Mode=3）。
- MC_Halt 命令。
- MC_MoveAbsolute 命令。
- MC_MoveRelative 命令。
- MC_MoveVelocity 命令。
- MC_MoveJog 命令。
- MC_CommandTable 命令。

MC_Halt 指令参数如表 8-5 所示。

表8-5 MC_Halt指令参数

参数	声明	数据类型	默认值	说明	
Axis	INPUT	TO_Axis_1	—	轴工艺对象	
Execute	INPUT	BOOL	FALSE	上升沿时启动命令	
Done	OUTPUT	BOOL	FALSE	TRUE	速度达到零
Busy	OUTPUT	BOOL	FALSE	TRUE	正在执行命令
CommandAborted	OUTPUT	BOOL	FALSE	TRUE	命令在执行过程中被另一命令中止
Error	OUTPUT	BOOL	FALSE	TRUE	执行命令期间出错。错误原因请参见 "ErrorID" 和 "ErrorInfo" 的参数说明
ErrorID	OUTPUT	WORD	16#0000	参数 "Error" 的错误 ID	
ErrorInfo	OUTPUT	WORD	16#0000	参数 "ErrorID" 的错误信息 ID	

MC_Halt 指令功能图和时序图如图 8-10、图 8-11 所示。

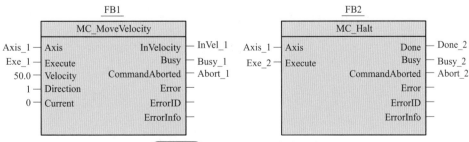

图 8-10　MC_Halt 指令功能图

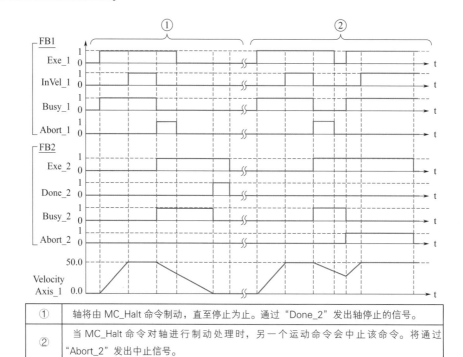

①	轴将由 MC_Halt 命令制动，直至停止为止。通过"Done_2"发出轴停止的信号。
②	当 MC_Halt 命令对轴进行制动处理时，另一个运动命令会中止该命令。将通过"Abort_2"发出中止信号。

图 8-11　MC_Halt 指令时序图

在组态窗口"动态"→"常规"（Dynamics > General）中，对下列值进行组态：

a. 加速度：10.0。

b. 减速度：5.0。

8.4　组态实例

加热室如图 8-12 所示。

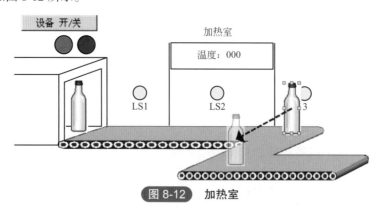

图 8-12　加热室

使用工艺对象"轴"控制两条传送带间的连接。PLC 按以下方式集成到项目中：

- 如果机器启动，则在连接片上启用用于激活步进电动机的轴。
- 激活光栅"LS3"时，将触发电动机的轴。
- 瓶子相对于光栅"LS3"的位置移动到第二条传送带。

● 到达位置时，将激活第二条传送带。

（1）硬件配置　除 PLC 之外不需要其他硬件即可执行该实例。如果使用具有继电器输出的 PLC，则必须将信号板用于 PTO 的输出。PTO（脉冲串输出，Pulse Train Output）通过输出生成快速脉冲串，这些脉冲串用来控制运动控制操作。

图 8-13 所示是本例硬件配置。

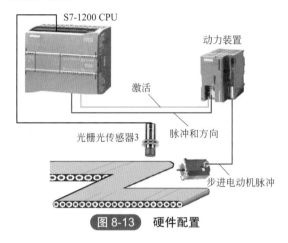

图 8-13　硬件配置

脉冲生成顺序如图 8-14 所示。

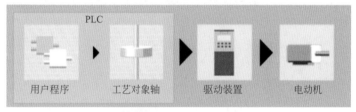

图 8-14　脉冲生成顺序

图 8-15 显示了通过运动控制指令生成脉冲的顺序。

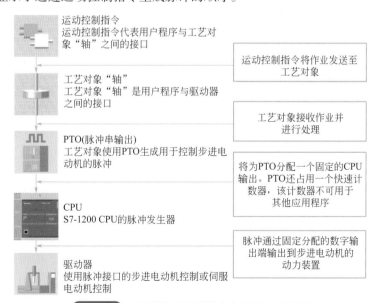

图 8-15　通过运动控制指令生成脉冲的顺序

用于控制步进电动机的脉冲通过输出生成并输出到步进电动机的动力装置后，这些脉冲将由步进电动机的动力装置转化为轴向运动。传送带间的连接由轴进行驱动。

（2）博途软件操作步骤　将执行以下步骤：

a. 创建工艺对象"轴"。

b. 通过以下方式组态工艺对象"轴"。

● 将脉冲发生器分配给工艺对象。

● 将脉冲发生器组态为 PTO（脉冲串输出，Pulse Train Output）。

● 将高速计数器分配给脉冲发生器（自动选择）。

c. 创建两个运动控制指令：

● 一个用于启用轴（MC_Power）。

● 一个用于相对定位光栅"LS3"的位置（MC_Move Relative）。

❶ 插入工艺对象"轴"

a. 在项目树中创建新的工艺对象，如图 8-16 所示。

b. 创建新对象"轴"，如图 8-17 所示。

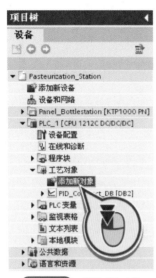

图 8-16　添加新对象

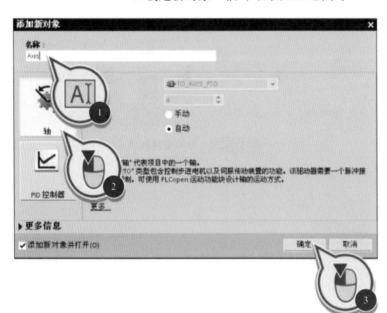

图 8-17　创建新对象"轴"

在工作区中启动工艺对象的组态，创建了工艺对象"轴"。该对象存储在项目树的"工艺对象"（Technology Objects）文件夹中。

❷ 组态工艺对象"轴"

a. 选择 PTO 驱动器控制的脉冲输出"Pulse_1"并切换到设备组态，如图 8-18 所示。

选择"Pulse_1"时，将自动分配高速计数器"HSC_1"。设备视图随即打开。

b. 激活脉冲发生器，如图 8-19 所示。

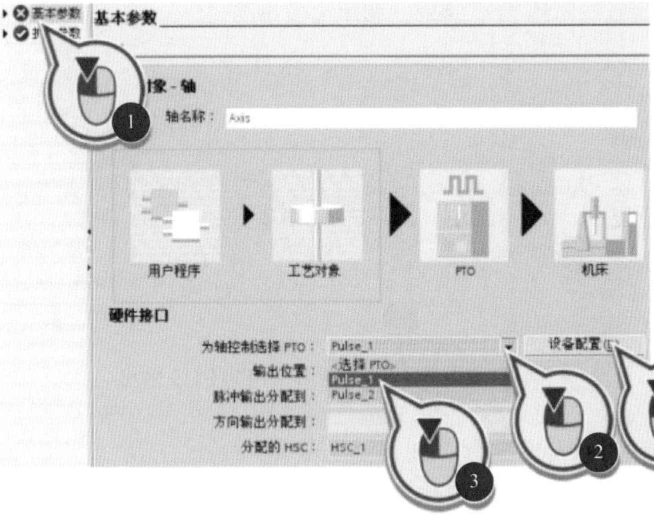

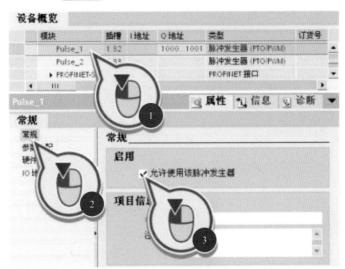

图 8-18　选择 PTO 驱动器控制的脉冲输出

图 8-19　激活脉冲发生器

c. 使用参数分配将脉冲发生器组态为 PTO，如图 8-20 所示。

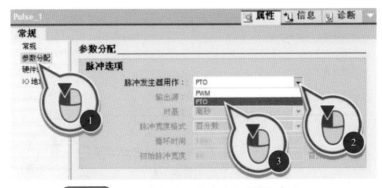

图 8-20　使用参数分配将脉冲发生器组态为 PTO

d. 指定启用驱动器所使用的 PLC 输出，如图 8-21 所示。

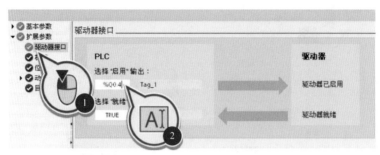

图 8-21 指定启用驱动器所使用的 PLC 输出

e. 单击工具栏上的"保存"（Save）按钮以保存该项目。

已将创建的工艺对象"轴"分配给脉冲发生器"Pulse_1"并将其参数化为 PTO。高速计数器"HSC 1"已自动激活。通过脉冲发生器输出的脉冲将借助高速计数器进行计数。如果已正确组态工艺对象，则"基本参数"（Basic Parameters）区域的状态和"扩展参数"（Extended Parameters）区域的状态将在组态窗口中以绿色显示。

❸ 启用轴　使用电动机控制指令"MC_Power"启用或禁用轴。必须在程序中为每个轴调用一次该指令。

使用运动控制指令"MC_Power"可集中启用或禁用轴。如果启用了轴，则分配给此轴的所有运动控制指令都将被启用。如果禁用了轴，则用于此轴的所有运动控制指令都将无效，将中断当前的所有作业。

图 8-22 创建新程序段

步骤：

a. 在组织块"Main［OB1］"中创建新程序段，如图 8-22 所示。

b. 在新程序段中创建运动控制块"MC_Power"，如图 8-23 所示。

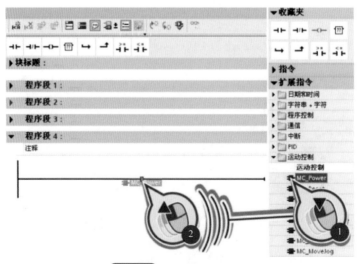

图 8-23 创建运动控制块

c.确认创建新数据块，如图 8-24 所示。

图 8-24　确认创建新数据块

d. 在"轴"（Axis）输入端选择先前组态的"轴"（Axis），如图 8-25 所示。

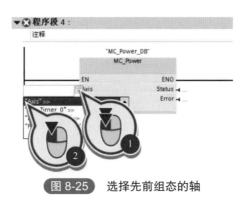

图 8-25　选择先前组态的轴

e. 在"使能"（Enable）输入端，选择"ON"变量，如图 8-26 所示。

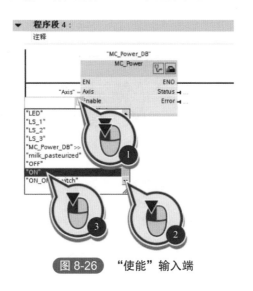

图 8-26　"使能"输入端

f. 最后保存项目。

在程序中插入了用于启用轴的指令"MC_Power"并将其分配给了工艺对象"轴"。是否启用轴取决于"使能"（Enable）输入中"ON"变量的值。"ON"变量位的值为"0"（机器关闭）时，禁用轴。"ON"变量位的值为"1"（机器接通）时，启用轴。

下面将介绍如何对传送带相对于起始点的运动进行编程。

❹ 相对定位轴　以下步骤介绍如何使用运动控制指令"MC_MoveRelative"对第二条传送带相对于起始位置的运动进行编程。

运动的定义如下：

a. 运动的起始位置是光栅"LS3"的位置。

b. 结束位置在第一条传送带和第二条传送带之间轴的正方向上 0.5 m 处。

c. 到达结束位置时，将激活第二条传送带。

要求：

a. 已创建工艺对象"轴"并已正确组态。

b. 已在组织块"Main［OB1］"中创建了运动控制指令"MC_Power"。

c. 组织块"Main［OB1］"已打开。

步骤：

a. 在组织块"Main［OB1］"中创建新程序段，如图 8-27 所示。

图 8-27　创建新程序段

b. 在新程序段中创建块"MC_MoveRelative"，如图 8-28 所示。

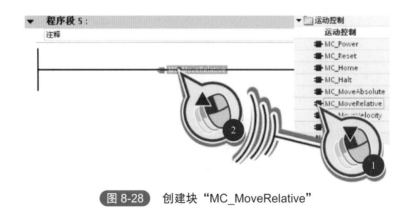

图 8-28　创建块"MC_MoveRelative"

c. 在"调用选项"（Call Options）对话框中，单击"确定"（OK）按钮确认创建新数据块，如图 8-29 所示。

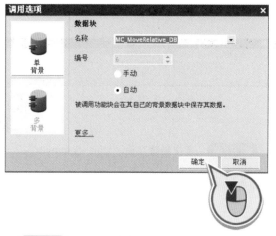

图 8-29　确认创建块"MC_MoveRelative"

d. 在"轴"（Axis）输入端，选中先前组态的"轴"（Axis）对应的框。

e. 在"执行"（Execute）输入端，选中"LS_3"变量的框。

f. 在"距离"（Distance）输入端，输入值"500.0"，并按回车键进行确认。"距离"（Distance）测量单位的标准设置是毫米，并且之前已在组态中采用，如图 8-30 所示。

g. 在"完成"（Done）输出端，创建新变量"start_conveyor_2"，如图 8-31 所示。

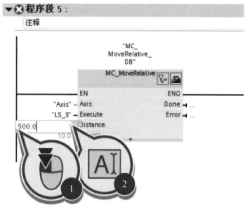

图 8-30　设置"距离"（Distance）输入端

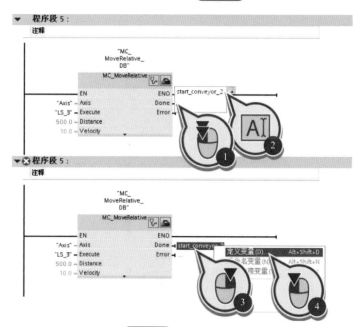

图 8-31　创建新变量

h. 定义新建变量"start_conveyor_2"，如图 8-32 所示。

图 8-32　定义新建变量"start_conveyor_2"

i. 单击工具栏中的"保存"（Save）按钮以保存该项目，如图 8-33 所示。
对传送带相对于光栅"LS3"位置的运动进行了编程。

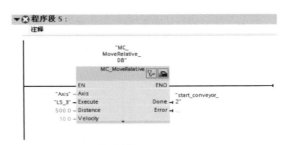

图 8-33　保存项目

激活光栅"LS3"时，运动开始。到达目标位置时，将在"完成"（Done）输出端置位"start_conveyor_2"变量的位，从而使第二条传送带开始运动。

❺ 启动诊断视图　以下步骤介绍了如何启动工艺对象"轴"的诊断视图。可以使用诊断功能监视电动机轴的运动作业和最重要的状态及错误消息。

若要启动诊断功能，应按以下步骤操作：

a. 将程序加载到 PLC 中并激活在线连接。

b. 打开工艺对象"轴"的诊断窗口，如图 8-34 所示。

图 8-34　打开工艺对象"轴"的诊断窗口

诊断窗口随即打开，如图 8-35 所示。

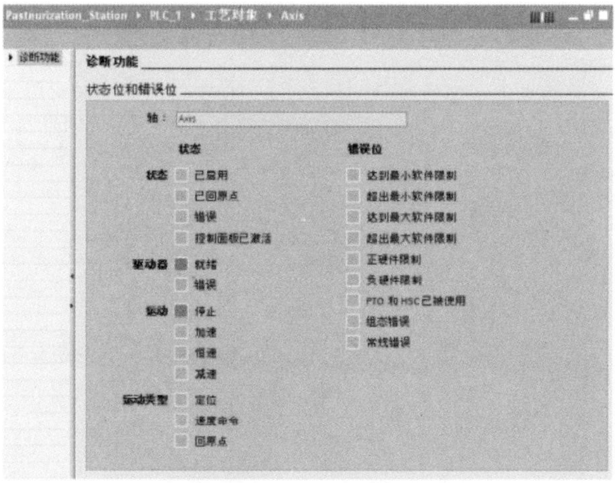

图 8-35 诊断功能窗口

c. 打开组织块“Main［OB1］”。

d. 单击程序编辑器中工具栏上的“启用/禁用监视”（Monitoring On/Off）按钮，如图 8-36 所示。

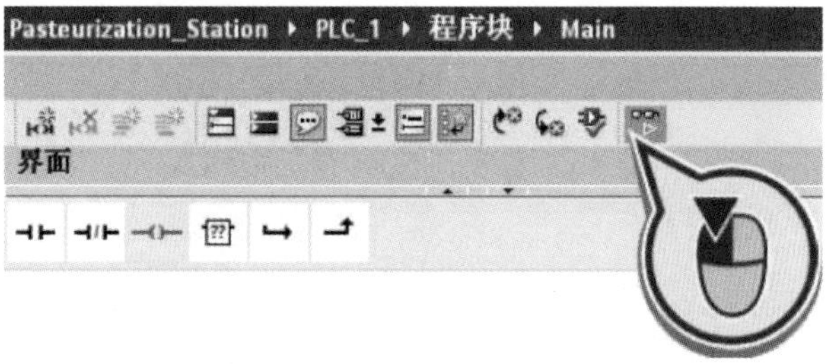

图 8-36 启用监视

e. 在程序段 1 中，将变量“ON_OFF_Switch”修改为“1”。

在程序段 1 中，将变量“ON_OFF_Switch”的信号状态设置为“1”。电流通过常开触点流到程序段末尾的线圈。置位变量“ON”，从而启动实例中的机器。在程序段 4 中，执行指令“MC_Power”，启动传送带的电动机轴。

f. 切换到工艺对象“轴”的诊断。

将在诊断窗口的“状态”（Status）区域显示轴的启用情况，如图 8-37 所示。

g. 在程序段 5 中，将变量“LS_3”修改为“1”。

执行指令“MC_MoveRelative”，驱动传送带的电动机轴开始运动。

h. 切换到工艺对象“轴”的诊断。

将在诊断窗口的“运动”（Motion）区域显示电动机轴正恒速转动，如图 8-38 所示。

i. 显示运动状态，如图 8-39 所示。

将在“当前位置”（Current Position）域显示电动机轴的当前位置。到达距起始位置 500mm 的目标位置时，轴会设置为停止。可以使用诊断功能对电动机轴是否正常运行进行检查。

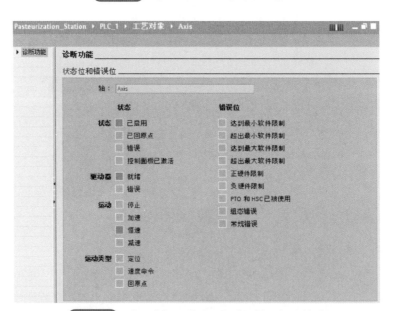

图 8-37　状态区域显示轴的启用情况

图 8-38　"运动"区域显示电动机轴正恒速转动

图 8-39　显示运动状态

第9章 西门子 S7-1200/1500 PLC 综合应用实例

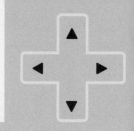

9.1 停车场车辆控制系统

设计一个有 10 个车位的停车场车辆控制系统。设置三盏灯，第一盏灯 H1 亮，表示停车场车辆"全空"；第二盏灯 H2 亮，表示停车场"有空位"；第三盏灯 H3 亮，表示停车场车辆"已满"。当司机看到三盏灯的状态，就知道停车场是否能停车，有无空位。

为了对停车场内的车辆进行计数，在入口处安装了传感器 S1，在出口处安装了传感器 S2。当停车场全空时，"全空"指示灯 H1 亮，允许车辆停放；当停车场的车辆在 1 ~ 9 辆之间时，"有空位"指示灯 H2 亮，告诉司机允许车辆停放；当停车场停车满 10 辆车时，"已满"指示灯 H3 亮，提醒司机停车场没有空位，不能停车。停车场示意图如图 9-1 所示。

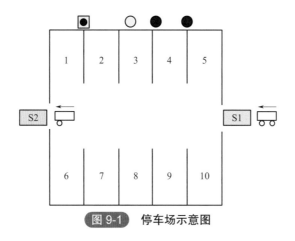

图 9-1　停车场示意图

（1）车场车辆控制　PLC 的 I/O 配置及接线图如图 9-2 所示。S0 是计数器复位按钮。车辆进入停车场，S1 传感器检测到后，计数器加计数输入信号 I0.1 有一个上升沿；车辆开出停车场，S2 传感器检测到后，计数器减计数输入端信号 I0.2 有一个上升沿。计数器设置端信号是 I0.3。停车场全空指示灯 H1 由 Q0.0 驱动，停车场有空位指示灯 H2 由 Q0.1 驱动，停车场车位已满指示灯 H3 由 Q0.2 驱动。停车场车辆控制 PLC 的 I/O 分配表如表 9-1 所示。

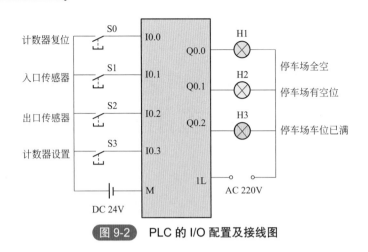

图 9-2 PLC 的 I/O 配置及接线图

表9-1 停车场车辆控制PLC的I/O分配表

输入设备	分配地址	输出设备	分配地址
计数器复位按钮 S0	I0.0	全空指示灯 H1	Q0.0
入口传感器 S1	I0.1	有空位指示灯 H2	Q0.1
出口传感器 S2	I0.2	车位已满指示灯 H3	Q0.2
计数器设置按钮 S3	I0.3		

打开 TIA Portal V14 并创建一个名为"停车场控制系统"的项目,打开"PLC_1 [CPU 1217C DC/DC/DC]"文件夹并双击"设备组态"可组态硬件,数字量输入 / 输出绝对地址为 I0.0 ～ I0.7、I1.0 ～ I1.5、Q0.0 ～ Q0.7。创建一个名为"停车场控制系统"的功能块"FC1"。打开"FC1"可编写程序。

(2)程序设计 停车场车辆控制梯形图程序如图 9-3 所示,在程序中用到了 PLC 的计数器指令、比较指令,同时使用了符号编程的方法。编写 FC1 程序,并将其拖拽到主程序块 OB1(图 9-4)中。

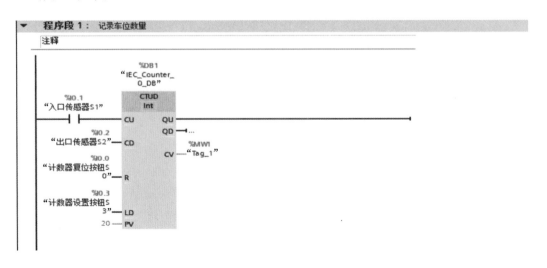

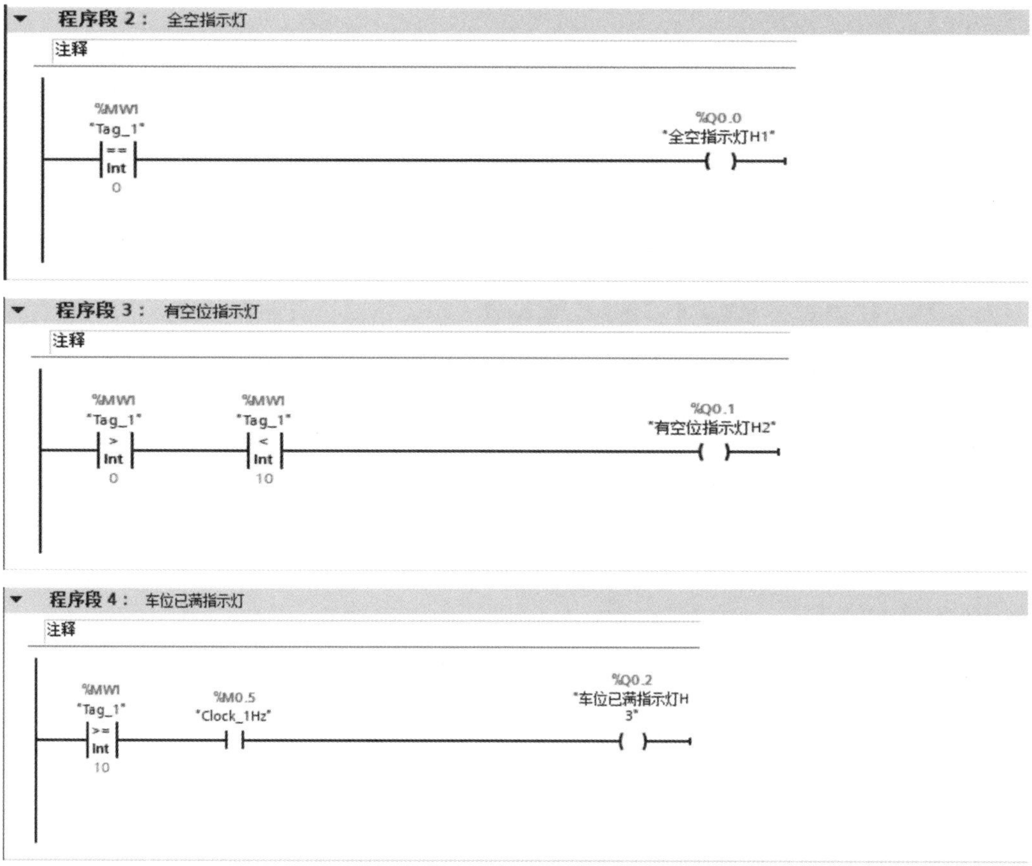

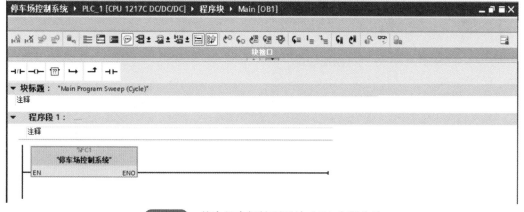

图 9-3　停车场车辆控制梯形图程序

图 9-4　停车场车辆控制系统 OB1 主程序块

❶ 在"设置"输入端"S"的上升沿，将预置值输入端 PV 指定的预置值（设定为 20）送入加减计数器。复位输入 R 为"1"时，计数器被复位，计数值被清"0"。在加计数器输入信号 CU 的上升沿，如果计数值小于预设值，计数器加 1。在减计数器输入信号 CD 的上升沿，如果计数值大于 0，计数器减 1。如果两个计数输入均为上升沿，两条指令均被执行，计数器保持不变。当计数值大于 0 时，输出信号 Q 为 1，当计数值为 0 时，Q 也为 0，CV 输出十六

进制的当前计数值。

② 比较器对两个输入 IN1 和 IN2 进行比较，如果比较结果为真，则 RLO 为 1。在本例中考虑到要求显示停车场“全空”“有空位”和“已满”三个状态，所以选用等于、大于、小于和大于等于四种类型的比较器。

③ 在 STEP 7 中，每一个输入和输出都有由硬件组态预定义的一个绝对地址，符号是绝对地址的别名。绝对地址可以由用户所选择的任意符号名替代，使用符号编程可以大大改善程序的可读性，使调试更加方便。

在开始项目编程之前，首先按照项目要求设计好所用的绝对地址，并创建一个变量表（图 9-5），以利于后面的编程和维护工作，增加程序的可读性，简化程序的调试和维护。

停车场控制系统 ▸ PLC_1 [CPU 1217C DC/DC/DC] ▸ PLC 变量 ▸ 默认变量表 [37]

默认变量表

	名称	数据类型	地址	保持	可从...	从 H...	在 H...	注释
1	计数器复位按钮S0	Bool	%I0.0	☐	☑	☑	☑	
2	入口传感器S1	Bool	%I0.1	☐	☑	☑	☑	
3	出口传感器S2	Bool	%I0.2	☐	☑	☑	☑	
4	计数器设置按钮S3	Bool	%I0.3	☐	☑	☑	☑	
5	全空指示灯H1	Bool	%Q0.0	☐	☑	☑	☑	
6	有空位指示灯H2	Bool	%Q0.1	☐	☑	☑	☑	
7	车位已满指示灯H3	Bool	%Q0.2	☐	☑	☑	☑	

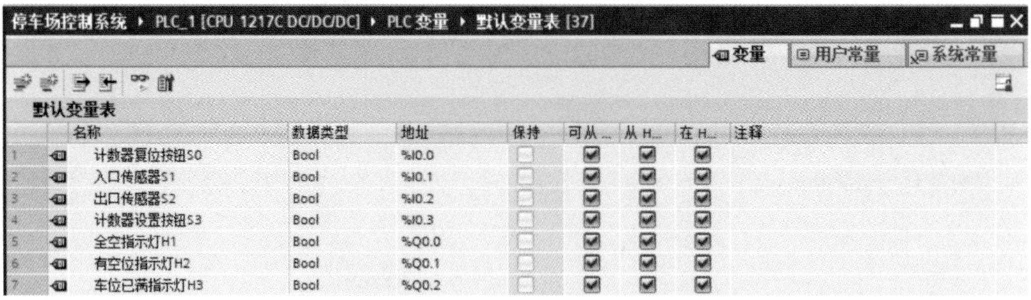

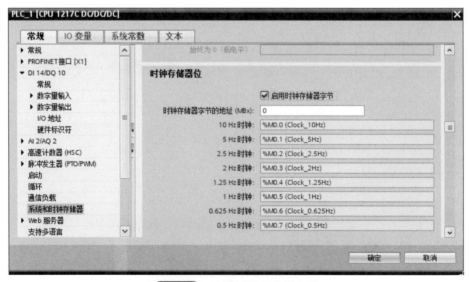

图 9-5 PLC 停车场控制系统变量表

④ 如果停车场车辆已满，希望 H3 灯要闪烁，可通过启用时钟存储器字节实现。右键点击“PLC_1”属性，点击“常规”→“脉冲发生器”→“系统和时钟存储器”，选择“启用时钟存储器字节”（图 9-6）。

图 9-6 启用时钟存储器字节

打开模拟器做模拟实验，用户能看到“已满”指示灯闪烁的状态。按下设置按钮 S3，将加减计数器预置值“C#20”送入计数器。当停车场“全空”时，C1 计数器的 CV 输出端

MW1 为 "0"，使等于比较器的 IN1 端为 "0"，与 IN2 端的值相等，RLO 为 "1"，输出继电器 "全空" 接通，全空指示灯 H1 亮。

当停车场内的车辆在 1 ~ 9 辆之间时，每进一辆车，通过传感器 S1 使计数器的 "车进" 端有一个正跳变信号，计数器加 1；每出一辆车，通过传感器 S2 使计数器的 "车出" 端有一个正跳变沿，计数器减 1。CV 端 MW1 在 1 ~ 9 之间变化，此值大于 0 小于 10，大于比较器和小于比较器的 RLO 均为 "1"，输出继电器 "有空位" 接通，使 H2 灯亮。

当计数器 CV 端的 MW1 值大于等于 10 时，小于比较器的 RLO 为 "0"。"有空位" 对应的灯 H2 灭，同时大于等于比较器的 RLO 为 "1"，输出继电器 "已满"，在 M0.5 的控制下，以 1Hz 的频率振荡，车位已满指示灯 H3 闪烁。

9.2 物料混合装置控制系统

图 9-7 中的物料混合装置用来将粉末状的固体物料（粉料）和液体物料（液料）按一定的比例混合在一起，经过一定时间的搅拌后便得到成品。粉料和液料都用电子秤来计量。

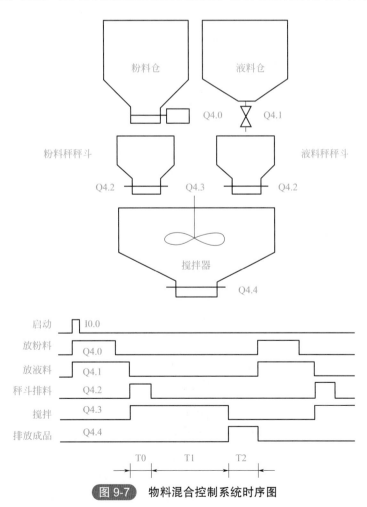

图 9-7 物料混合控制系统时序图

初始状态时粉料秤秤斗、液料秤秤斗和搅拌器都是空的，它们底部的排料阀关闭；液料仓的放料阀关闭，粉料仓下部的螺旋输送机的电动机和搅拌机的电动机停转；Q4.0 ~ Q4.4 均为 0 状态。

PLC 开机后用 OB100 将初始步对应的 M0.0 置为 1 状态，将其余各步对应的存储器位复位为 0 状态。

按下启动按钮 I0.0，Q4.0 变为 1 状态，螺旋输送机的电动机旋转，粉料进入粉料秤的秤斗，同时 Q4.1 变为 1 状态，液料仓的放料阀打开，液料进入液料秤的秤斗。电子秤的光电码盘输出与秤斗内物料重量成正比的脉冲信号。加计数器 C0 和 C1 分别对粉料秤和液料秤产生的脉冲计数。粉料脉冲计数值加至预置值时，其常开触点闭合，粉料秤秤斗内的物料等于预置值。Q4.0 变为 0 状态，螺旋输送机的电动机停机。液料脉冲计数值加至预置值时，其常开触点闭合，液料秤和秤斗内的物料等于预置值。Q4.1 变为 0 状态，关闭液料仓的放料阀。

粉料称量结束后，计数器 C0 的常开触点闭合，转换条件 C0 满足，放粉料步 M0.1 转换到粉料等待步 M0.2，等待步 M0.2 时复位计数器 C0，计数器清零，为下一次称量做好准备。同样地，液料称量结束后，放液料步 M0.3 转换到液料等待步 M0.4，复位计数器 C1。步 M0.2 和 M0.4 后面的转换条件 "=1" 表示转换条件为二进制常数 1，即转换条件总是满足的。因此在两个秤的称量都结束后，M0.2 和 M0.4 同时为活动步，系统将 "无条件地" 转换到秤斗排料步 M0.5，Q4.2 变为 1 状态，打开粉、液料秤下部的排料门，两个电子秤开始排料，排料过程用定时器 T0 定时。同时 Q4.3 变为 1 状态，搅拌机开始搅拌。定时器 T0 的定时时间到时排料结束，转换到搅拌步 M0.6，搅拌机继续搅拌。定时器 T1 的定时时间到时停止搅拌，转换到排放成品步 M0.7，Q4.4 变为 1 状态，搅拌器底部的排料门打开，经过 T2 的定时时间后，关闭排料门，一个工作循环结束。

本系统要求在按了启动按钮 I0.0 后，能连续不停地工作下去。按了停止按钮 I0.1 后，并不立即停止运行，要等到当前工艺周期的全部工作完成，成品排放结束后，再从步 M0.7 返回到初始步 M0.0。

图 9-8 中的第一个启保停电路用来实现上述要求，按下启动按钮 I0.0，M1.0 变为 1 状态，系统处于连续工作模式。在顺序功能图最下面一步执行完后，T2 的常开触点闭合，转换条件 T2·M1.0 满足，将从步 M0.7 转换到步 M0.1 和 M0.3，开始下一个周期的工作。在工作循环中的任意一步（步 M0.1 ~ M0.7）为活动步时按下停止按钮 I0.1。"连续" 标志位 M1.0 变为 0 状态，但是它不会马上起作用，要等到最后一步 M0.7 的工作结束，T2 的常开触点闭合，转换条件 T2·M1.0 满足，才会从步 M0.7 转换到初始步 M0.0，系统停止运行。

步 M0.7 之后有一个选择序列的分支，当它的后续步 M0.0、M0.1 和 M0.3 变为活动步时，它都应变为不活动步。但是 M0.1 和 M0.3 是同时变为 1 状态的，所以只需要将 M0.0 和 M0.1 的常闭触点或者 M0.0 和 M0.3 的常闭触点与 M0.7 的线圈串联。

步 M0.1 和步 M0.3 之前有一个选择序列的合并，当步 M0.0 为活动步并且转换条件 I0.0 满足时，或者步 M0.7 为活动步并且转换条件满足时，步 M0.1 和步 M0.3 都应变为活动步，即代表这两步的存储器位 M0.1 和 M0.3 的启动条件应为 M0.0·I0.0+M0.7·T2·M1.0，对应的启动电路由两条并联支路组成，每条支路分别由 M0.0、I0.0 或 M0.7、T2、M1.0 的常开触点串联而成（图 9-8）。

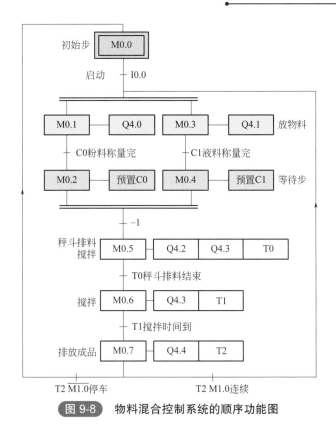

图 9-8　物料混合控制系统的顺序功能图

图 9-8 中步 M0.0 之后有一个并行序列的分支，当 M0.0 是活动步，并且转换条件 I0.0 满足，或者 M0.7 是活动步，并且转换条件 T2·M1.0 满足，步 M0.1 与步 M0.3 都应同时变为活动步。M0.1 和 M0.3 的启动电路完全相同，保证了这两步同时变为活动步。

步 M0.1 与步 M0.3 是同时变为活动步的，它们的常闭触点同时断开，因此 M0.0 的线圈只需串联 M0.1 或者 M0.3 的常闭触点即可。当然也可以同时串联 M0.1 与 M0.3 的常闭触点，但是要多用一条指令。

步 M0.5 之前有一个并行序列的合并，由步 M0.2 和步 M0.4 转换到步 M0.5 的条件是所有的前级步（即步 M0.2 和 M0.4）都是活动步和转换条件（=1）满足。因为转换条件总是满足的，所以只需将 M0.2 和 M0.4 的常开触点串联，作为 M0.5 的启动电路即可。可以将转换条件 "=1" 理解为启动电路中的一条看不见的短接线。

为了进一步提高生产效率，两个电子秤的称量过程与搅拌过程可以同时进行，它们的工作过程可以用有 3 条单序列的并行序列来描述。在称量和搅拌都完成后排放成品，然后开始搅拌和将秤斗中的原料放入搅拌机中，放料结束后关闭秤斗底部的卸料门，两个秤的料斗又开始进料和称量的过程。

在自动程序和手动程序中，都需要控制 PLC 的输出 Q，因此同一个输出位的线圈可能会出现两次或者多次，称为双线圈现象。

在跳步条件相反的两个程序段（例如本例中的自动程序和手动程序）中，允许出现双线圈，即同一元件的线圈可以在自动程序和手动程序中分别出现一次。实际上 CPU 在每一次循环中，只执行自动程序或者只执行手动程序，不可能同时执行这两个程序。对于分别位于这两个程序中的两个相同的线圈，每次循环只处理其中一个，因此在本质上并没有违反不允许出现双线圈的规定。

用相反的条件调用功能（FC）时，也允许同一元件的线圈在自动程序功能和手动程序功能中分别出现一次。因为两个功能的调用条件相反，在一个扫描周期内只会调用其中一个功能，而功能中的指令只是在该功能被调用时才执行，没有调用时则不执行。因此，实际上CPU 只处理被调用功能双线圈元件中的一个线圈。

建立函数块 FB1，编写混合搅拌控制梯形图程序，如图 9-9 所示。在组织块 OB1 中调用"混合搅拌控制"的函数块 FB1。

▼ 程序段 1： 连续运行步

```
    %I0.0        %I0.1
    "启动"       "停止"                          #连续运行步
    ──┤├──────┤/├─────────────────────────────( )──

    #连续运行步
    ──┤├──
```

▼ 程序段 2： 初始步

```
                 "IEC_Timer_0_
   #排放成品步      DB_3".Q    #连续运行步   #放粉料步      #初始步
    ──┤├──────────┤├─────────┤/├────────┤/├─────────( )──

    #初始步
    ──┤├──
```

▼ 程序段 3： 放粉料步

```
                 "IEC_Timer_0_
   #排放成品步      DB_3".Q    #连续运行步   #粉料等待步    #放粉料步
    ──┤├──────────┤├─────────┤├────┬───┤/├──────────( )──
                                     │
    %I0.0                            │              %Q4.0
    "启动"        #初始步             │             "粉料输送机"
    ──┤├──────────┤├────────────────┤              ──( )──

    #放粉料步                        │
    ──┤├────────────────────────────┘
```

▼ 程序段 4： 粉料等待步

```
                 "IEC_Counter_
   #放粉料步       0_DB".QU    #秤斗排料步              #粉料等待步
    ──┤├──────────┤├─────────┤/├─────────────────────( )──

    #粉料等待步
    ──┤├──
```

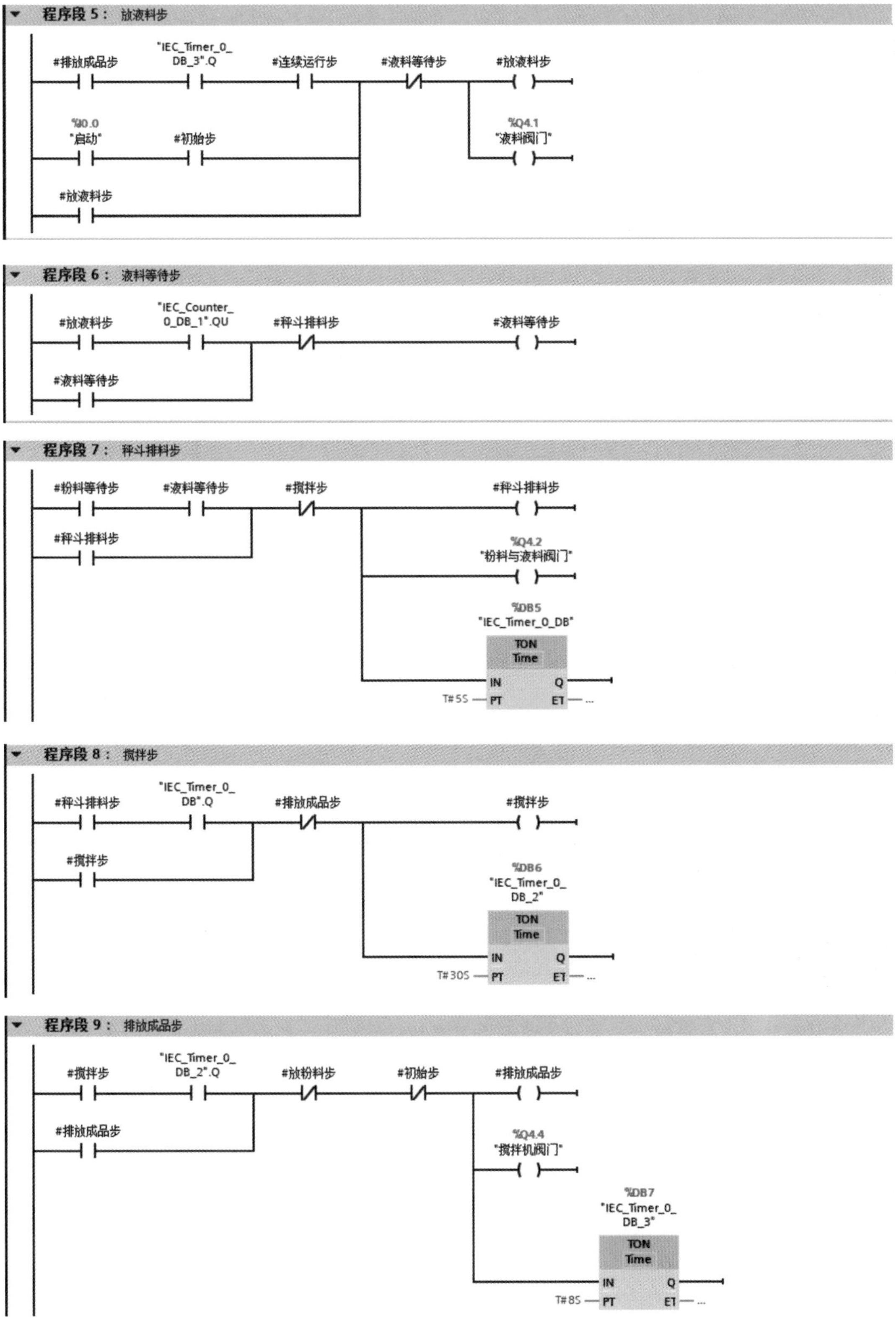

程序段 5：放液料步

```
 #排放成品步      "IEC_Timer_0_       #连续运行步    #液料等待步      #放液料步
                   DB_3".Q
    ┤├──────────────┤├──────────────┤├───────────┤/├───────────( )

    %I0.0
   "启动"           #初始步                                      %Q4.1
    ┤├──────────────┤├                                        "液料阀门"
                                                               ( )

   #放液料步
    ┤├
```

程序段 6：液料等待步

```
 #放液料步     "IEC_Counter_              #秤斗排料步                #液料等待步
              0_DB_1".QU
    ┤├──────────────┤├──────────────────────┤/├──────────────────( )

   #液料等待步
    ┤├
```

程序段 7：秤斗排料步

```
 #粉料等待步      #液料等待步       #搅拌步                        #秤斗排料步
    ┤├──────────────┤├───────────────┤/├─────────────────────────( )

   #秤斗排料步                                                    %Q4.2
    ┤├                                                        "粉料与液料阀门"
                                                               ( )

                                                                 %DB5
                                                            "IEC_Timer_0_DB"
                                                               ┌─────────┐
                                                               │   TON   │
                                                               │  Time   │
                                                               ┤ IN    Q ├
                                                      T#5S ───┤ PT   ET ├─ ...
                                                               └─────────┘
```

程序段 8：搅拌步

```
 #秤斗排料步     "IEC_Timer_0_      #排放成品步                    #搅拌步
                   DB".Q
    ┤├──────────────┤├───────────────┤/├─────────────────────────( )

   #搅拌步                                                         %DB6
    ┤├                                                        "IEC_Timer_0_
                                                                  DB_2"
                                                               ┌─────────┐
                                                               │   TON   │
                                                               │  Time   │
                                                               ┤ IN    Q ├
                                                     T#30S ───┤ PT   ET ├─ ...
                                                               └─────────┘
```

程序段 9：排放成品步

```
 #搅拌步        "IEC_Timer_0_       #放粉料步      #初始步         #排放成品步
                  DB_2".Q
    ┤├──────────────┤├───────────────┤/├───────────┤/├───────────( )

   #排放成品步                                                     %Q4.4
    ┤├                                                         "搅拌机阀门"
                                                               ( )

                                                                 %DB7
                                                            "IEC_Timer_0_
                                                                 DB_3"
                                                               ┌─────────┐
                                                               │   TON   │
                                                               │  Time   │
                                                               ┤ IN    Q ├
                                                      T#8S ───┤ PT   ET ├─ ...
                                                               └─────────┘
```

图 9-9

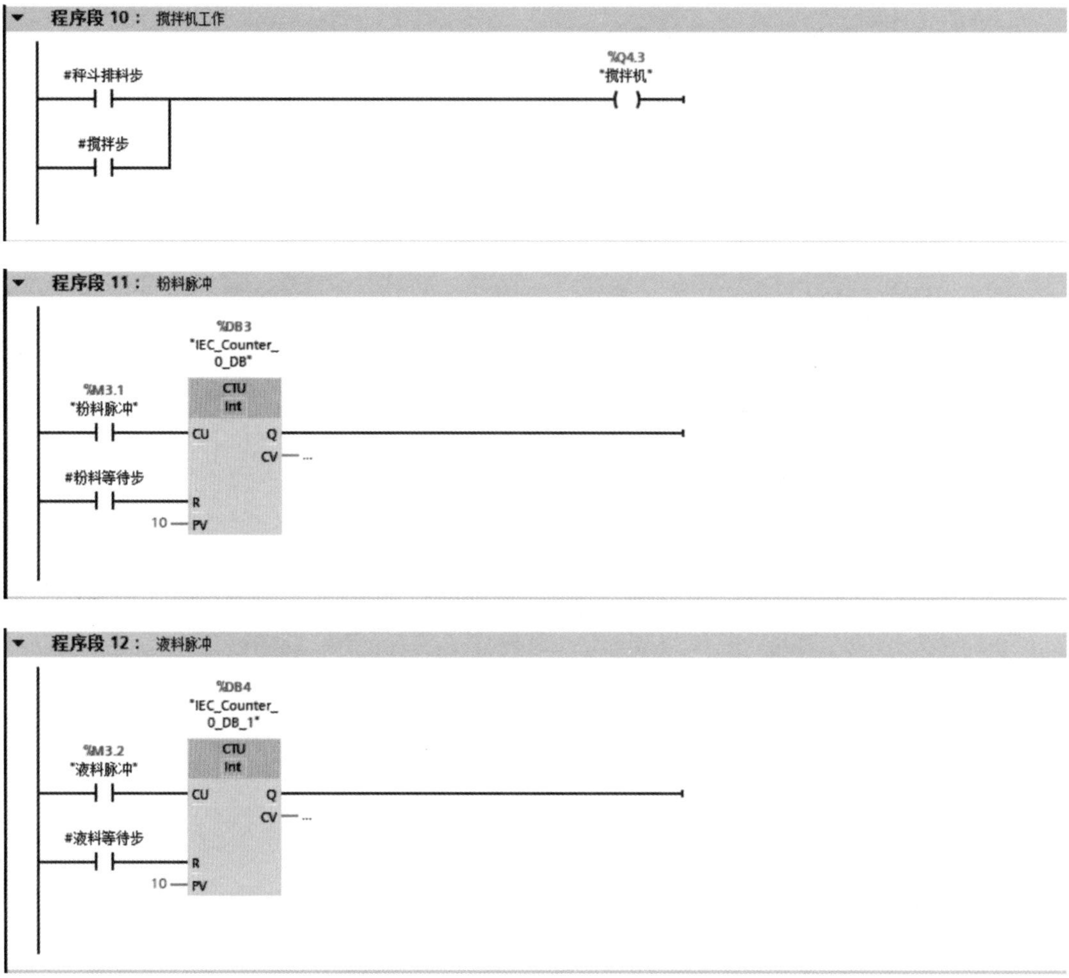

程序段 10： 搅拌机工作

```
#秤斗排料步                                            %Q4.3
    ┤ ├──┬──                                        "搅拌机"
         │                                           ─( )─
#搅拌步   │
    ┤ ├──┘
```

程序段 11： 粉料脉冲

```
                    %DB3
                "IEC_Counter_
                    0_DB"
    %M3.1            ┌─CTU──┐
   "粉料脉冲"          │  Int  │
    ┤ ├─────────────┤CU    Q├──────────
                    │      CV├─ …
#粉料等待步           │       │
    ┤ ├─────────────┤R      │
                10 ─┤PV     │
                    └───────┘
```

程序段 12： 液料脉冲

```
                    %DB4
                "IEC_Counter_
                   0_DB_1"
    %M3.2            ┌─CTU──┐
   "液料脉冲"          │  Int  │
    ┤ ├─────────────┤CU    Q├──────────
                    │      CV├─ …
#液料等待步           │       │
    ┤ ├─────────────┤R      │
                10 ─┤PV     │
                    └───────┘
```

图 9-9   混合搅拌控制梯形图程序

9.3 机械手控制系统设计

为了满足生产的需要，很多设备要求设置多种工作方式，如手动方式和自动方式，后者包括连续、单周期、单步、自动返回初始状态几种工作方式。手动程序比较简单，一般用经验法设计，复杂的自动程序一般根据系统的顺序功能图用顺序控制法设计。

如图 9-10 所示，某机械手用来将工件从 A 点搬运到 B 点。机械手操作面板如图 9-11 所示。图 9-12 所示是机械手外部接线图，输出 Q4.1 为 1 时工件被夹紧，为 0 时被松开。

工作方式选择开关的 5 个位置分别对应于 5 种工作方式，操作面板左下部的 6 个按钮是手动按钮，为了保证在紧急情况下（包括 PLC 发生故障时）能可靠地切断 PLC 的负载电源，设置了交流接触器 KM。在 PLC 开始运行时按下"负载电源"按钮，使 KM 线圈得电并自锁，KM 的主触点接通，给外部负载提供交流电源，出现紧急情况时用"紧急停车"按钮断开负载电源。

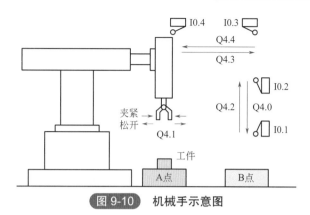

图 9-10　机械手示意图

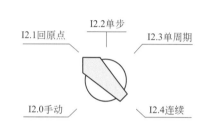

图 9-11　机械手操作面板

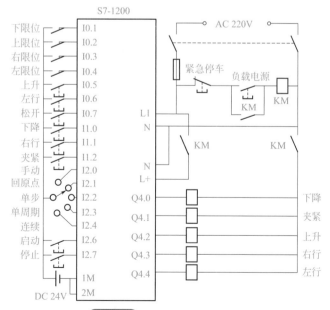

图 9-12　机械手外部接线图

系统设有手动、单周期、单步、连续和回原点 5 种工作方式，机械手在最上面和最左边且松开时，称为系统处于原点状态（或称初始状态）。在公用程序中，左限位开关 I0.4 与上限位开关 I0.2 的常开触点和表示机械手松开的 Q4.1 的常闭触点组成的串联电路接通时，"原点条件"存储器位 M0.5 变为 ON。

如果选择的是单周期工作方式，按下启动按钮 I2.6 后，从初始步 M0.0 开始，机械手按顺序功能图的规定完成一个周期的工作后，返回并停留在初始步。如果选择连续工作方式，在初始状态按下启动按钮后，机械手从初始步开始一个周期接一个周期地反复连续工作。按下停止按钮，并不马上停止工作，完成最后一个周期的工作后，系统才返回并停留在初始步。在单步工作方式，从初始步开始，按一下启动按钮，系统转换到一步，完成该步的任务后，自动停止工作并停在该步，再按一下启动按钮，又往前走一步。单步工作方式常用于系统的调试。

在进入单周期、连续和单步工作方式之前，系统应处于原点状态；如果不满足这一条件，可选择回原点工作方式，然后按下启动按钮 I2.6，使系统自动返回原点状态。在原点状态，顺序功能图中的初始步 M0.0 为 ON，为进入单周期、连续和单步工作方式做好准备。

（1）使用启保停电路的编程方法

❶ 程序的总体结构　项目的名称为"机械手控制"，在主程序 OB1 中（图 9-13），用调用功能（FC）的方式来实现各种工作方式的切换。公用程序 FC1 是无条件调用的，供各种工作方式公用。由图 9-12 所示外部接线图可知，工作方式选择开关是单刀五掷开关，同时只能选择一种工作方式。选择手动方式时调用手动程序 FC2，选择回原点工作方式时调用回原点程序 FC4，选择连续、单周期和单步工作方式时，调用自动程序 FC3。

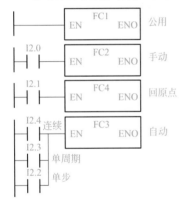

图 9-13　机械手 OB1 程序结构图

在 PLC 进入 RUN 运行模式的第一个扫描周期，系统调用组织块 OB100，在 OB100 中执行初始化程序。

❷ OB100 中的初始化程序　机械手处于最上面和最左边的位置、夹紧装置松开时，系统处于规定的初始条件，称为"原点条件"，此时左限位开关 I0.4、上限位开关 I0.2 的常开触点和表示夹紧装置松开的 Q4.1 的常闭触点组成的串联电路接通，原点条件存储器位 M0.5 为 1 状态（图 9-14）。

对 CPU 组态时，代表顺序功能图中各位的 MB0 ～ MB2 应设置为没有断电保持功能。CPU 启动时它们均为 0 状态。CPU 进入 RUN 模式的第一个扫描周期执行图 9-14 中的组织块 OB100 时，如果原点条件满足，M0.5 为 1 状态，顺序功能图中的初始步对应的 M0.0 被置位，为进入单步、单周期和连续工作方式做好准备。如果此时 M0.5 为 0 状态，M0.0 将被复位，初始步为不活动步，禁止在单步、单周期和连续工作方式工作。

❸ 公用程序　图 9-15 所示公用程序用于自动程序和手动程序相互切换的处理。当系统处于手动工作方式和回原点方式，I2.0 或 I2.1 为 1 状态。与 OB100 中的处理相同，如果此时满足原点条件，顺序功能图中的初始步对应的 M0.0 被置位，反之则被复位。

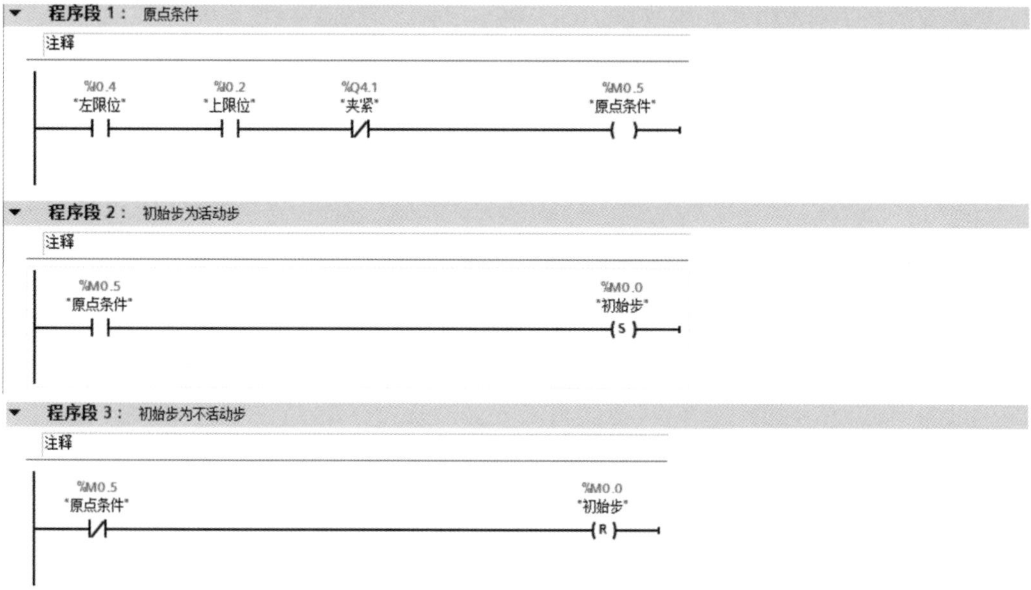

▼ 程序段 1: 原点条件

注释

```
 %I0.4          %I0.2          %Q4.1                        %M0.5
"左限位"        "上限位"        "夹紧"                       "原点条件"
──┤ ├──────────┤ ├──────────┤/├──────────────────────────( )──
```

▼ 程序段 2: 初始步为活动步

注释

```
 %M0.5                                                      %M0.0
"原点条件"                                                  "初始步"
──┤ ├──────────────────────────────────────────────────( S )──
```

▼ 程序段 3: 初始步为不活动步

注释

```
 %M0.5                                                      %M0.0
"原点条件"                                                  "初始步"
──┤/├──────────────────────────────────────────────────( R )──
```

图 9-14　机械手 OB100 初始化程序

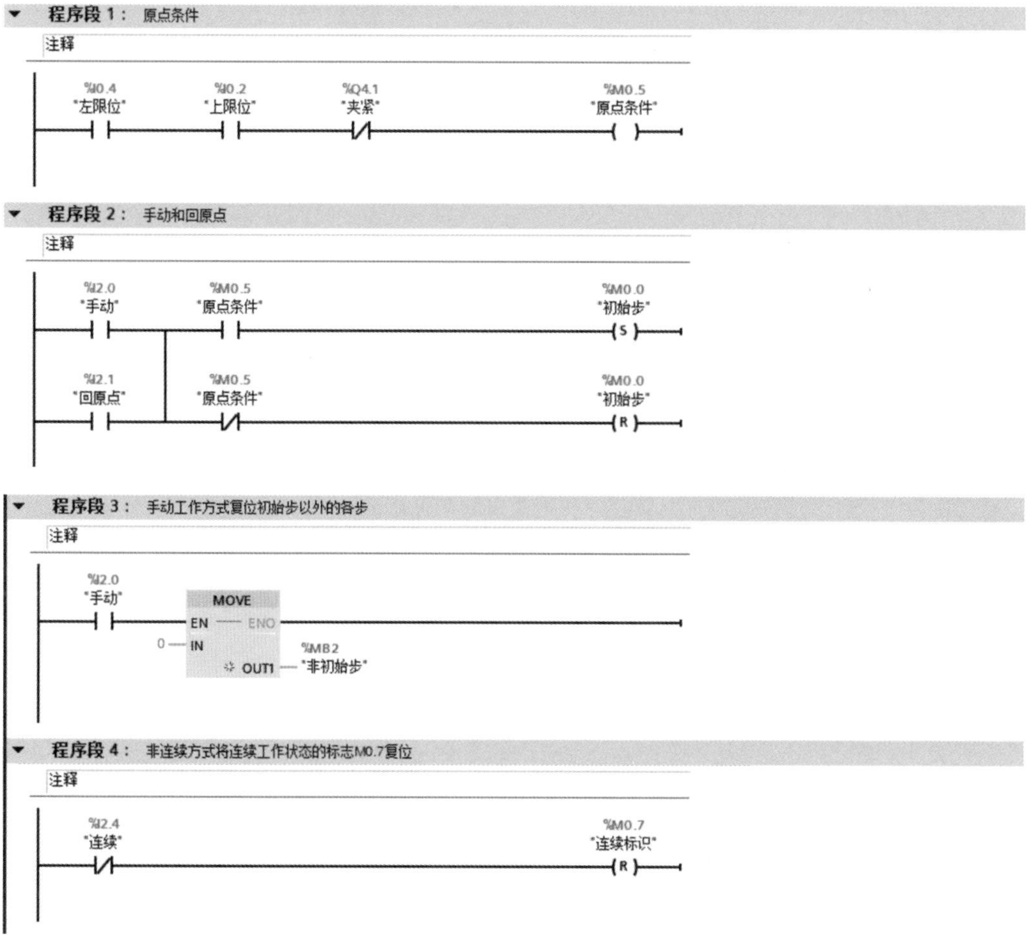

▼ 程序段 1: 原点条件

注释

```
 %I0.4          %I0.2          %Q4.1                        %M0.5
"左限位"        "上限位"        "夹紧"                       "原点条件"
──┤ ├──────────┤ ├──────────┤/├──────────────────────────( )──
```

▼ 程序段 2: 手动和回原点

注释

```
 %I2.0          %M0.5                                       %M0.0
"手动"          "原点条件"                                  "初始步"
──┤ ├──────────┤ ├──────────────────────────────────────( S )──

 %I2.1          %M0.5                                       %M0.0
"回原点"        "原点条件"                                  "初始步"
──┤ ├──────────┤/├──────────────────────────────────────( R )──
```

▼ 程序段 3: 手动工作方式复位初始步以外的各步

注释

```
 %I2.0              MOVE
"手动"         ┌──────────────┐
──┤ ├─────────┤EN        ENO ├────────────────────────────
            0 ─┤IN            │     %MB2
               │     ⚡ OUT1 ├──"非初始步"
               └──────────────┘
```

▼ 程序段 4: 非连续方式将连续工作状态的标志M0.7复位

注释

```
 %I2.4                                                      %M0.7
"连续"                                                      "连续标识"
──┤/├───────────────────────────────────────────────────( R )──
```

图 9-15　机械手公用程序

当系统处于手动工作方式时，I2.0 的常开触点闭合，用 MOVE 指令将顺序功能图中除初始步以外的各步对应的存储器位（M2.0 ～ M2.7）复位，否则当系统从自动工作方式切换到手动工作方式，然后又返回自动工作方式时，可能会出现同时有两个活动步的异常情况，引起错误的动作。在非连续方式，将表示连续工作状态的标志 M0.7 复位。

④ 手动程序　图 9-16 所示是手动程序，手动操作时用 I0.5 ～ I1.2 对应的 6 个按钮控制机械手的升、降、左行、右行、夹紧、松开。为了保证系统的安全运行，在手动程序中设置了一些必要的联锁，例如限位开关对运动的极限位置的限制，上升与下降之间、左行与右行之间的互锁用来防止功能相反的两个输出同时为 ON。上限位开关 I0.2 的常开触点与控制左、右行的 Q4.4 和 Q4.3 的线圈串联，机械手升到最高位置才能左右移动，以防止机械手在较低位置运行时与别的物体碰撞。

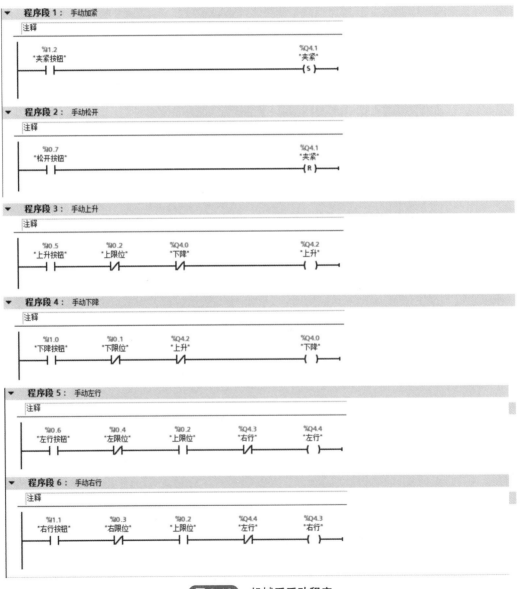

图 9-16　机械手手动程序

❺ 单周期、连续和单步程序　图 9-17 所示是处理单周期、连续和单步工作方式的功能 FC3 的顺序功能图和梯形图程序。M0 的 M20 ~ M27 用典型的启保停电路来控制。

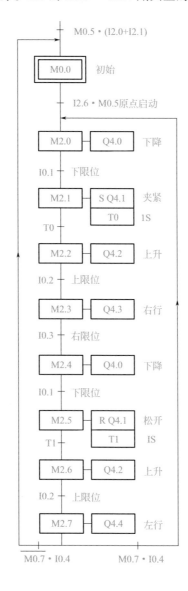

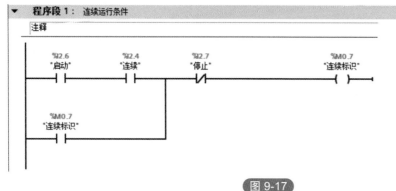

图 9-17

程序段 2： 单步与连续转换

注释

```
%I2.6                              %M0.6
"启动"      P_TRIG                  "转换"
─┤├──      CLK    Q    ─────────────( )─
            %M4.0
            "Tag_1"

%I2.2
"单步"
─┤/├──
```

程序段 3： 下降步

```
%M2.7      %I0.4      %M0.7      %M0.6      %M2.1      %M2.0
"左行步"    "左限位"    "连续标识"   "转换"     "夹紧步"    "下降1步"
─┤├──      ─┤├──      ─┤├──      ─┤├──      ─┤/├──     ─( )─

%M0.0      %I2.6      %M0.5
"初始步"    "启动"     "原点条件"
─┤├──      ─┤├──      ─┤├──

%M2.0
"下降1步"
─┤├──
```

程序段 4： 夹紧步

注释

```
%M2.0      %I0.1      %M0.6      %M2.2      %M2.1
"下降1步"   "下限位"    "转换"     "上升1步"   "夹紧步"
─┤├──      ─┤├──      ─┤├──      ─┤/├──     ─( )─

%M2.1
"夹紧步"
─┤├──
```

程序段 5： 上升1步

注释

```
%M2.1      "IEC_Timer_0_   %M0.6      %M2.3      %M2.2
"夹紧步"     DB".Q          "转换"     "右行步"    "上升1步"
─┤├──      ─┤├──          ─┤├──      ─┤/├──     ─( )─

%M2.2
"上升1步"
─┤├──
```

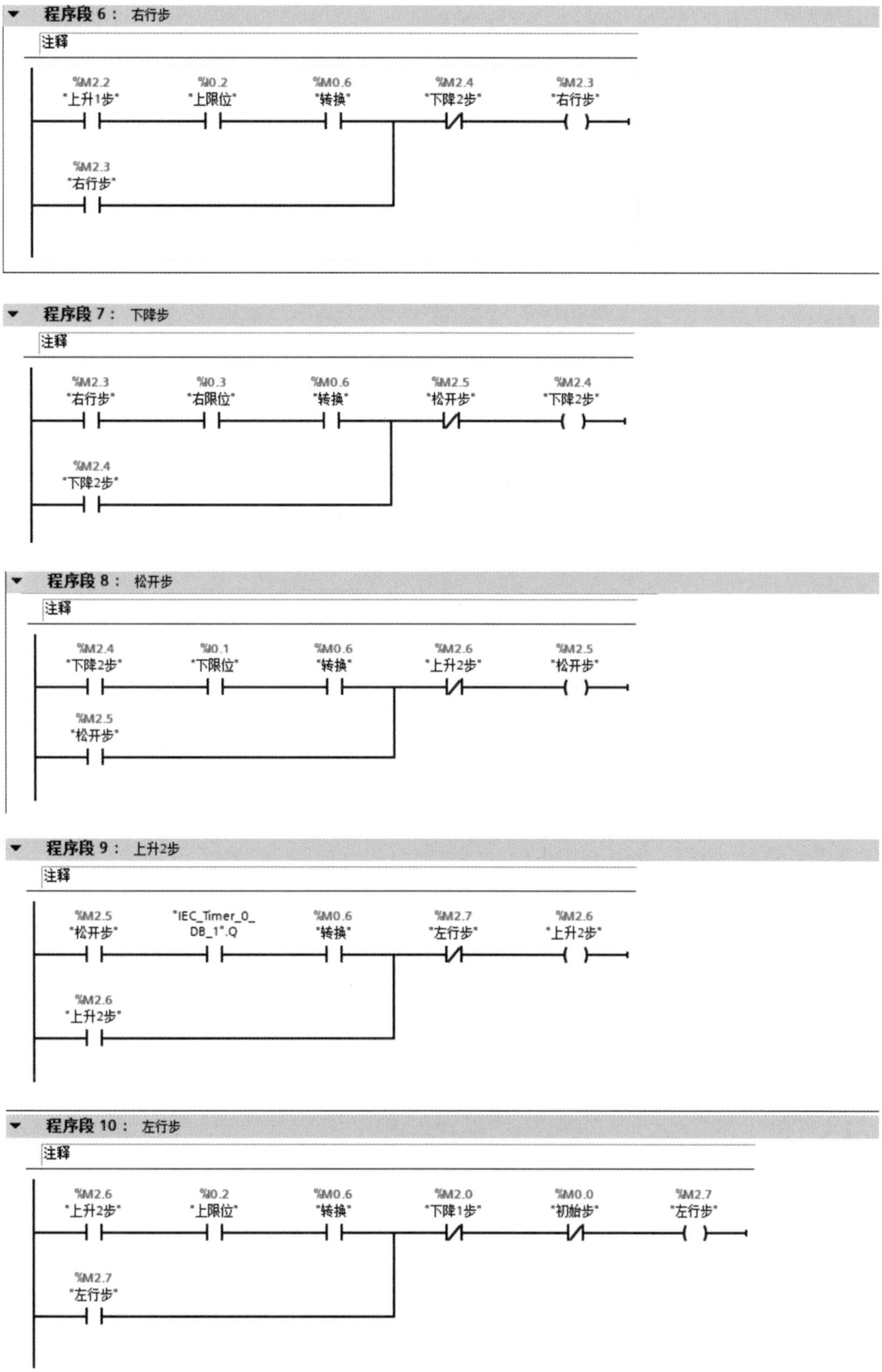

▼　**程序段 6：** 右行步

注释

```
     %M2.2          %I0.2          %M0.6          %M2.4          %M2.3
    "上升1步"       "上限位"       "转换"         "下降2步"       "右行步"
 ─────┤├──────────────┤├──────────────┤├─────┬──────┤/├──────────────( )──────

     %M2.3                                      │
    "右行步"                                     │
 ─────┤├──────────────────────────────────────┘
```

▼　**程序段 7：** 下降步

注释

```
     %M2.3          %I0.3          %M0.6          %M2.5          %M2.4
    "右行步"        "右限位"       "转换"         "松开步"       "下降2步"
 ─────┤├──────────────┤├──────────────┤├─────┬──────┤/├──────────────( )──────

     %M2.4                                      │
    "下降2步"                                    │
 ─────┤├──────────────────────────────────────┘
```

▼　**程序段 8：** 松开步

注释

```
     %M2.4          %I0.1          %M0.6          %M2.6          %M2.5
    "下降2步"       "下限位"       "转换"         "上升2步"       "松开步"
 ─────┤├──────────────┤├──────────────┤├─────┬──────┤/├──────────────( )──────

     %M2.5                                      │
    "松开步"                                     │
 ─────┤├──────────────────────────────────────┘
```

▼　**程序段 9：** 上升2步

注释

```
     %M2.5       "IEC_Timer_0_       %M0.6          %M2.7          %M2.6
    "松开步"        DB_1".Q          "转换"         "左行步"       "上升2步"
 ─────┤├──────────────┤├──────────────┤├─────┬──────┤/├──────────────( )──────

     %M2.6                                      │
    "上升2步"                                    │
 ─────┤├──────────────────────────────────────┘
```

▼　**程序段 10：** 左行步

注释

```
     %M2.6          %I0.2          %M0.6          %M2.0          %M0.0          %M2.7
    "上升2步"       "上限位"       "转换"         "下降1步"       "初始步"       "左行步"
 ─────┤├──────────────┤├──────────────┤├─────┬──────┤/├──────────────┤/├──────────────( )──────

     %M2.7                                      │
    "左行步"                                     │
 ─────┤├──────────────────────────────────────┘
```

图 9-17

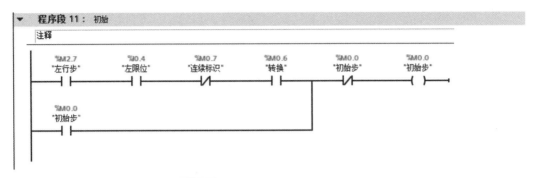

图 9-17　顺序功能图与梯形图程序

单周期、连续和单步这 3 种工作方式主要是用"连续"标志 M0.7 和"转换允许"标志 M0.6 来区分的。

a. 单步与非单步的区分。M0.6 的常开触点接在每一个控制代表步的存储器位的启动电路中，它们断开时禁止步的活动状态的转换。如果系统处于单步工作方式，I2.2 为 1 状态，它的常闭触点断开，"转换允许"存储器位 M0.6 在一般情况下为 0 状态，不允许步与步之间的转换。当某一步的工作结束后，转换条件满足，如果没有按下启动按钮 I2.6，M0.6 处于 0 状态，启保停电路的启动电路处于断开状态，不会转换到下一步。一直要等到按下启动按钮 I2.6，M0.6 在 I2.6 的上升沿接通一个扫描周期，M0.6 的常开触点接通，系统才会转换到下一步。

系统工作在连续、单周期（非单步）工作方式时，I2.2 的常闭触点接通，使 M0.6 为 1 状态，串联在各启保停电路的启动电路中的 M0.6 的常开触点接通，允许步与步之间的正常转换。

b. 单周期与连续的区分。在连续工作方式，I2.4 为 1 状态，在初始状态按下启动按钮 I2.6，M2.0 变为 1 状态，机械手下降。与此同时，控制连续工作的 M0.7 的线圈"通电"并自保持。

当机械手在步 M2.7 返回最左边时，I0.4 为 1 状态，因为"连续"标志位 M0.7 为 1 状态，转换条件 M0.7·I0.4 满足，系统将返回步 M2.0，反复连续地工作下去。

按下停止按钮 I2.7 后，M0.7 变为 0 状态，但是系统不会立即停止工作，在完成当前工作周期的全部操作后，在步 M2.7 返回最左边，左限位开关 I0.4 为 1 状态，转换条件 M0.7·I0.4 满足，系统才返回并停留在初始步。

在单周期工作方式，M0.7 一直处于 0 状态。当机械手在最后一步 M2.7 返回最左边时，左限位开关 I0.4 为 1 状态，转换条件 N0.7·I0.4 满足，系统返回并停留在初始步。按一次启动按钮，系统只工作一个周期。

c. 单周期工作过程。在单周期工作方式，I2.2（单步）的常闭触点闭合，M0.6 的线圈"通电"，允许转换。在初始步时按下启动按钮 I2.6，在 M2.0 的启动电路中，M0.0、I2.6、M0.5（原点条件）和 M0.6 的常开触点均接通，使 M2.0 的线圈"通电"，系统进入下降步，Q4.0 的线圈"通电"，机械手下降；碰到下限位开关 I0.1 时，转换到夹紧步 M2.1，Q4.1 被置位，夹紧电磁阀的线圈通电并保持。同时接通延时定时器 T0 开始定时，定时时间到时，工件被夹紧，1s 后转换条件 T0 满足，转换到步 M2.2。以后系统将这样一步一步地工作下去，直到步 M2.7，机械手左行返回原点位置，左限位开关 I0.4 变为 1 状态，因为连续工作标志 M0.7 为 0 状态，将返回初始步 M0.0，机械手停止运动。

d. 单步工作过程。在单步工作方式，I2.2 为 1 状态，它的常闭触点断开，"转换允许"辅助继电器 M0.6 在一般情况下为 0 状态，不允许步与步之间的转换。系统处于原点状态，M0.5 和 M0.0 为 1 状态，按下启动按钮 I2.6，M0.6 变为 1 状态，使 M2.0 的启动电路接通，系统进入下降步，放开启动按钮后，M0.6 变为 0 状态。在下降步，Q4.0 线圈"通电"，当下限位开关 I0.1 变为 1 状态时，与 Q4.0 线圈串联的 I0.1 的常闭触点断开（如图 9-18 所示输出电路中最上面的梯形图）使 Q4.0 的线圈"通电"，机械手停止下降。I0.1 的常开触点闭合后，如果没有按下启动按钮，I2.6 和 M0.6 处于 0 状态，不会转换到下一步。一直要等到按下启动按钮，I2.6 和 M06 变为 1 状态，M0.6 的常开触点接通，转换条件 I0.1 才能使 M2.1 的启动电路接通，M2.1 的线圈"通电"并自保持，系统才能由步 M2.0 进入步 M2.1。以后在完成某一步的操作后，都必须按一次启动按钮，系统才能转换到下一步。

图 9-17 中控制 M0.0 的启保停电路如果放在控制 M2.0 的启保停电路之前，在单步工作方式步 M2.7 为活动步时下按启动按钮 I2.6，返回步 M0.0 后，M2.0 的启动条件满足，将马上进入步 M2.0。在单步工作方式，这样连续跳两步是不允许的。将控制 M2.0 的启保停电路放在控制 M0.0 的启保停电路之前和 M0.6 的线圈之后可以解决这一问题。在图 9-17 中，控制 M0.6（转换允许）的是启动按钮 I2.6 的上升沿检测信号，在步 M2.7 按启动按钮，M0.6 仅接通一个扫描周期，它使 M0.0 的线圈通电后，下一扫描周期处理控制 M2.0 的启保停电路时，M0.6 已变为 0 状态，所以不会使 M2.0 变为 1 状态，要等到下一次按下启动按钮时，M2.0 才会变为 1 状态。

e. 输出电路。输出电路（图 9-18）是自动程序 FC3 的一部分，输出电路中 I0.1 ～ I0.4 的常闭触点是为单步工作方式设置的。以下降为例，当小车碰到限位开关 I0.1 后，与下降步对应的存储器位 M2.0 或 M2.4 不会马上变为 OFF，如果 Q4.0 的线圈不与 I0.1 的常闭触点串联，机械手不能停在下限位开关 I0.1 处，还会继续下降，对于某些设备，可能造成事故。

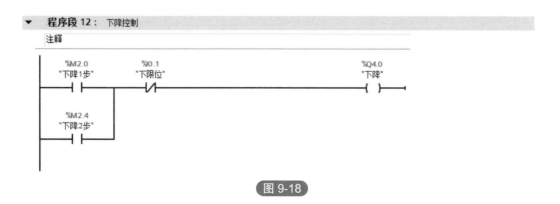

图 9-18

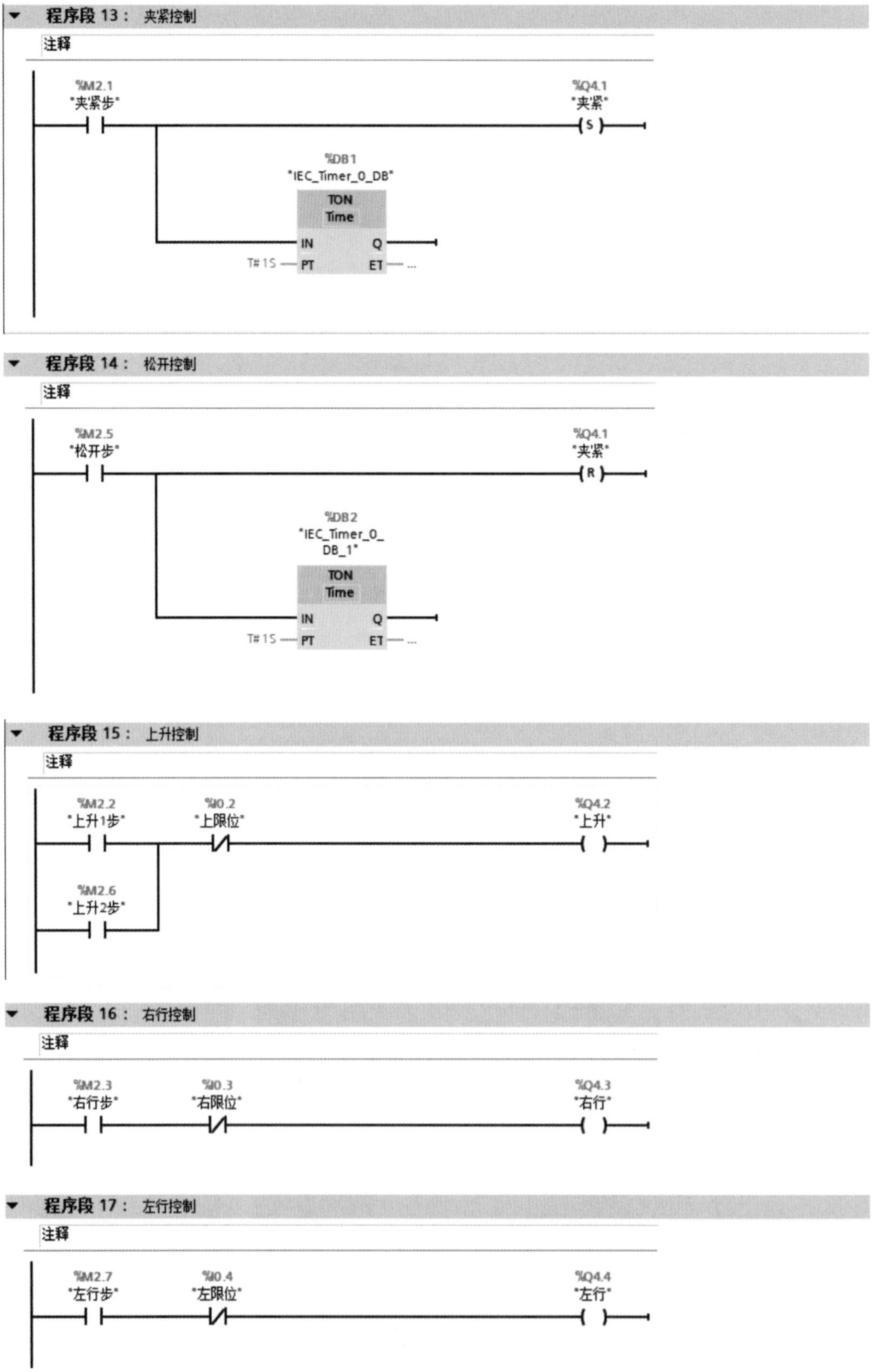

程序段 13: 夹紧控制

注释

```
%M2.1                                              %Q4.1
"夹紧步"                                            "夹紧"
 ┤├─────┬─────────────────────────────────────────( S )
        │              %DB1
        │         "IEC_Timer_0_DB"
        │            ┌─────────┐
        │            │   TON   │
        │            │  Time   │
        └────────────┤IN      Q├───────
                 T#1S─┤PT     ET├─ ...
                     └─────────┘
```

程序段 14: 松开控制

注释

```
%M2.5                                              %Q4.1
"松开步"                                            "夹紧"
 ┤├─────┬─────────────────────────────────────────( R )
        │              %DB2
        │         "IEC_Timer_0_
        │              DB_1"
        │            ┌─────────┐
        │            │   TON   │
        │            │  Time   │
        └────────────┤IN      Q├───────
                 T#1S─┤PT     ET├─ ...
                     └─────────┘
```

程序段 15: 上升控制

注释

```
%M2.2        %I0.2                                 %Q4.2
"上升1步"     "上限位"                               "上升"
 ┤├───┬──────┤/├────────────────────────────────────( )
      │
%M2.6 │
"上升2步"
 ┤├───┘
```

程序段 16: 右行控制

注释

```
%M2.3        %I0.3                                 %Q4.3
"右行步"      "右限位"                               "右行"
 ┤├──────────┤/├────────────────────────────────────( )
```

程序段 17: 左行控制

注释

```
%M2.7        %I0.4                                 %Q4.4
"左行步"      "左限位"                               "左行"
 ┤├──────────┤/├────────────────────────────────────( )
```

图 9-18 输出电路程序

⑥ 自动返回原点程序 图 9-19 所示是自动返回原点程序的顺序功能图和梯形图。在回原点工作方式，I2.1 为 1 状态，按下启动按钮 I2.6，M1.0 变为 1 状态并保持，机械手上升，升到上限位开关时改为左行，到左限位开关时，I0.4 变为 1 状态，将步 M1.1 和 Q4.1 复位，机械手松开后原点条件满足，M0.5 变为 1 状态，在公用程序中，FC3 的初始步 M0.0 被置位，为进入单周期、连续或单步工作方式做好准备，因此可以认为初始步 M0.0 是步 M1.1 的后续步。

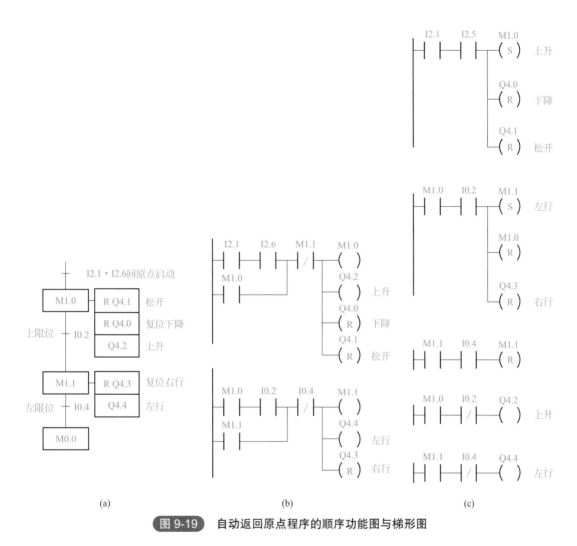

图 9-19 自动返回原点程序的顺序功能图与梯形图

（2）使用置位复位指令的编程方法 与使用启动保停电路的编程方法相比，OB1、OB100、顺序功能图、公用程序、手动程序和自动程序中的输出电路完全相同。仍然用存储器位 M0.0 和 M2.0 ～ M2.7 来代表各步，它们的控制电路如图 9-20、图 9-21 所示。图 9-21 中，控制 M0.0 和 M2.0 ～ M2.7 置位、复位的触点串联电路，与启保停电路中相应的启动电路相同。M0.7 与 M0.6 的控制电路与图 9-17 中的相同。

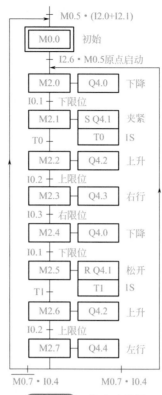

图 9-20　顺序功能图

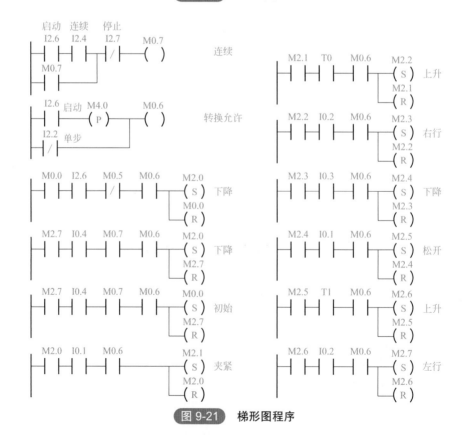

图 9-21　梯形图程序

9.4 五层电梯 PLC 控制系统

（1）电梯功能介绍　在电梯内部有五个楼层（1～5 层）按钮、开关和关门按钮以及楼层显示器、上升和下行显示器。当乘客进入电梯后，电梯内应该有能让乘客按下的代表要去目的地的楼层按钮，称为内呼按钮。电梯停下时，应具有开门、关门的功能，即电梯门可以自动打开，经过一定的时间延时后，又可以自动关闭。在电梯内部也应有控制电梯的开门、关门的按钮，使乘客可以在电梯停下时随时地控制电梯的开门与关门。电梯内有指示灯，用来显示电梯现在所处的状态，可以使乘客清楚自己所处的位置，离自己要到的楼层还有多远，电梯是在上升还是下降等。

电梯的外部共分五层，每层都应有呼叫按钮、呼叫指示灯、上升和下降指示灯，以及楼层显示器。呼叫按钮是乘客用来发出乘梯请求的工具，呼叫指示灯在完成相应的呼叫请求之前应一直保持为亮，它和上升指示灯、下降指示灯、楼层显示器一样，都是用来显示电梯所处状态的。五层楼电梯中，一层只有上呼叫按钮，五层只有下呼叫按钮，其余三层同时具有上呼叫和下呼叫按钮。而上升、下降指示灯以及楼层显示器应相同。

❶ 初始状态

a. 各层呼叫灯都不亮。

b. 电梯内部和外部各楼层显示器显示均为"1"。

c. 电梯内部和外部各层电梯门均关闭。

❷ 运行中的状态

a. 按下某层呼叫按钮（1～5 层）后，该层呼叫灯亮，电梯响应该层呼叫。

b. 电梯上升或下行直到该层。

c. 各楼层显示随电梯移动而改变，各层指示灯也随之而变。

d. 运行中电梯门始终关闭，到达指定层时，门才打开。

e. 在电梯运行过程中，支持其他呼叫。

❸ 电梯运行后的状态

a. 电梯在到达指定楼层后，电梯门会自动打开，经一段时间延时自动关闭。在此过程中，支持手动开门或关门。

b. 各楼层显示值为该层所在位置，且上行与下行指示灯均熄灭。

c. 到达指定楼层后，电梯会继续待命，直至新命令产生。

电梯工作流程图如图 9-22 所示。

PLC 五层电梯控制系统的 I/O 分配表见表 9-2。

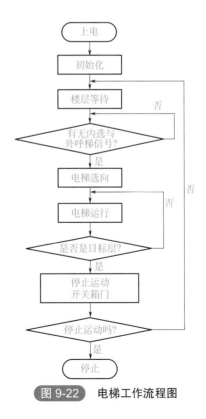

图 9-22　电梯工作流程图

表9-2 PLC五层电梯控制系统的I/O分配表

输入信号	地址	输出信号	地址
轿外一层上呼叫按钮	I0.0	轿外一层上呼叫灯	Q0.0
轿外二层上呼叫按钮	I0.1	轿外二层上呼叫灯	Q0.1
轿外二层下呼叫按钮	I0.2	轿外二层下呼叫灯	Q0.2
轿外三层上呼叫按钮	I0.3	轿外三层上呼叫灯	Q0.3
轿外三层下呼叫按钮	I0.4	轿外三层下呼叫灯	Q0.4
轿外四层上呼叫按钮	I0.5	轿外四层上呼叫灯	Q0.5
轿外四层下呼叫按钮	I0.6	轿外四层下呼叫灯	Q0.6
轿外五层下呼叫按钮	I0.7	轿外五层下呼叫灯	Q0.7
一层平层接近开关	I1.0	一层位灯	Q1.0
二层平层接近开关	I1.1	二层位灯	Q1.1
三层平层接近开关	I1.2	三层位灯	Q1.2
四层平层接近开关	I1.3	四层位灯	Q1.3
五层平层接近开关	I1.4	五层位灯	Q1.4
轿内一层呼叫按钮	I1.5	轿内一层呼叫灯	Q1.5
轿内二层呼叫按钮	I1.6	轿内二层呼叫灯	Q1.6
轿内三层呼叫按钮	I1.7	轿内三层呼叫灯	Q1.7
轿内四层呼叫按钮	I2.0	轿内四层呼叫灯	Q2.0
轿内五层呼叫按钮	I2.1	轿内五层呼叫灯	Q2.1
开门呼叫按钮	I2.2	电梯上升	Q2.2
关门呼叫按钮	I2.3	电梯下降	Q2.3
开门限位开关	I2.4	电梯上升指示灯	Q2.4
关门限位开关	I2.5	电梯下降指示灯	Q2.5
		电梯开门	Q2.6
		电梯关门	Q2.7

（2）程序设计 在PLC进入RUN运行模式的第一个扫描周期，系统调用组织块OB100，在OB100中执行初始化程序，通过初始化程序对电梯进行初始化。建立FB1电梯程序块，程序在OB1中调用，如图9-23所示。

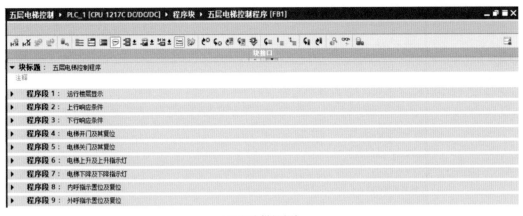

(a) FB1电梯程序块

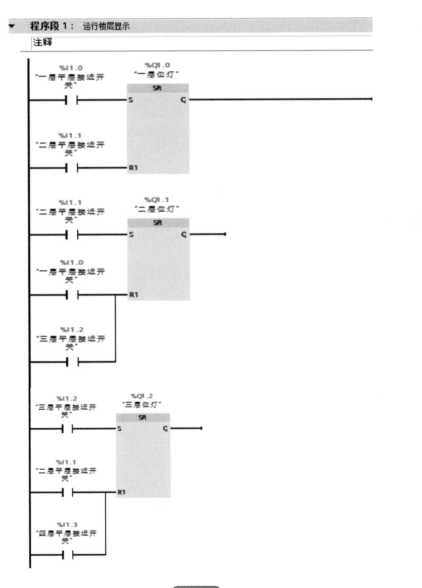

图 9-23

程序段 2：上行响应条件

二层上响应条件

三层上响应条件

四层上响应条件

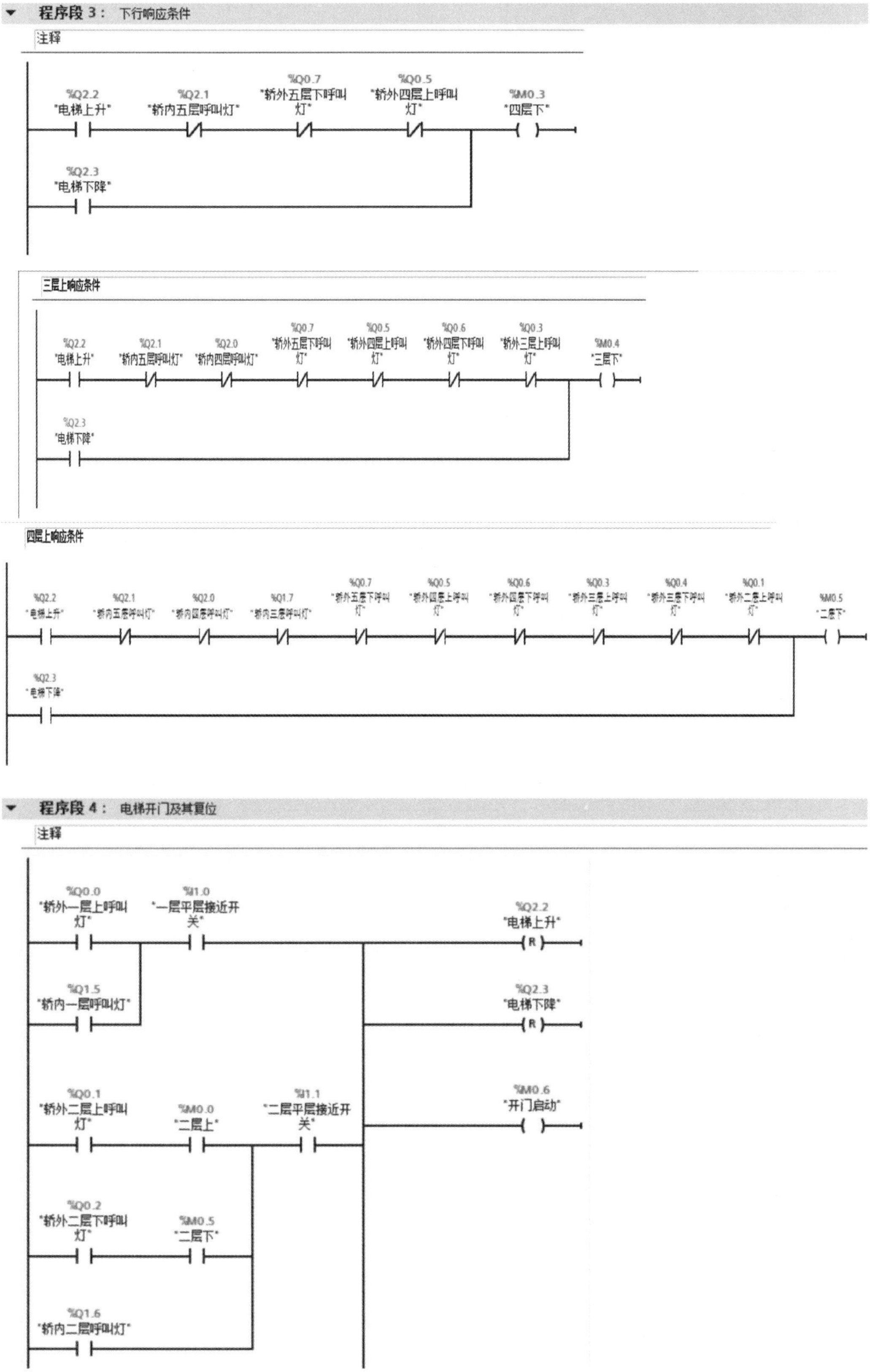
程序段 3： 下行响应条件
注释
%Q2.2 "电梯上升"
%Q2.1 "轿内五层呼叫灯"
%Q0.7 "轿外五层下呼叫灯"
%Q0.5 "轿外四层上呼叫灯"
%M0.3 "四层下"
%Q2.3 "电梯下降"
三层上响应条件
%Q2.2 "电梯上升"
%Q2.1 "轿内五层呼叫灯"
%Q2.0 "轿内四层呼叫灯"
%Q0.7 "轿外五层下呼叫灯"
%Q0.5 "轿外四层上呼叫灯"
%Q0.6 "轿外四层下呼叫灯"
%Q0.3 "轿外三层上呼叫灯"
%M0.4 "三层下"
%Q2.3 "电梯下降"
四层上响应条件
%Q2.2 "电梯上升"
%Q2.1 "轿内五层呼叫灯"
%Q2.0 "轿内四层呼叫灯"
%Q1.7 "轿内三层呼叫灯"
%Q0.7 "轿外五层下呼叫灯"
%Q0.5 "轿外四层上呼叫灯"
%Q0.6 "轿外四层下呼叫灯"
%Q0.3 "轿外三层上呼叫灯"
%Q0.4 "轿外三层下呼叫灯"
%Q0.1 "轿外二层上呼叫灯"
%M0.5 "二层下"
%Q2.3 "电梯下降"
程序段 4： 电梯开门及其复位
注释
%Q0.0 "轿外一层上呼叫灯"
%I1.0 "一层平层接近开关"
%Q2.2 "电梯上升"
%Q1.5 "轿内一层呼叫灯"
%Q2.3 "电梯下降"
%Q0.1 "轿外二层上呼叫灯"
%M0.0 "二层上"
%I1.1 "二层平层接近开关"
%M0.6 "开门启动"
%Q0.2 "轿外二层下呼叫灯"
%M0.5 "二层下"
%Q1.6 "轿内二层呼叫灯"

图 9-23

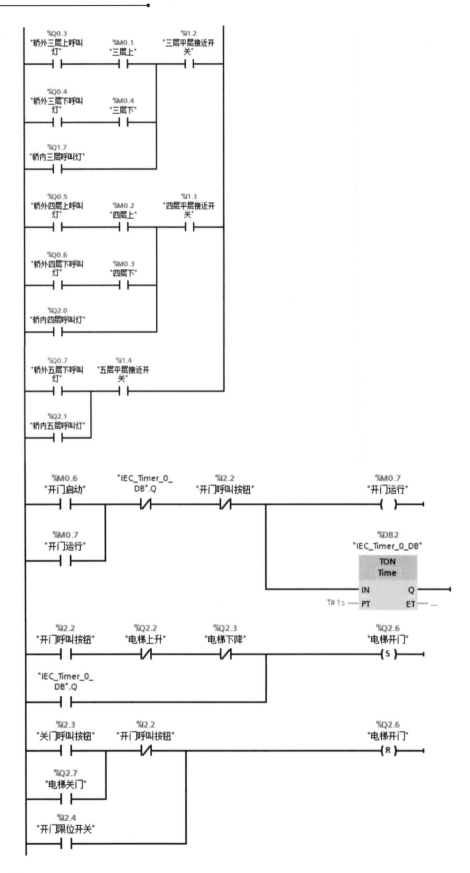

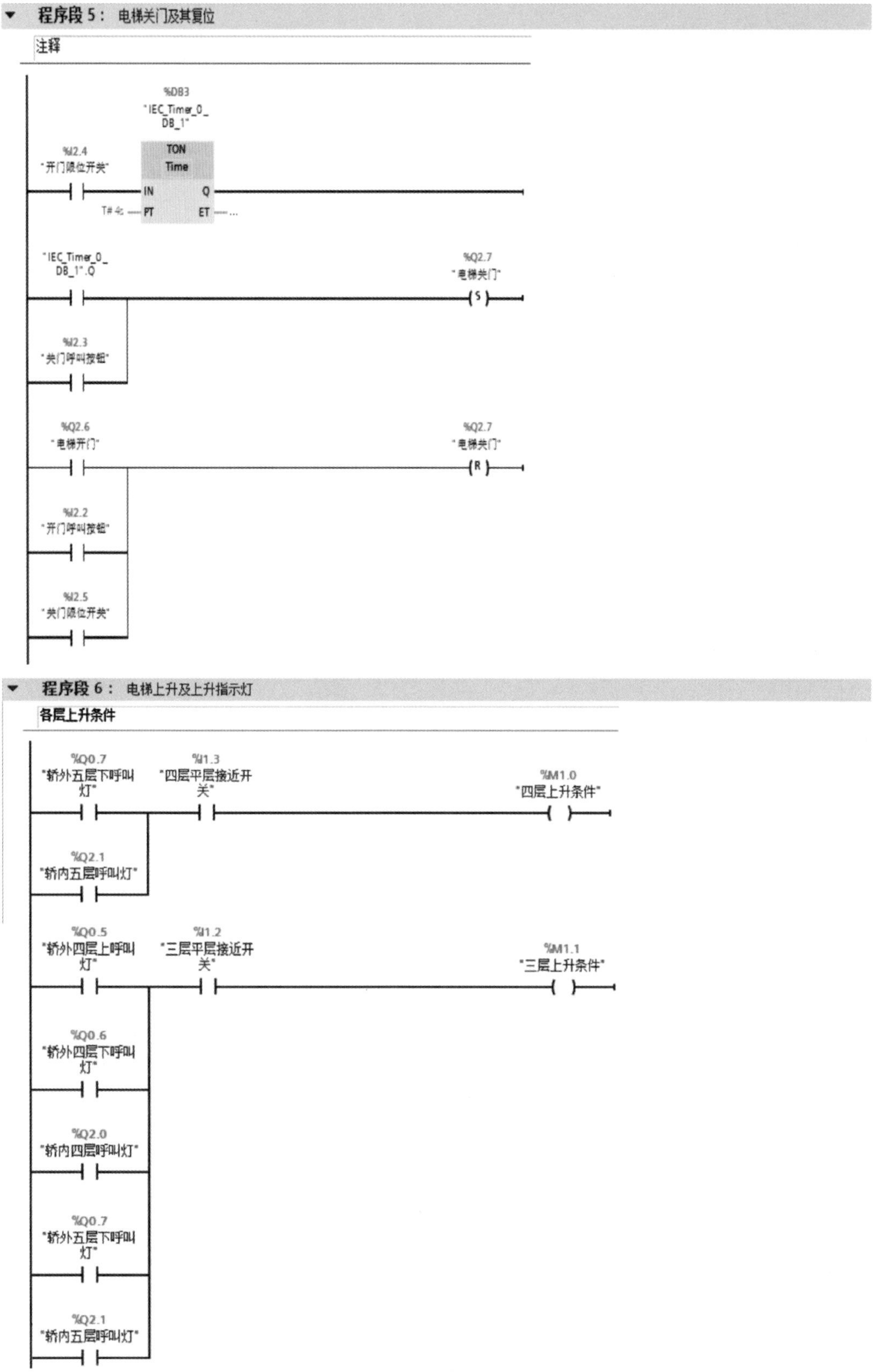

第9章
西门子 S7-1200/1500 PLC 综合应用实例

第1章
第2章
第3章
第4章
第5章
第6章
第7章
第8章
第9章
附录

程序段 5: 电梯关门及其复位

注释

%DB3
"IEC_Timer_0_
DB_1"

%I2.4
"开门限位开关"

TON
Time

IN   Q

T#4s — PT   ET —...

"IEC_Timer_0_
DB_1".Q

%Q2.7
"电梯关门"
—(S)—

%I2.3
"关门呼叫按钮"

%Q2.6
"电梯开门"

%Q2.7
"电梯关门"
—(R)—

%I2.2
"开门呼叫按钮"

%I2.5
"关门限位开关"

程序段 6: 电梯上升及上升指示灯

各层上升条件

%Q0.7
"轿外五层下呼叫
灯"

%I1.3
"四层平层接近开
关"

%M1.0
"四层上升条件"
—( )—

%Q2.1
"轿内五层呼叫灯"

%Q0.5
"轿外四层上呼叫
灯"

%I1.2
"三层平层接近开
关"

%M1.1
"三层上升条件"
—( )—

%Q0.6
"轿外四层下呼叫
灯"

%Q2.0
"轿内四层呼叫灯"

%Q0.7
"轿外五层下呼叫
灯"

%Q2.1
"轿内五层呼叫灯"

图 9-23

```
%Q0.3                %I1.1                                              %M1.2
"梯外三层上呼叫         "二层平层接近开                                      "二层上升条件"
灯"                   关"
─┤├──────────────────┤├───────────────────────────────────────────────( )─

%Q0.4
"梯外三层下呼叫
灯"
─┤├─

%Q0.5
"梯外四层上呼叫
灯"
─┤├─

%Q0.6
"梯外四层下呼叫
灯"
─┤├─

%Q0.7
"梯外五层下呼叫
灯"
─┤├─

%Q1.7
"梯内三层呼叫灯"
─┤├─

%Q2.0
"梯内四层呼叫灯"
─┤├─

%Q2.1
"梯内五层呼叫灯"
─┤├─


%Q0.1                %I1.0                                              %M1.3
"轿外二层上呼叫         "一层平层接近开                                      "一层上升条件"
灯"                   关"
─┤├──────────────────┤├───────────────────────────────────────────────( )─

%Q0.2
"轿外二层下呼叫
灯"
─┤├─

%Q0.3
"轿外三层上呼叫
灯"
─┤├─

%Q0.4
"轿外三层下呼叫
灯"
─┤├─

%Q0.5
"轿外四层上呼叫
灯"
─┤├─

%Q0.6
"轿外四层下呼叫
灯"
─┤├─
```

第1章

第2章

第3章

第4章

第5章

第6章

第7章

第8章

第9章

附录

```
%Q0.7
"轿外五层下呼叫
灯"
┤├

%Q1.6
"轿内二层呼叫灯"
┤├

%Q1.7
"轿内三层呼叫灯"
┤├

%Q2.0
"轿内四层呼叫灯"
┤├

%Q2.1
"轿内五层呼叫灯"
┤├
```

```
%M1.0          %Q2.3        %M0.7         %I2.5         %Q2.2
"四层上升条件"  "电梯下降"   "开门运行"    "关门限位开关" "电梯上升"
┤├─────────────┤/├──────────┤/├──────────┤├──────────────(S)

%M1.1                                                  %Q2.4
"三层上升条件"                                          "电梯上升指示灯"
┤├                                                     ( )

%M1.2
"二层上升条件"
┤├

%M1.3
"一层上升条件"
┤├
```

▼ **程序段 7：** 电梯下降及下降指示灯

注释

```
%Q0.0         %I1.1          %M1.4
"轿外一层上呼  "二层平层接近   "二层下降条件"
叫灯"          开关"          ( )
┤├────────────┤├──────────────

%Q1.5
"轿内一层呼叫..."
┤├

%Q0.1         %I1.2          %M1.5
"轿外二层上呼叫 "三层平层接近开  "三层下降条件"
灯"            关"            ( )
┤├────────────┤├──────────────

%Q0.2
"轿外二层下呼叫
灯"
┤├

%Q0.0
"轿外一层上呼叫
灯"
┤├

%Q1.6
"轿内二层呼叫灯"
┤├
```

图 9-23

263

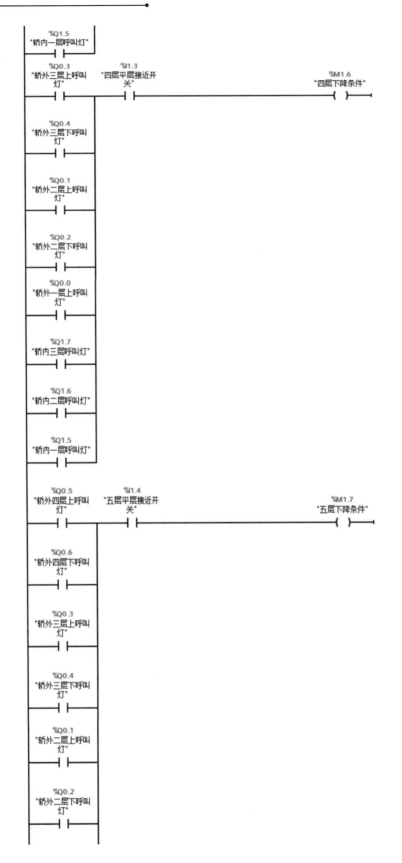

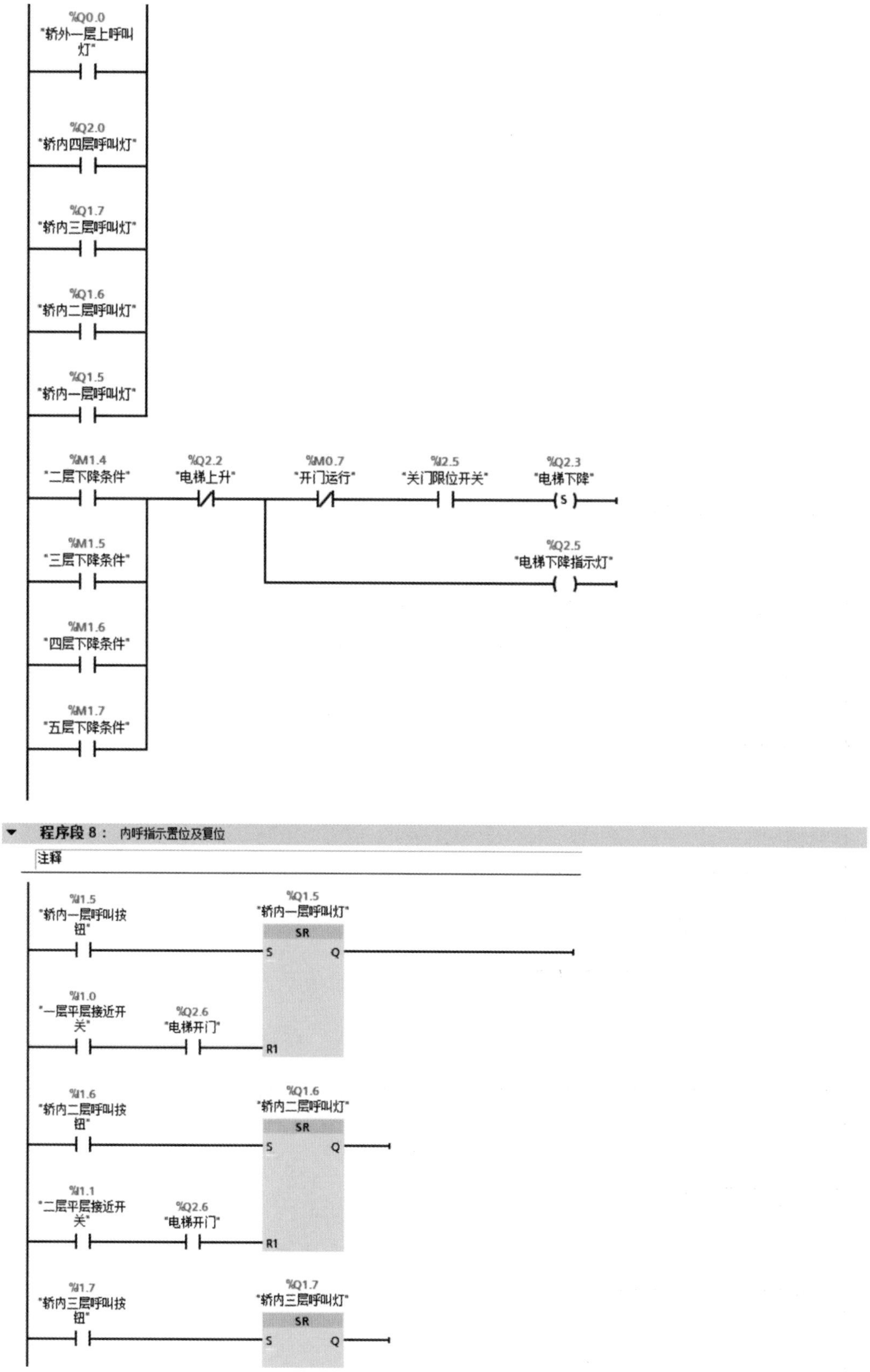

第1章

第2章

第3章

第4章

第5章

第6章

第7章

第8章

第9章

附录

%Q0.0
"轿外一层上呼叫灯"
┤├

%Q2.0
"轿内四层呼叫灯"
┤├

%Q1.7
"轿内三层呼叫灯"
┤├

%Q1.6
"轿内二层呼叫灯"
┤├

%Q1.5
"轿内一层呼叫灯"
┤├

%M1.4 "二层下降条件" ┤├	%Q2.2 "电梯上升" ┤/├	%M0.7 "开门运行" ┤/├	%Q2.5 "关门限位开关" ┤├	%Q2.3 "电梯下降" —(S)—

%M1.5
"三层下降条件"
┤├

%Q2.5
"电梯下降指示灯"
—( )—

%M1.6
"四层下降条件"
┤├

%M1.7
"五层下降条件"
┤├

▼ **程序段8：** 内呼指示置位及复位

注释

%I1.5
"轿内一层呼叫按钮"
┤├

%Q1.5
"轿内一层呼叫灯"
SR
S   Q

%I1.0
"一层平层接近开关"
┤├

%Q2.6
"电梯开门"
┤├
R1

%I1.6
"轿内二层呼叫按钮"
┤├

%Q1.6
"轿内二层呼叫灯"
SR
S   Q

%I1.1
"二层平层接近开关"
┤├

%Q2.6
"电梯开门"
┤├
R1

%I1.7
"轿内三层呼叫按钮"
┤├

%Q1.7
"轿内三层呼叫灯"
SR
S   Q

图 9-23

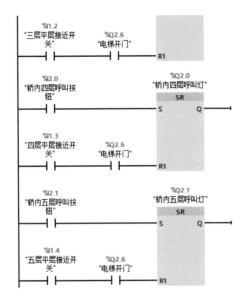

程序段 9: 外呼指示置位及复位

注释

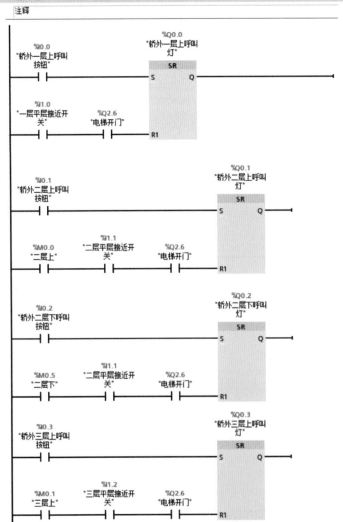

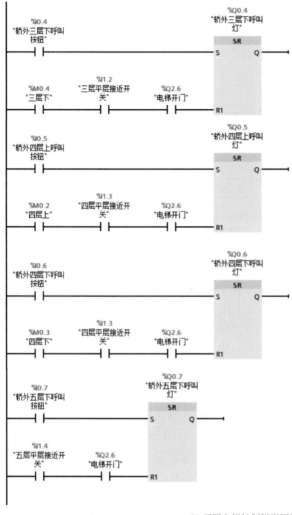

(b) 五层电梯控制梯形图程序

图 9-23　五层电梯参考程序

9.5 组合机床控制系统

图 9-24 给出了组合机床控制系统的顺序功能图。图 9-24 中，分别由 M0.2 ～ M0.4 和 M0.5 ～ M0.7 组成的两个单序列是并行工作的，设计梯形图时应保证这两个序列同时开始工作和同时结束，即两个序列的第一步 M0.2 和 M0.5 应同时变为活动步，两个序列的最后一步 M0.4 和 M0.7 应同时变为不活动步。

并行序列中分支的处理是很简单的，在图 9-24 中，当步 M0.1 是活动步，并且转换条件 I0.1 为 ON 时，步 M0.2 和 M0.5 同时变为活动步，两个序列同时开始工作。在梯形图中，用 M0.1 和 I0.1 的常开触点组成的串联电路来控制对 M0.2 和 M0.5 的同时置位，和对前级步 M0.1 的复位。

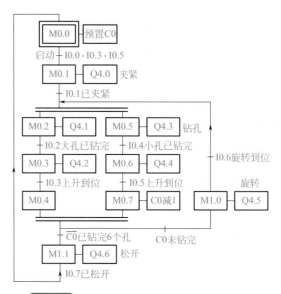

图 9-24　组合机床控制系统的顺序功能图

　　另外，当步 M1.0 为活动步，并且转换条件 I0.6 为 ON 时，步 M0.2 和 M0.5 也应同时变为活动步，两个序列同时开始工作。在梯形图中，用 M1.0 和 I0.6 的常开触点组成的串联电路来控制对 M0.2 和 M0.5 的同时置位，和对前级步 M1.0 的复位。

　　图 9-25 中并行序列合并处的转换有两个前级步 M0.4 和 M0.7，根据转换实现的基本规则，当它们均为活动步并且转换条件 C0 满足时，将实现并行序列合并。未钻完 3 对孔时，减计数器 C0 的当前值非 0，其常开触点闭合，转换条件 C0 满足，将转换到步 M1.0。在梯形中，用 M0.4、M0.7 和 C0 的常开触点组成的串联电路使 M1.0 置位，后续步 M1.0 变为活动步；同时用 R 指令将 M0.4 和 M0.7 复位，使前级步 M0.4 和 M0.7 变为不活动步。

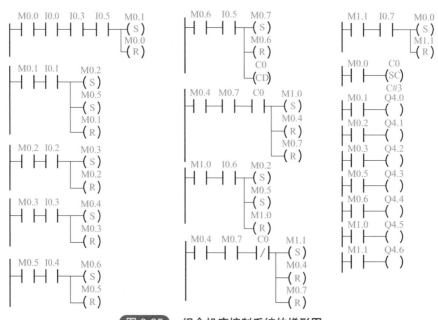

图 9-25　组合机床控制系统的梯形图

钻完 3 对孔时，C0 的当前值减至 0，其常闭触点闭合，转换条件 C0 满足，将转换到步 M1.1。在图 9-25 所示梯形图中，用 M0.4、M0.7 的常开触点和 C0 的常闭触点组成的串联电路 使 M1.1 置位，后续步 M1.1 变为活动步；同时用 R 指令将 M0.4 和 M0.7 复位，前级步 M0.4 和 M0.7 变为不活动步。

值得注意的是，标有"CD"的 C0 的减计数线圈必须"紧跟"在图 9-25 中使 M0.7 置位 的指令后面。这是因为如果 M0.4 先变为活动步，M0.7 的"生存周期"非常短，M0.7 变为活 动步后，在本次循环扫描周期内的下一个网络就被复位了。如果将 C0 的减计数线圈放在使 M0.7 复位的指令的后面，C0 还没有计数 M0.7 就被复位了，将不能执行计数操作。

建立组合机床的变量表，如图 9-26 所示。然后编写组合机床梯形图程序，如图 9-27 所示。

图 9-26　组合机床变量表

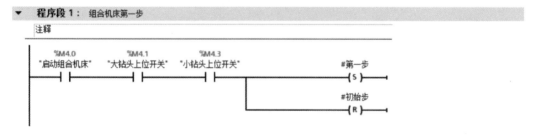

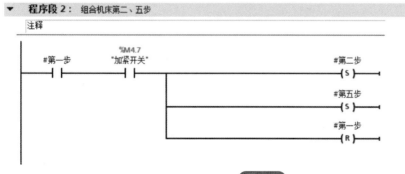

图 9-27

▼ 程序段 3： 组合机床第三步

注释

```
   #第二步        %M4.2                                    #第三步
                "大钻头下位开关"                              ( S )
   ─┤ ├─        ─┤ ├──────┬───────────────────────────
                                                         #第二步
                                                         ( R )
                                    └───────────────────
```

▼ 程序段 4： 组合机床第四步

注释

```
   #第三步        %M4.1                                    #第四步
                "大钻头上位开关"                              ( S )
   ─┤ ├─        ─┤ ├──────┬───────────────────────────
                                                         #第三步
                                                         ( R )
                                    └───────────────────
```

▼ 程序段 5： 组合机床第六步

注释

```
   #第五步        %M4.4                                    #第六步
                "小钻头下位开关"                              ( S )
   ─┤ ├─        ─┤ ├──────┬───────────────────────────
                                                         #第五步
                                                         ( R )
                                    └───────────────────
```

▼ 程序段 6： 组合机床第七步

注释

```
   #第六步        %M4.3                                    #第七步
                "小钻头上位开关"                              ( S )
   ─┤ ├─        ─┤ ├──────┬───────────────────────────
                                                         #第六步
                                                         ( R )
                                    └───────────────────
```

▼ 程序段 7： 计算次数

注释

```
                                              %DB8
                                          "IEC_Counter_
                                            0_DB_2"
                                             CTD
                                             Int
   #第七步      P_TRIG                      ┌──────────┐
   ─┤ ├─      CLK      Q ──────────────────┤ CD     Q ├────
             %M5.0                         │          │
            "Tag_10"                       │        CV ├── ...
                                          │          │
   #第一步                                  │          │
   ─┤ ├───────┬──────────────────────────┤ LD       │
              │                      3 ──┤ PV        │
   #初始步     │                          └──────────┘
   ─┤ ├───────┘
```

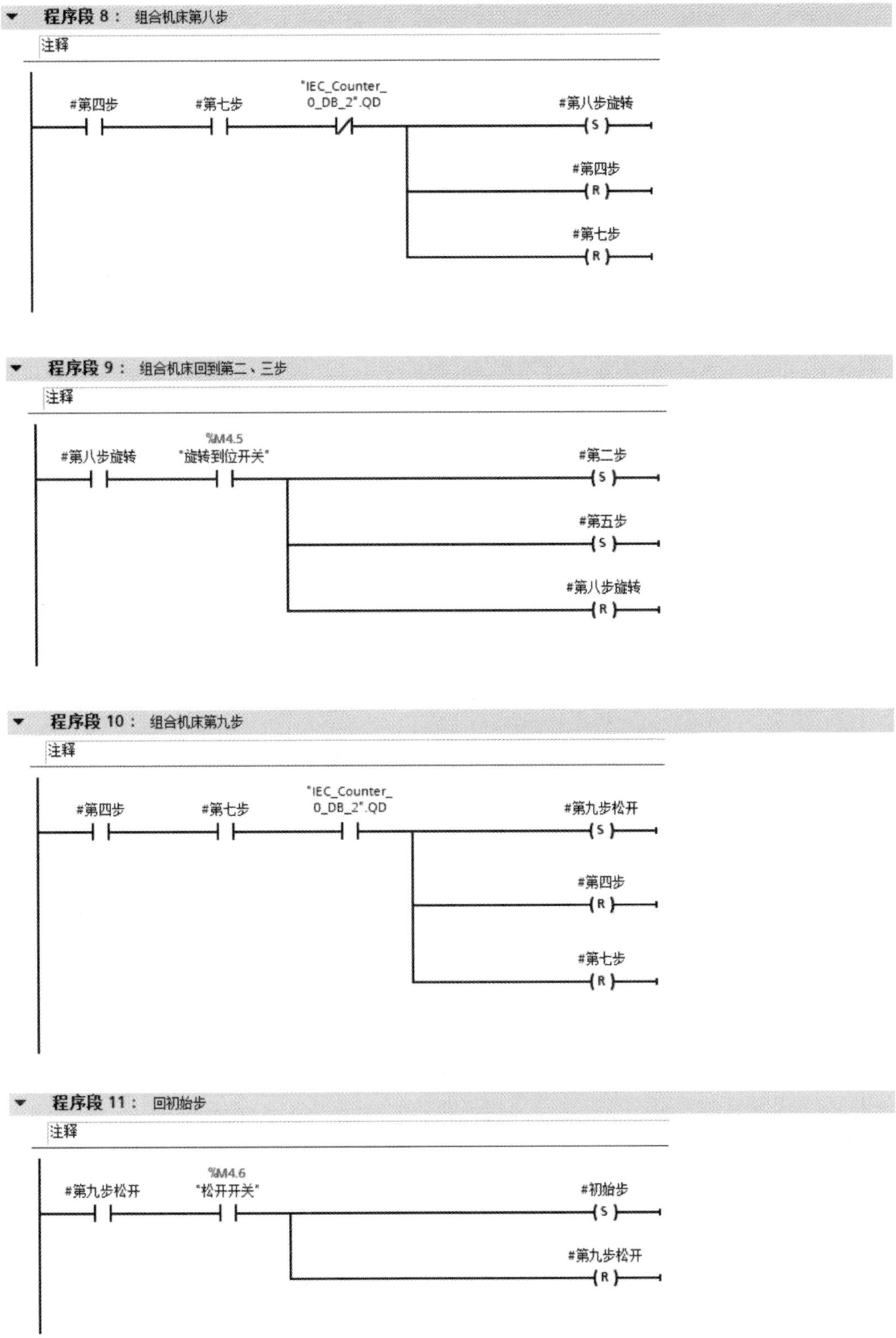

程序段 8: 组合机床第八步

注释

```
   #第四步      #第七步    "IEC_Counter_              #第八步旋转
    ┤ ├         ┤ ├        0_DB_2".QD                  ─( S )─
                            ─┤/├─
                                                       #第四步
                                                       ─( R )─

                                                       #第七步
                                                       ─( R )─
```

程序段 9: 组合机床回到第二、三步

注释

```
   #第八步旋转      %M4.5                              #第二步
    ┤ ├          "旋转到位开关"                        ─( S )─
                     ┤ ├
                                                       #第五步
                                                       ─( S )─

                                                      #第八步旋转
                                                       ─( R )─
```

程序段 10: 组合机床第九步

注释

```
   #第四步      #第七步    "IEC_Counter_              #第九步松开
    ┤ ├         ┤ ├        0_DB_2".QD                  ─( S )─
                            ┤ ├
                                                       #第四步
                                                       ─( R )─

                                                       #第七步
                                                       ─( R )─
```

程序段 11: 回初始步

注释

```
   #第九步松开      %M4.6                              #初始步
    ┤ ├          "松开开关"                            ─( S )─
                     ┤ ├
                                                      #第九步松开
                                                       ─( R )─
```

图 9-27

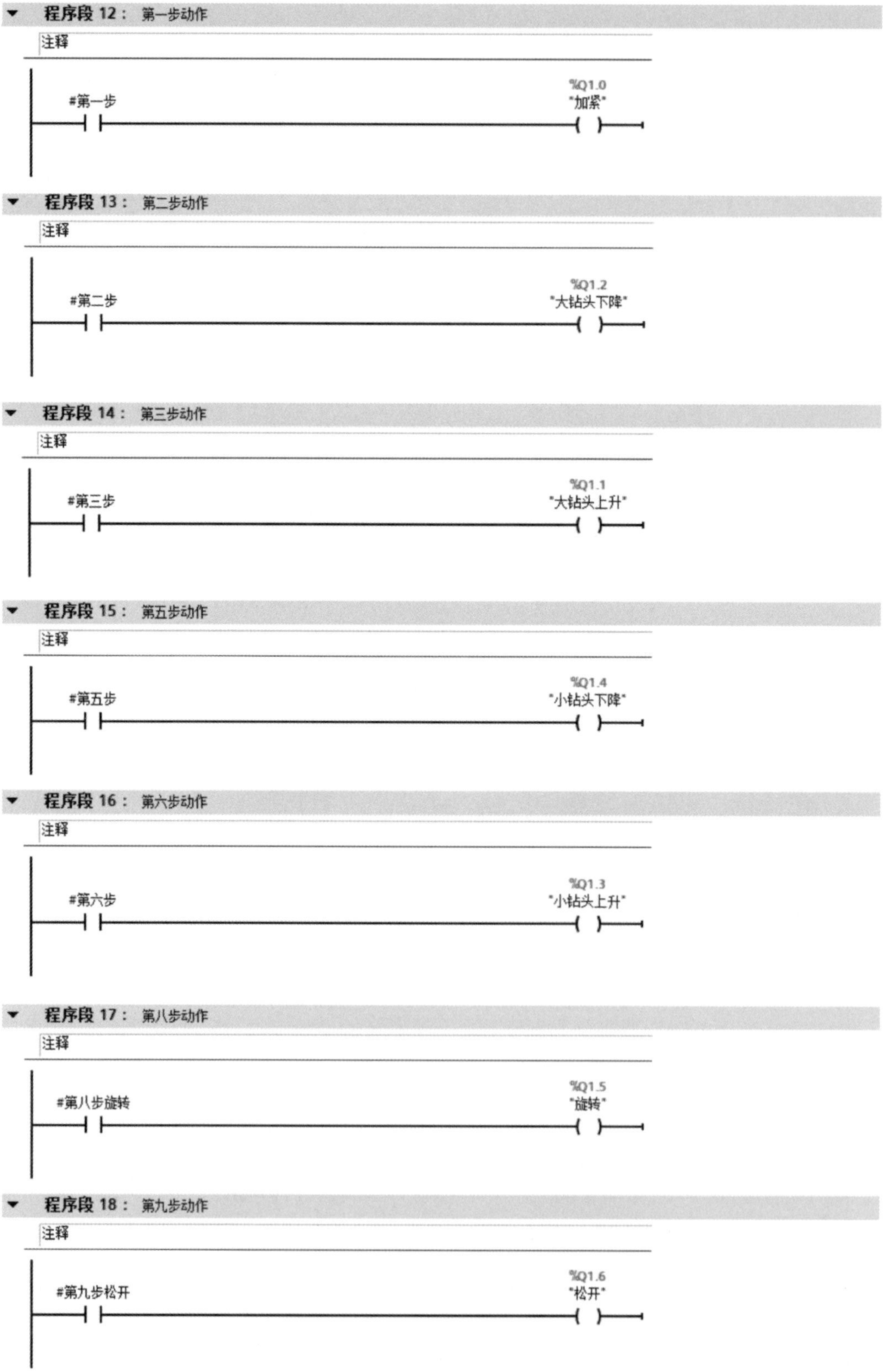

程序段 12： 第一步动作

注释

```
#第一步                                          %Q1.0
  ─┤ ├─                                        "加紧"
                                                ─( )─
```

程序段 13： 第二步动作

注释

```
#第二步                                          %Q1.2
  ─┤ ├─                                      "大钻头下降"
                                                ─( )─
```

程序段 14： 第三步动作

注释

```
#第三步                                          %Q1.1
  ─┤ ├─                                      "大钻头上升"
                                                ─( )─
```

程序段 15： 第五步动作

注释

```
#第五步                                          %Q1.4
  ─┤ ├─                                      "小钻头下降"
                                                ─( )─
```

程序段 16： 第六步动作

注释

```
#第六步                                          %Q1.3
  ─┤ ├─                                      "小钻头上升"
                                                ─( )─
```

程序段 17： 第八步动作

注释

```
#第八步旋转                                       %Q1.5
  ─┤ ├─                                         "旋转"
                                                ─( )─
```

程序段 18： 第九步动作

注释

```
#第九步松开                                       %Q1.6
  ─┤ ├─                                         "松开"
                                                ─( )─
```

图 9-27　组合机床梯形图程序

9.6 多重背景数据块控制系统

在博途中先新建一个工程，并且建立一个 FB1 块，其名称为星角降压启动，编写星角降压启动子程序，如图 9-28 所示。

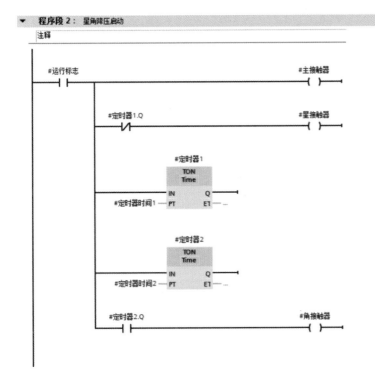

图 9-28 星角降压启动 FB1 被调用子程序块

定义形参变量，如图 9-29 所示。

然后建立启动块，在启动块中两次调用 FB1 星角降压启动块。采用多重背景调用方式，名称分别是 motor1、motor2，如图 9-30、图 9-31 所示。在项目树下面，没有出现刚才所建立的数据块名，但是该数据块名出现在了启动块中的 Static（静态类型）中，避免了单个实例调用中出现多个 DB 块的情况，方便 DB 块管理。再在 OB 主程序块中调用启动 FB2，只生成一个启动数据块。子程序星角数据都在启动块中存储。

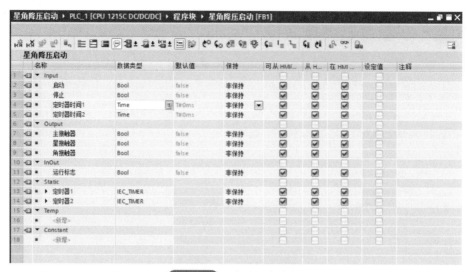

图 9-29　定义形参变量

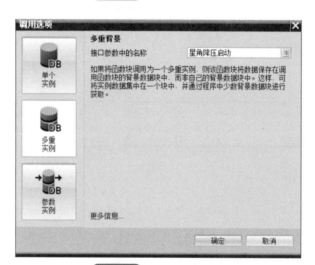

图 9-30　多重背景调用

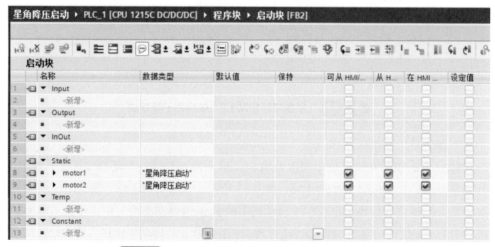

图 9-31　启动块中两次调用 FB1 星角降压启动块

启动块中两次调用 FB1 星角降压启动块的梯形图程序如图 9-32 所示。

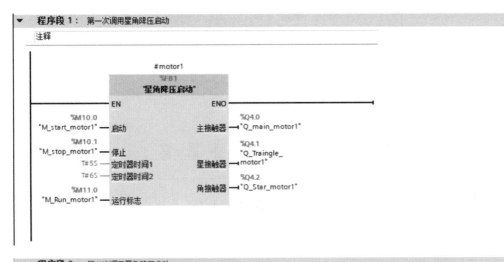

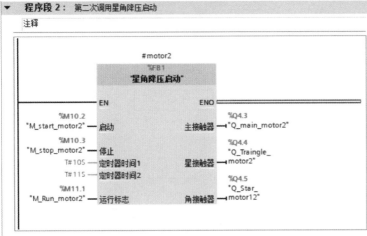

图 9-32　启动块中两次调用 FB1 星角降压启动块的梯形图程序

9.7 罐装生产流水线 PLC 控制系统

　　罐装生产流水线（图 9-33）可以实现罐装的自动控制，生产线一旦上电，PLC 将通过软件对生产线进行自动控制：通过输出继电器控制传送带的停转和对罐装的控制，实现对系统状态的显示，并且通过 PLC 内部的计数器对所生产的产品进行计数。

　　本例系统可以实现自动和手动两种模式控制，如图 9-34 所示。在手动模式下，由手动启动按钮启动主传动带电动机，到达罐装位置后，松开按钮，再按下罐装按钮，罐装开始，到达罐装位置后，松开罐装按钮，完成罐装。在自动模式下，按下自动按钮，启动主传送带电动机，当定位传感器检测到罐装瓶后，发出定位信号，主传送带停止，PLC 定时器延时 1s 后，罐装装置开始动作，罐装定时时间到达以后，罐装装置自动停止，主传送带再次启动运行。罐装期间通过计数器计数空瓶数和满瓶数。

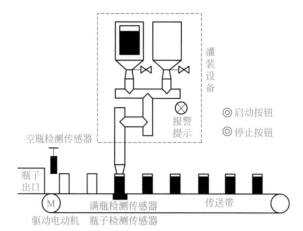

图 9-33 罐装生产流水线

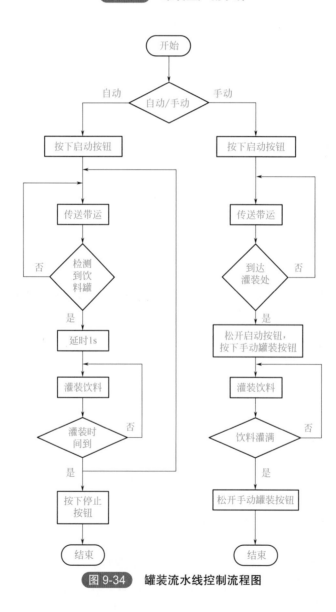

图 9-34 罐装流水线控制流程图

第9章

西门子 S7-1200/1500 PLC 综合应用实例

第1章
第2章
第3章
第4章
第5章
第6章
第7章
第8章
第9章
附录

罐装流水线变量表如图 9-35 所示。

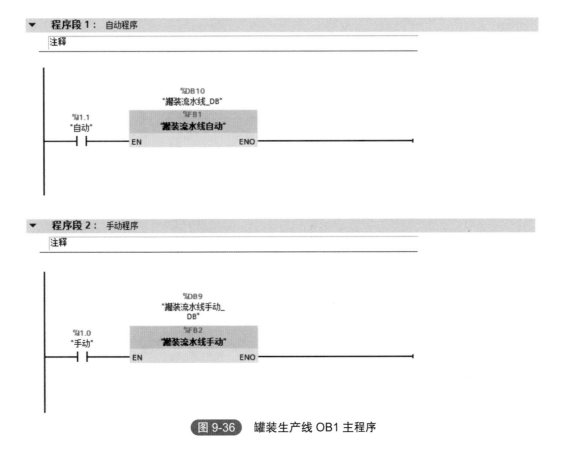

罐装流水线变量表

图 9-35　罐装流水线变量表

罐装生产线 OB1 主程序如图 9-36 所示。自动罐装程序如图 9-37 所示。手动罐装程序如图 9-38 所示。

图 9-36　罐装生产线 OB1 主程序

▼ 程序段 1: 启动后传送带开始工作

注释

```
        %I0.0              %I0.2              %I0.1                                    %Q0.0
      "启动按钮"          "定位信号"          "停止按钮"                              "传送带电动机"
      ──┤ ├──          ──┤/├──          ──┤/├──                              ──( )──

        %Q0.0
      "传送带电动机"
      ──┤ ├──

    "IEC_Timer_0_       "IEC_Timer_0_
       DB".Q              DB_1".Q
      ──┤ ├──          ──┤ ├──
```

▼ 程序段 2: 定位传感器接收到定位信号后, 定时器T1开始定时

注释

```
                        %DB1
                   "IEC_Timer_0_DB"
        %I0.2          ┌─────────┐
      "定位信号"         │   TON   │
      ──┤ ├──          │  Time   │
                       │         │
                       ┤ IN    Q ├
               T#1s ──┤ PT   ET ├── ...
                       └─────────┘
```

▼ 程序段 3: T1定时1S后, 定时器T2开始定时

注释

```
                        %DB2
                   "IEC_Timer_0_
                        DB_1"
    "IEC_Timer_0_      ┌─────────┐
       DB".Q           │   TON   │
      ──┤ ├──          │  Time   │
                       │         │
                       ┤ IN    Q ├
               T#5s ──┤ PT   ET ├── ...
                       └─────────┘
```

▼ 程序段 4: T2开始计时时同时罐装电动机启动工作开始罐装

注释

```
    "IEC_Timer_0_      "IEC_Timer_0_        %I0.1                                  %Q0.1
       DB".Q             DB_1".Q           "停止按钮"                             "罐装电动机"
      ──┤ ├──          ──┤/├──          ──┤/├──                              ──( )──
```

▼ 程序段 5: 警报灯信号闪烁

注释

```
                                              %DB3
                                         "IEC_Timer_0_
                                              DB_2"
        %Q0.1          "IEC_Timer_0_       ┌─────────┐
      "罐装电动机"          DB_3".Q           │   TON   │
      ──┤ ├──          ──┤/├──          │  Time   │
                                         ┤ IN    Q ├
                                 T#0.5s ──┤ PT   ET ├── ...
                                         └─────────┘
```

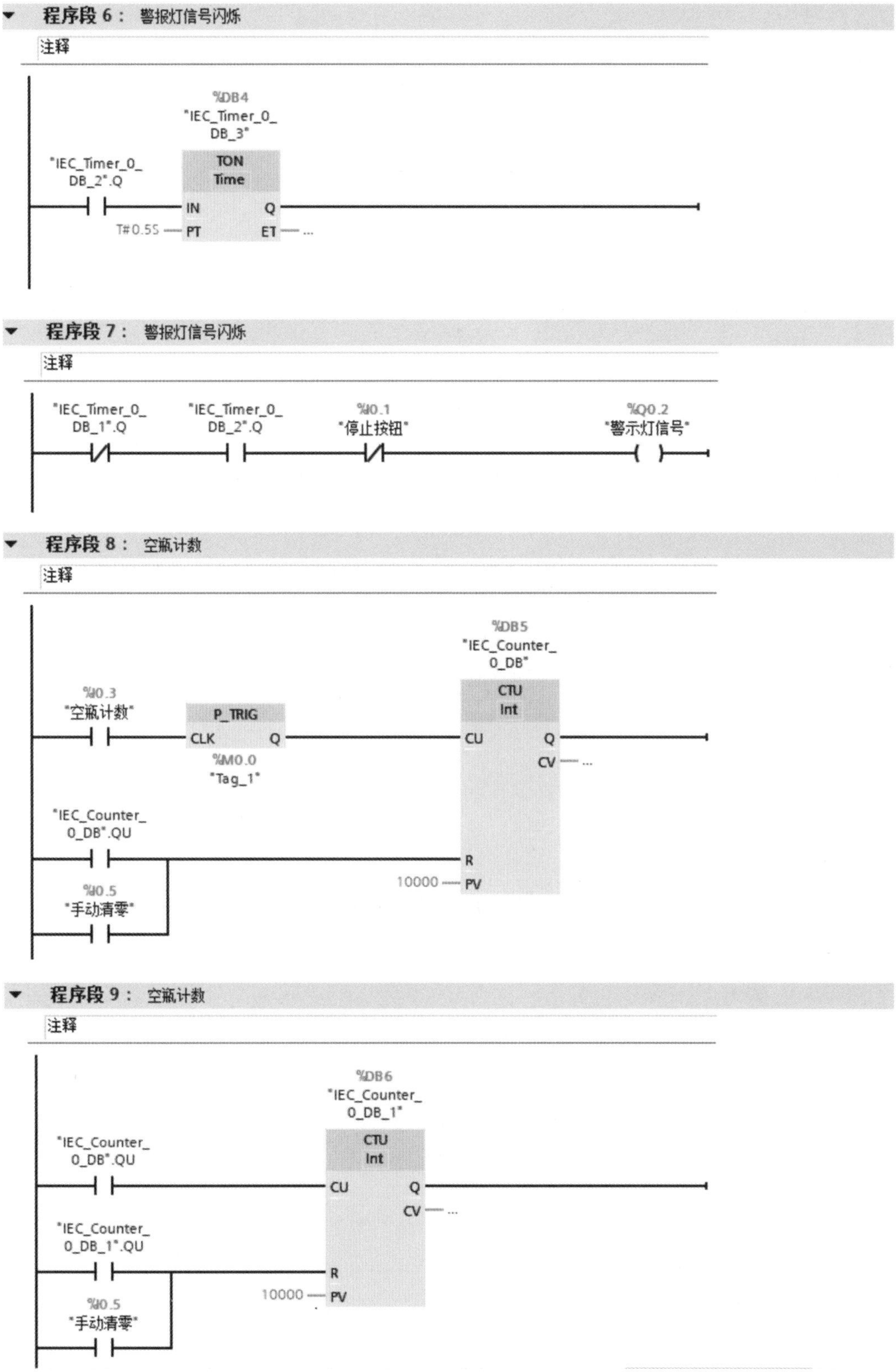

程序段 6： 警报灯信号闪烁

注释

```
                              %DB4
                           "IEC_Timer_0_
                               DB_3"
                               TON
  "IEC_Timer_0_               Time
     DB_2".Q
      ─┤ ├─                 IN        Q
                   T#0.5S ─ PT        ET ─ ...
```

程序段 7： 警报灯信号闪烁

注释

```
  "IEC_Timer_0_     "IEC_Timer_0_        %I0.1              %Q0.2
     DB_1".Q           DB_2".Q          "停止按钮"          "警示灯信号"
      ─┤/├─            ─┤ ├─            ─┤/├─              ─( )─
```

程序段 8： 空瓶计数

注释

```
                                                      %DB5
                                                   "IEC_Counter_
                                                      0_DB"
     %I0.3                                            CTU
  "空瓶计数"          P_TRIG                            Int
    ─┤ ├─           CLK      Q                      CU       Q
                                                             CV ─ ...
                    %M0.0
                    "Tag_1"
 "IEC_Counter_
  0_DB".QU
    ─┤ ├─                                           R
                                          10000 ─── PV
     %I0.5
  "手动清零"
    ─┤ ├─
```

程序段 9： 空瓶计数

注释

```
                                                      %DB6
                                                   "IEC_Counter_
                                                      0_DB_1"
 "IEC_Counter_                                        CTU
  0_DB".QU                                            Int
    ─┤ ├─                                           CU       Q
                                                             CV ─ ...
 "IEC_Counter_
  0_DB_1".QU
    ─┤ ├─                                           R
                                          10000 ─── PV
     %I0.5
  "手动清零"
    ─┤ ├─
```

图 9-37

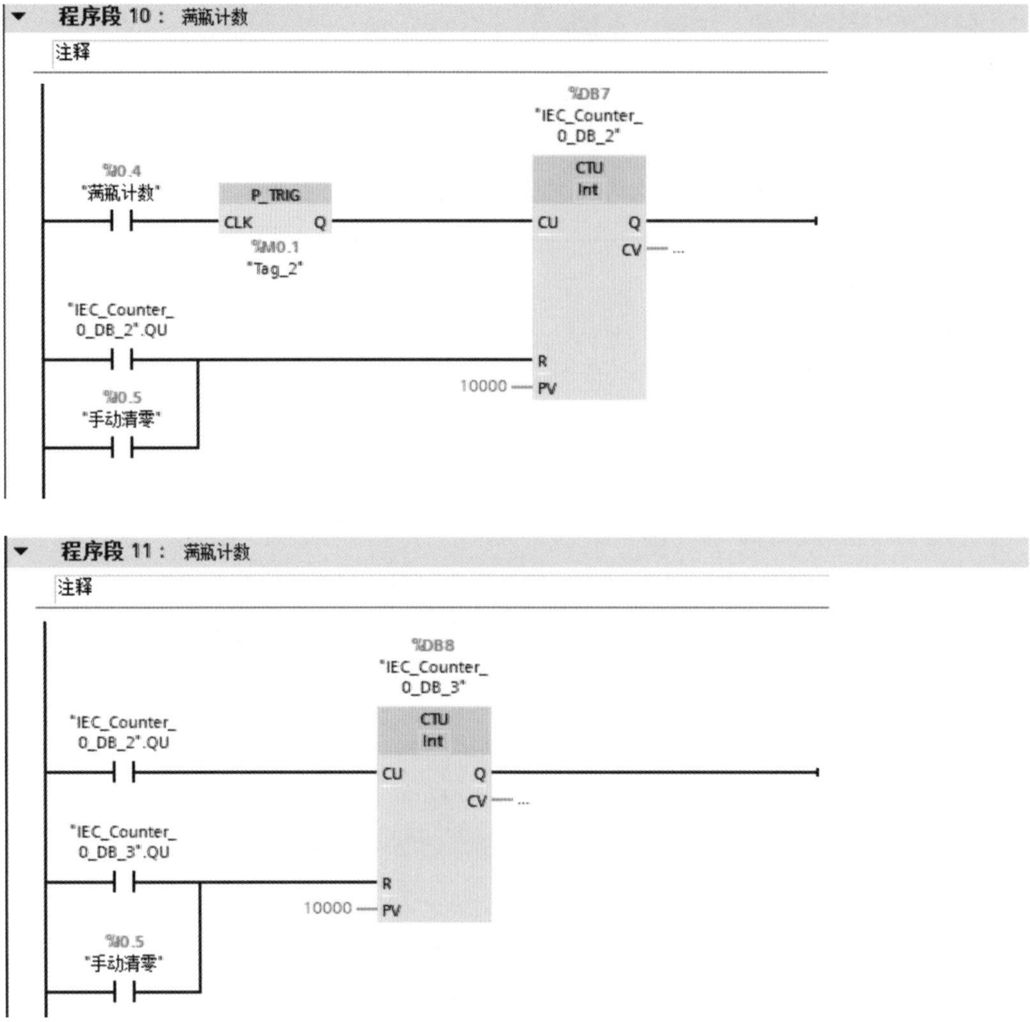

程序段 10：满瓶计数

注释

```
                                                      %DB7
                                                   "IEC_Counter_
                                                     0_DB_2"
         %I0.4                                         CTU
       "满瓶计数"         P_TRIG                         Int
        ─┤ ├─            CLK      Q ──────────────── CU      Q ──────────────
                            %M0.1                         CV ─── ...
                           "Tag_2"

    "IEC_Counter_
     0_DB_2".QU
        ─┤ ├─                                         R
                                             10000 ── PV
         %I0.5
        "手动清零"
        ─┤ ├─
```

程序段 11：满瓶计数

注释

```
                                              %DB8
                                           "IEC_Counter_
                                             0_DB_3"
                                               CTU
    "IEC_Counter_                               Int
     0_DB_2".QU
        ─┤ ├─ ───────────────────────────── CU      Q ──────────────
                                                  CV ─── ...

    "IEC_Counter_
     0_DB_3".QU
        ─┤ ├─ ─┬──────────────────────────── R
               │                  10000 ── PV
         %I0.5 │
        "手动清零"
        ─┤ ├─ ─┘
```

图 9-37　自动罐装程序

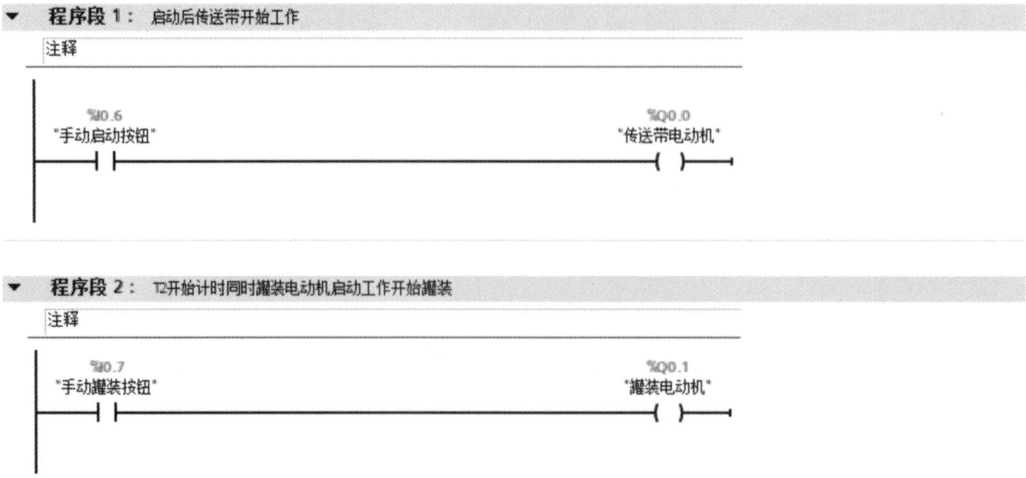

程序段 1：启动后传送带开始工作

注释

```
         %I0.6                                                    %Q0.0
      "手动启动按钮"                                               "传送带电动机"
        ─┤ ├─ ──────────────────────────────────────────────────( )──
```

程序段 2：T2开始计时同时罐装电动机启动工作开始罐装

注释

```
         %I0.7                                                    %Q0.1
      "手动罐装按钮"                                               "罐装电动机"
        ─┤ ├─ ──────────────────────────────────────────────────( )──
```

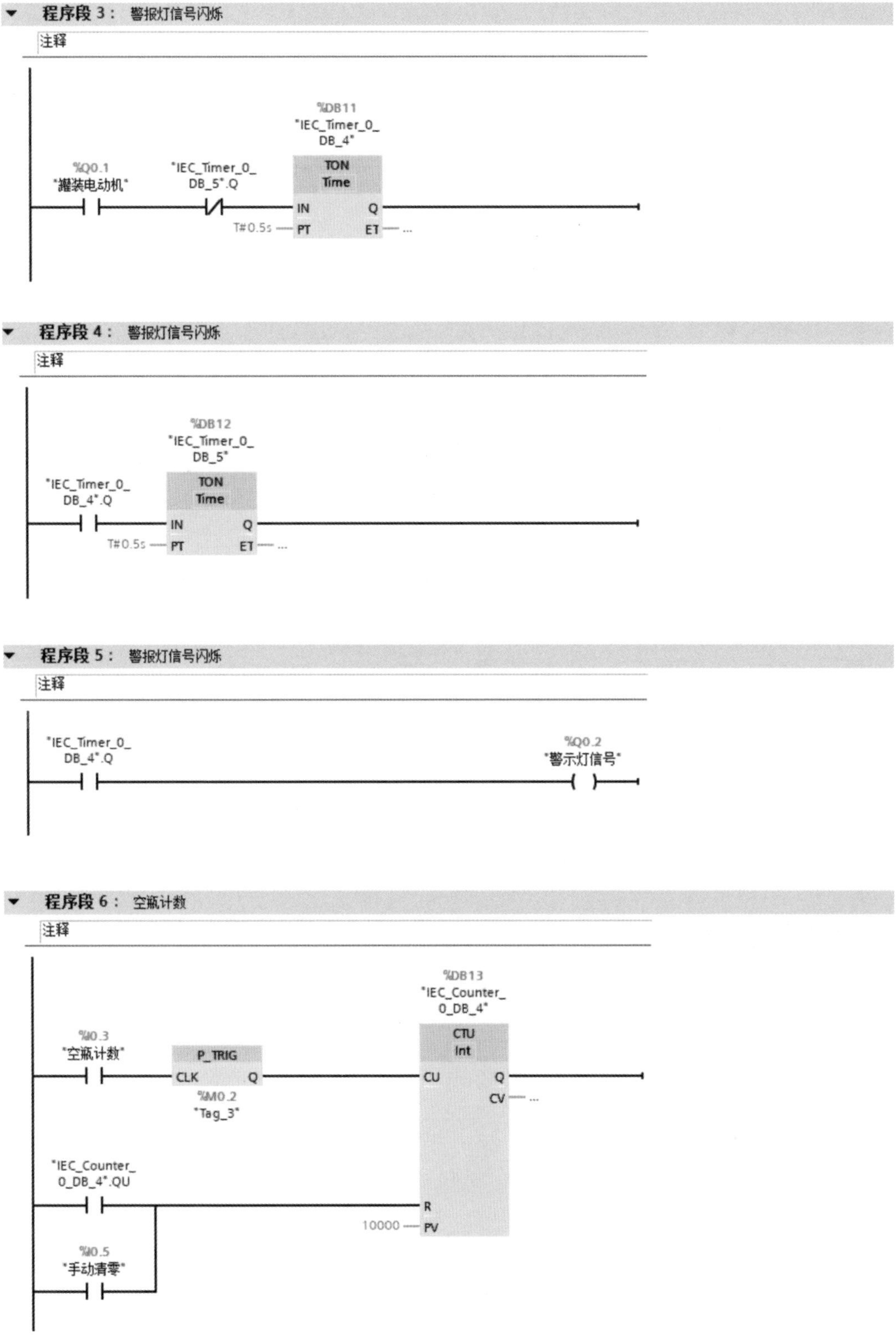

第1章
第2章
第3章
第4章
第5章
第6章
第7章
第8章
第9章
附录

▼ 程序段 3： 警报灯信号闪烁

注释

▼ 程序段 4： 警报灯信号闪烁

注释

▼ 程序段 5： 警报灯信号闪烁

注释

▼ 程序段 6： 空瓶计数

注释

图 9-38

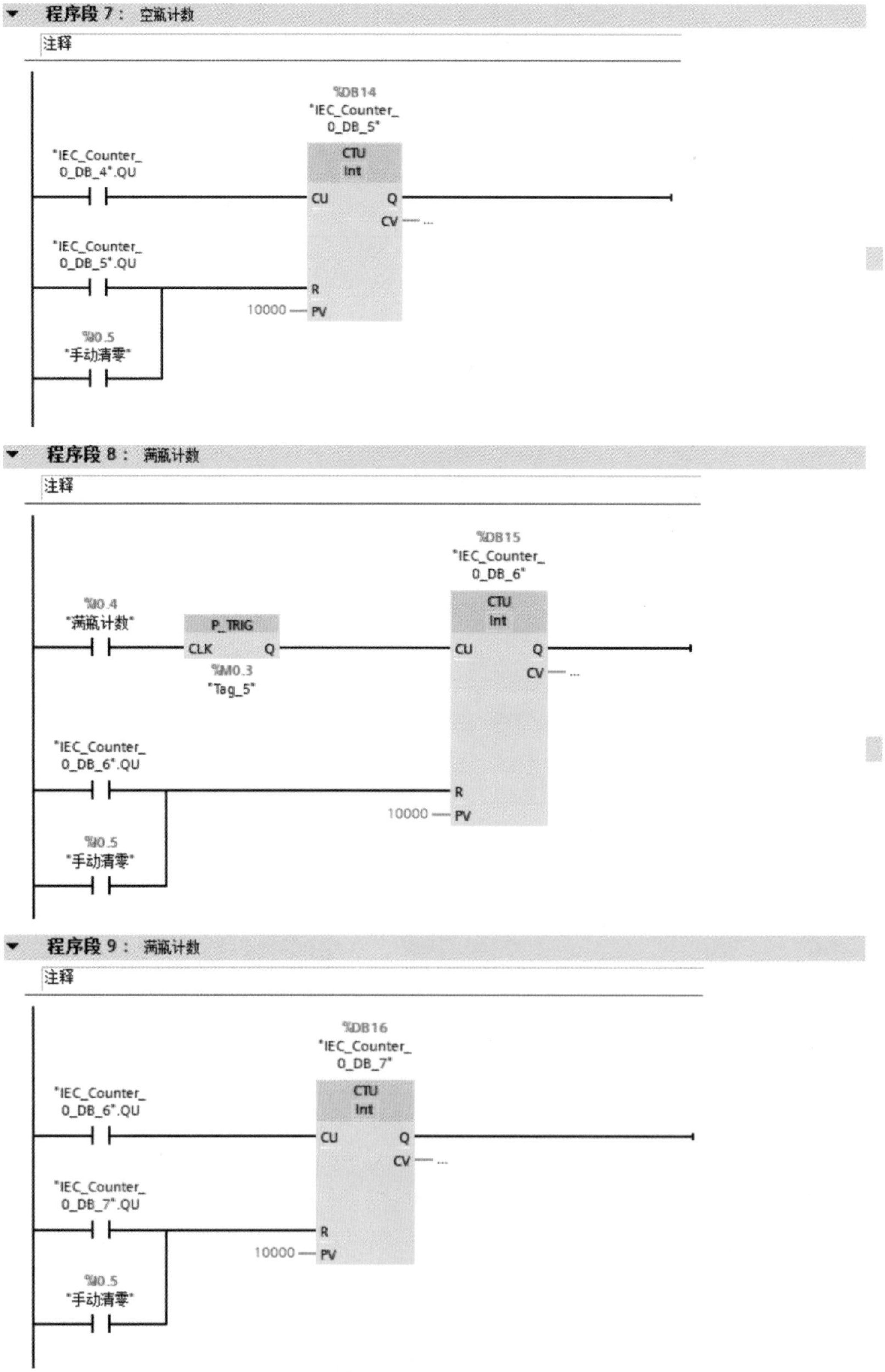
程序段 7： 空瓶计数
注释
%DB14
"IEC_Counter_
0_DB_5"
CTU
Int
"IEC_Counter_
0_DB_4".QU
CU
Q
CV — ...
"IEC_Counter_
0_DB_5".QU
R
10000 — PV
%I0.5
"手动清零"
程序段 8： 满瓶计数
注释
%DB15
"IEC_Counter_
0_DB_6"
CTU
Int
%I0.4
"满瓶计数"
P_TRIG
CLK
Q
%M0.3
"Tag_5"
CU
Q
CV — ...
"IEC_Counter_
0_DB_6".QU
R
10000 — PV
%I0.5
"手动清零"
程序段 9： 满瓶计数
注释
%DB16
"IEC_Counter_
0_DB_7"
CTU
Int
"IEC_Counter_
0_DB_6".QU
CU
Q
CV — ...
"IEC_Counter_
0_DB_7".QU
R
10000 — PV
%I0.5
"手动清零"

图 9-38 手动罐装程序

9.8 仓库存储区的填充量检测系统

图 9-39 显示的系统中包含两条传送带和一个临时存储区，临时存储区位于两个传送带之间。传送带 1 将包裹传送到该存储区。传送带 1 末端靠近存储区的光电屏蔽 1 负责检测传送到存储区的包裹数量。传送带 2 将包裹从临时存储区传送到装载台，卡车从此处取走包裹并送给用户。存储区出口处的光电屏蔽 2 负责检测离开存储区传入装载台的包裹数量。五个指示灯用于指示临时存储区的容量。重新启动传送带时，当前计数值将被设置为存储区内现有的包裹数量。

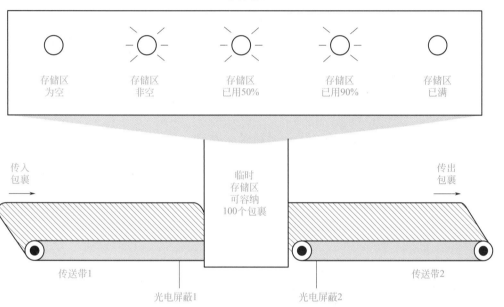

图 9-39 仓库存储区的填充量检测系统示意图

所有变量定义如表 9-3 所示。

表9-3 所有变量定义

名称	声明	数据类型	说明
PEB1	Input	BOOL	光电屏蔽 1
PEB2	Input	BOOL	光电屏蔽 2
RESET	Input	BOOL	复位计数器
LOAD	Input	BOOL	将计数器设置为 "CV" 参数的值
STOCK	Input	INT	重新启动时的库存
PACKAGECOUNT	Output	INT	存储区中的包裹数（当前计数值）

名称	声明	数据类型	说明
STOCK_PACKAGES	Output	BOOL	当前计数值大于或等于变量 "STOCK" 的值时置位
STOR_ EMPTY	Output	BOOL	指示灯：存储区为空
STOR_NOT_EMPTY	Output	BOOL	指示灯：存储区域非空
STOR_50%_FULL	Output	BOOL	指示灯：存储区已用 50%
STOR_90%_FULL	Output	BOOL	指示灯：存储区已用 90%
STOR_FULL	Output	BOOL	指示灯：存储区已满
VOLUME_50	Input	INT	比较值：50 个包裹
VOLUME_90	Input	INT	比较值：90 个包裹
VOLUME_100	Input	INT	比较值：100 个包裹

程序设计：当一个包裹传送到仓库存储区时，"PEB1"处的信号状态从"0"变为"1"（信号上升沿）。"PEB1"在信号上升沿时，将启用"加计数"计数器，同时"PACKAGECOUNT"的当前计数值递增 1。

当一个包裹从仓库存储区传送到装载台，"PEB2"处的信号状态从"0"变为"1"（信号上升沿）。"PEB2"在信号上升沿时，将启用"减计数"计数器，同时"PACKAGECOUNT"的当前计数值递减 1。

只要仓库存储区中没有包裹（"PACKAGECOUNT"="0"），则"STOR_EMPTY"变量的信号状态置位为"1"，同时点亮"存储区为空"指示灯。

"RESET"变量的信号状态置位为"1"时，会将当前计数值复位为"0"。如果"LOAD"变量的信号状态置位为"1"，则会将当前计数值设置为"STOCK"变量的值。如果当前计数值大于或等于"STOCK"变量的值，则"STOCK_PACKAGES"变量的信号状态为"1"。

检测系统参考子程序如图 9-40 所示。

只要仓库存储区有包裹，则"STOR_NOT_EMPTY"变量的信号状态置位为"1"，同时点亮"存储区非空"指示灯。

如果仓库存储区包裹数量大于等于 50，则"存储区已用 50%"变量的信号状态置位为"1"，同时点亮"存储区已用 50%"指示灯。

如果仓库存储区包裹数量大于等于 90，则"存储区已用 90%"变量的信号状态置位为"1"，同时点亮"存储区已用 90%"指示灯。

如果仓库存储区包裹数量大于或等于 100，则"存储区已满"变量的信号状态置位为"1"，同时点亮"存储区已满"指示灯。

第9章

西门子 S7-1200/1500 PLC 综合应用实例

第1章
第2章
第3章
第4章
第5章
第6章
第7章
第8章
第9章
附录

IF...	CASE... OF...	FOR... TO DO...	WHILE.. DO...	(*...*)	REGION

```
 1 ⊟"IEC_Counter_0_DB_1".CTUD(CU:="PEB1",
 2                            CD:="PEB2",
 3                            R:="RESET",
 4                            LD:="LOAD",
 5                            PV:="STOCK",
 6                            QU=>"STOCK_PACKAGES",
 7                            QD=>"STOR_EMPTY",
 8                            CV=>"PACKAGECOUNT");
 9   "STOR_NOT_EMPTY" := NOT "STOR_EMPTY";
10 ⊟IF "PACKAGECOUNT"< "VOLUME_50" AND "PACKAGECOUNT" >0 THEN
11      "STOR_50%_FULL" := 0;
12      "STOR_90%_FULL" := 0;
13      "STOR_FULL" := 0;// Statement section IF ;
14   END_IF;
15
16 ⊟IF "PACKAGECOUNT" >="VOLUME_50" AND  "PACKAGECOUNT" <"VOLUME_90" THEN
17      "STOR_50%_FULL" := 1;
18      //如果包裹大于等于50%,小于等于90%,50%存储区指示灯亮 ;
19   END_IF;
20 ⊟IF "PACKAGECOUNT" >="VOLUME_90" AND  "PACKAGECOUNT" <"VOLUME_100" THEN
21      "STOR_90%_FULL" := 1;
22      // 如果包裹大于等于90%,小于等于100%,90%存储区指示灯亮 ;
23   END_IF;
24 ⊟IF "PACKAGECOUNT" >"VOLUME_100"  THEN
25      "STOR_FULL" := 1;
26      // 如果包裹大于等于100%,100%存储区指示灯亮 ;
27   END_IF;
28
```

图 9-40 检测系统参考子程序

9.9 三相交流异步电动机正反转控制线路

9.10 电镀生产线 PLC 控制系统

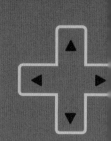

附录 西门子 S7-1200/1500 的故障诊断

1. S7-1200/1500 故障分类

（1）由系统检测出的故障　指 PLC 内部记录、评估和指示故障，一般会导致 CPU 进入 STOP 状态。主要包括模板故障、信号电缆短路、扫描时间超出、程序错误（访问不存在的块）。

（2）功能故障　要求的功能不执行或者不正确地执行，主要包括过程故障（传感器／执行器、电缆故障）、逻辑编程错误（在生成或启动时未发现）。

2. S7-1200/1500 故障诊断方法

（1）读取 CPU 以及模块的状态 LED　CPU 提供以下状态指示灯：

❶ STOP/RUN

- 黄色常亮指示 STOP 模式；
- 纯绿色指示 RUN 模式；
- 闪烁（绿色和黄色交替）指示 CPU 处于 STARTUP 模式。

❷ ERROR

- 红色闪烁指示有错误，例如，CPU 内部错误、存储卡错误或组态错误（模块不匹配）；
- 故障状态：纯红色指示硬件出现故障；如果固件中检测到故障，则所有 LED 闪烁。

❸ MAINT（维护）在每次插入存储卡时闪烁，然后 CPU 切换到 STOP 模式。在 CPU 切换到 STOP 模式后，执行以下操作之一以启动存储卡评估：

- 将 CPU 切换到 RUN 模式；
- 执行存储器复位（MRES）；
- CPU 循环上电。

CPU 上的状态指示灯如附表 1 所示。

附表1　CPU 上的状态指示灯

说明	STOP/RUN 黄色 / 绿色	ERROR 红色	MAINT 黄色
断电	灭	灭	灭

续表

说明	STOP/RUN 黄色 / 绿色	ERROR 红色	MAINT 黄色
启动、自检或固件更新	闪烁（黄色和绿色交替）	—	灭
停止模式	亮（黄色）	—	—
运行模式	亮（绿色）	—	—
取出存储卡	亮（黄色）	—	闪烁
错误	亮（黄色或绿色）	闪烁	—
请求维护 • 强制 I/O • 需要更换电池（如果安装了电池板）	亮（黄色或绿色）	—	亮
硬件出现故障	亮（黄色）	亮	灭
LED 测试或 CPU 固件出现故障	闪烁（黄色和绿色交替）	闪烁	闪烁
CPU 组态版本未知或不兼容	亮（黄色）	闪烁	闪烁

　　CPU 还提供了两个可指示 PROFINET 通信状态的 LED。打开底部端子块的盖子可以看到 PROFINET LED。

　　● Link（绿色）点亮指示连接成功；

　　● Rx/Tx（黄色）点亮指示传输活动。

　　CPU 和各数字量信号模块（SM）为每个数字量输入和输出提供了 I/O Channel LED。I/O Channel（绿色）通过点亮或熄灭来指示各输入或输出的状态。

　　SM 上的状态 LED 如下。

　　各数字量 SM 还提供了指示模块状态的 DIAG LED：

　　● 绿色指示模块处于运行状态；

　　● 红色指示模块有故障或处于非运行状态。

　　各模拟量 SM 为各路模拟量输入和输出提供了 I/O Channel LED：

　　● 绿色指示通道已组态且处于激活状态；

　　● 红色指示个别模拟量输入或输出处于错误状态。

　　此外，各模拟量 SM 还提供有指示模块状态的 DIAG LED：

　　● 绿色指示模块处于运行状态；

　　● 红色指示模块有故障或处于非运行状态。

　　SM 可检测模块的通断电情况（必要时，还可检测现场侧电源）。

　　各数字量 SM 指示模块状态如附表 2 所示。

287

附表2 各数字量SM指示模块状态

说明	DIAG （红色 / 绿色）	I/O Channel （红色 / 绿色）
现场侧电源关闭	呈红色闪烁	呈红色闪烁
没有组态或更新在进行中	呈绿色闪烁	灭
模块已组态且没有错误	亮（绿色）	亮（绿色）
错误状态	呈红色闪烁	—
I/O 错误（启用诊断时）	—	呈红色闪烁
I/O 错误（禁用诊断时）	—	亮（绿色）

（2）读取 CPU 及模块的诊断缓冲区　选择 CPU，双击"在线和诊断"，或者点击"工具栏"→"在线"→"在线诊断"（附图 1）。

附图 1　在线和诊断

通过"转到在线"，切换到在线模式，选择"诊断"，打开诊断缓冲区（附图 2）。

诊断缓冲区按事件发生顺序列出了所有诊断事件。所有事件可以在编程设备上以纯文本方式按照发生顺序进行显示。

诊断缓冲区是 CPU 系统存储器的一部分。诊断缓冲区包含由 CPU 或具有诊断功能的模块所检测到的错误。其中包括以下事件：

● CPU 的每次模式切换（例如，POWER UP、切换到 STOP 模式、切换到 RUN 模式）；

● 每次诊断中断。

第一个条目包含最新的事件。诊断缓冲区中的各条目均包含记录事件的日期和时间以及一段说明。最大条目数由 CPU 决定。最多支持 50 个条目，达到最大条目数时，下一个诊断缓冲区事件将导致删除最早的条目，所有条目随后向后移动一个位置。这意味着最新条目总是诊断缓冲区中的第一个条目。将 CPU 复位为工厂设置会通过删除条目的方式复位诊断缓冲区。

可以阅读有关事件的详细信息，并使用"关于事件的帮助"按钮来获得各条目的更多信息以及可能的原因。附图 3 说明了 CPU 诊断缓冲区的详细结构。

事件：事件栏按照时间以最新到过去的时间顺序排列显示。

事件详细信息：选择事件条目后，这里会展示相应事件的详细信息，包括模块、机架 / 插槽、事件说明、相应的措施。

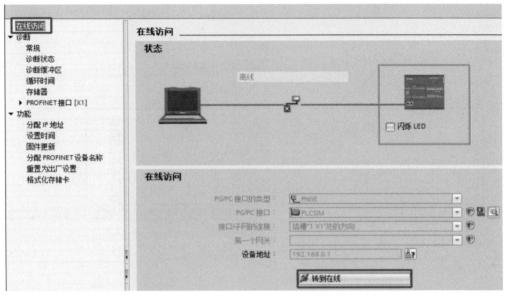

在线访问：可以查看编程器与 CPU 在线访问的状态，点击"转到在线"，切换到在线模式。

诊断：

常规：其中包括了模块描述、硬件和固件版本。

诊断状态：模块总状态。

诊断缓冲区：按发生顺序列出发生的所有诊断事件。所有事件以纯文本形式列出，按照事件发生的顺序显示。

循环时间：监视循环扫描时间状态。

存储器：装载存储区、工作存储器和保持存储器的大小和使用情况。

PROFINET：CPU PROF INET 网络接口状态。

附图 2　在线访问选择"转到在线"

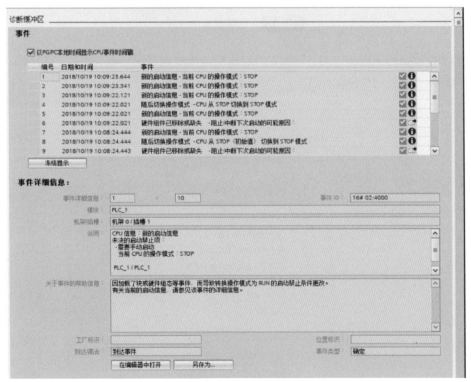

附图 3　诊断缓冲区

在编辑器中打开：可以直接跳到出现问题的地方，如编程错误，可以跳到出问题的程序，如附图 4 所示。

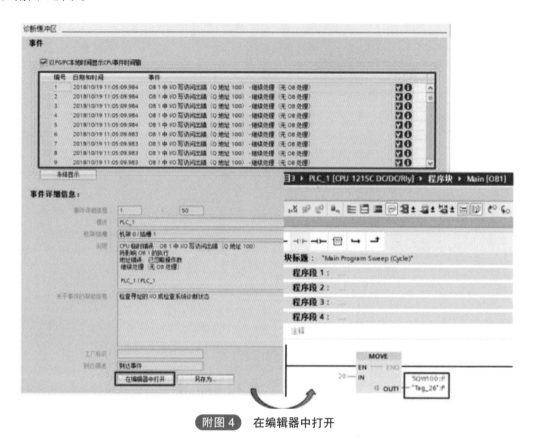

附图 4　在编辑器中打开

出现 I/O 写访问错误事件时，说明栏中会详细描述错误情况（附图 5），点击在编辑器中打开，跳转到有问题的程序。

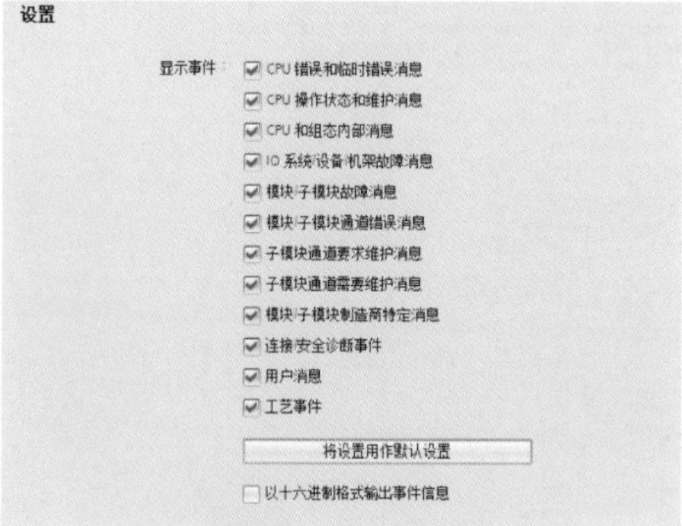

附图 5　设置中显示事件

设置栏：用户自定义显示事件的类型，一般默认显示所有类型的事件。

（3）使用 OB 块用于错误处理　OB 块按优先级大小执行，如果所发生事件的优先级高于当前执行的 OB 块，则中断此 OB 块的执行。优先级相同的事件，将按发生的时间顺序进行处理。与 S7-300/400 比较，S7-1200/1500 的错误处理有了较大的变化，这里主要介绍 S7-1200 所支持的错误处理组织块以及 CPU 对这些错误的响应。

❶ S7-1200 的错误处理组织块　如附图 6 所示。

附图 6　S7-1200 的错误处理组织块

CPU 对错误处理组织块的响应如附表 3 所示。

附表3　CPU对错误处理组织块的响应

错误处理 OB		故障类别	"到达事件"触发	"离去事件"触发	OB 没有装载 CPU 停机		
					S7-1200	S7-1500	S7-300/400
OB80	超出最大循环时间[1]	异步	是	否	是	是	是
	时间错误[2]				否[3]	否[3]	是
OB82		异步	是	是	否[3]	否[3]	是
OB83		异步	是	是	不支持	否[3]	是
OB86		异步	是	是	不支持	否[3]	是

续表

错误处理 OB	故障类别	"到达事件"触发	"离去事件"触发	OB 没有装载 CPU 停机		
				S7-1200	S7-1500	S7-300/400
OB121	同步	是	否	不支持	是	是
OB122	同步	是	否	不支持	否③	是

① 超出最大循环时间请求 OB80 时而下载 OB80 并不会使 CPU 停机，但如果一个周期内超时两倍的循环监控时间，S7-1200/1500/300/400 都会停机。

② 由时间事件（如循环中断、延时中断、时间中断）触发的时间错误。

③ CPU 不会停机，但会在诊断缓冲区产生诊断记录。

❷ GET_ERROR、GET_ERR_ID 对 PLC 错误处理的影响　GET_ERROR 和 GET_ERR_ID 是"获取本地错误信息"指令（附图 7），S7-1200 可通过编程来查询程序块内出现的错误。这种程序执行中发生的错误就是所谓的"同步"错误。

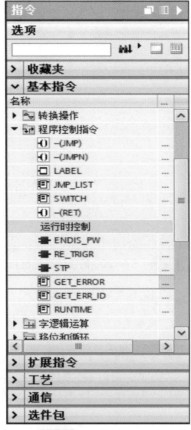

附图 7　程序控制指令

"获取本地错误信息"指令支持块内进行本地错误处理。将"获取本地错误信息"插入块的程序代码中时，如果发生错误，则将忽略所有预定义的系统响应。

GET_ERROR 指令可以读到详细的错误信息，GET_ERR_ID 只读到其中的错误编号。具体用法可参考软件在线帮助或参考 STEP7 Professional V12 的手册。因为 GET_ERROR 和 GET_ERR_ID 对 PLC 的同步错误处理的影响相同，下面只对 GET_ERROR 指令进行说明。

❸ GET_ERROR 对 S7-1200 同步错误处理的影响　因为 S7-1200 不支持 OB121·OB122，在发生"同步"错误时，只在 CPU 的诊断缓冲区产生错误记录；同时 ERR LED 闪烁。

举例：IO 访问错误。

程序中访问了外设地址 ID1000：P，对 S7-1200 来说，ID1000 默认分配给高速计数通道 HSC1，但是在实际的组态中没有使能 HSC1，那么就不存在这个外设。

S7-1200 每执行一次附图 8 所示指令，在诊断缓冲区就会产生一条错误记录，同时 ERR LED 闪烁，直到"Tag_1"复位。在发生错误指令的下面执行 GET_ERROR。

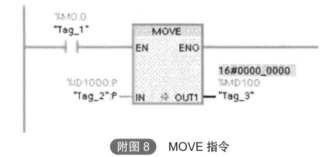

附图 8　MOVE 指令

[1] 吴文涛.西门子 S7-400 PLC 快速入门与提高实例.北京：化学工业出版社，2017.

[2] 张冉.轻松学通西门子 S7-400 PLC 技术.北京：化学工业出版社，2014.

[3] 刘克生，张冉.轻松学通西门子 S7-200 PLC 技术.北京：化学工业出版社，2014.

[4] 向晓汉.西门子 S7-1500 PLC 完全精通教程.北京：化学工业出版社，2018.

[5] 廖常初.S7-1200/1500 PLC 应用技术.北京：机械工业出版社，2019.

[6] 吴繁红.西门子 S7-1200 PLC 应用技术项目教程.北京：电子工业出版社，2017.